国家职业资格培训教材

数控车工（中级）操作技能鉴定实战详解

国家职业资格培训教材编审委员会　组编

主　编　崔兆华

副主编　张　鑫

参　编　李锦云　武玉山　付　荣

邢业华　尹　旭

机 械 工 业 出 版 社

本书是针对国家职业技能鉴定操作技能考试的需要，参照《国家职业标准 数控车工》（中级）的要求，按照技能考核鉴定点进行实战设计的。本书共收录中级数控车工操作技能考核试题22套，试题选自国家及部分省市的技能鉴定题库。选题时注重试题的典型性和实用性，每套试题详细介绍了考核目标、考核要求和考核实施。考核要求部分列出了考核总体要求、配分及评分标准、准备清单等，考核实施部分详细分析了试题图样、加工工艺、加工难点、程序编制及零件加工过程。在介绍程序编制时，采用了目前国内常用的FANUC 0i、SIEMENS 802D、华中世纪星三种典型数控系统，附录中还给出了上述三种系统的数控指令集。在介绍零件加工的过程中，还给出了控制加工精度的方法。

本书既可作为各级职业技能鉴定培训机构、企业培训部门、职业技术院校及技工院校的考前培训强化训练教材，又可作为参加职业技能鉴定读者的考前操作技能实战训练用书。

图书在版编目（CIP）数据

数控车工（中级）操作技能鉴定实战详解/崔兆华主编. —北京：机械工业出版社，2012.5（2021.1重印）

国家职业资格培训教材

ISBN 978-7-111-38361-1

Ⅰ.①数… Ⅱ.①崔… Ⅲ.①数控机床-车床-车削-职业技能-鉴定-教材 Ⅳ.①TG519.1

中国版本图书馆CIP数据核字（2012）第096043号

机械工业出版社（北京市百万庄大街22号 邮政编码100037）

策划编辑：荆宏智 赵磊磊 责任编辑：荆宏智 赵磊磊 罗子超

版式设计：霍永明 责任校对：肖 琳

封面设计：饶 薇 责任印制：常天培

北京富资园科技发展有限公司印刷

2021年1月第1版第2次印刷

184mm×260mm · 18印张 · 441千字

标准书号：ISBN 978-7-111-38361-1

定价：48.00元

电话服务	网络服务
客服电话：010-88361066	机 工 官 网：www.cmpbook.com
010-88379833	机 工 官 博：weibo.com/cmp1952
010-68326294	金 书 网：www.golden-book.com
封底无防伪标均为盗版	机工教育服务网：www.cmpedu.com

国家职业资格培训教材
编审委员会

本书主编　崔兆华

本书副主编　张　鑫

本书参编　李锦云　武玉山　付　荣　邢业华　尹　旭

序

为落实国家人才发展战略目标，加快培养一大批高素质的技能型人才，我们精心策划了与原劳动和社会保障部《国家职业标准》配套的《国家职业资格培训教材》。这套教材涵盖41个职业，共172种。2005年出版后，以其兼顾岗位培训和鉴定培训需要，理论、技能、题库合一，便于自检自测等特点，受到全国各级培训、鉴定部门和技术工人的欢迎，基本满足了培训、鉴定、考工和读者自学的需要，为培养技能人才发挥了重要作用，本套教材也因此成为国家职业资格培训的品牌教材。JJJ——“机工技能教育”品牌已深入人心。

按照国家“十一五”高技能人才培养体系建设的主要目标，到“十一五”期末，全国技能劳动者总量将达到1.1亿人，高级工、技师、高级技师总量均有大幅增加。因此，从2005年至2009年的五年间，参加职业技能鉴定的人数和获取职业资格证书的人数年均增长达10%以上，2009年全国参加职业技能鉴定和获取职业资格证书的人数均已超过1200万人。这种趋势在“十二五”期间还将会得以延续。

为满足职业技能鉴定培训的需要，我们经过充分调研，决定在已经出版的《国家职业资格培训教材》的基础上，贯彻“围绕考点，服务鉴定”的原则，紧扣职业技能鉴定考核要求，根据企业培训部门、技能鉴定部门和读者的不同需求进行细化，分别编写理论鉴定培训教材系列、操作技能鉴定实战详解系列和职业技能鉴定考核试题库系列。

《国家职业资格培训教材——鉴定培训教材系列》用于国家职业技能鉴定理论知识考试前的理论培训。它主要有以下特色：

● 汲取国家职业资格培训教材精华——保留国家职业资格培训教材的精华内容，考虑企业和读者的需要，重新整合、更新、补充和完善培训教材的内容。

● 依据最新国家职业标准要求编写——以《国家职业技能标准》要求为依据，以“实用、够用”为宗旨，以便于培训为前提，提炼重点培训和复习的内容。

● 紧扣国家职业技能鉴定考核要求——按复习指导形式编写，教材中的知识点紧扣职业技能鉴定考核的要求，针对性强，适合技能鉴定考试前培训使用。

《国家职业资格培训教材——操作技能鉴定实战详解系列》用于国家职业技能鉴定操作技能考试前的突击冲刺、强化训练。它主要有以下特色：

● 重点突出，具有针对性——依据技能考核鉴定点设计，目的明确。

● 内容全面，具有典型性——图样、评分表、准备清单，完整齐全。

● 解析详细，具有实用性——工艺分析，操作步骤和重点解析详细。

● 练考结合，具有实战性——单项训练题、综合训练题，步步提升。

《国家职业资格培训教材——职业技能鉴定考核试题库系列》用于技能培训、鉴定部门命题和参加技能鉴定人员复习、考核和自检自测。它主要有以下特色：

● 初级、中级、高级、技师、高级技师各等级全包括。

● 试题典型性、代表性、针对性、通用性、实用性强。

● 考核重点、理论题、技能题、答案、模拟试卷齐全。

这些教材是《国家职业资格培训教材》的扩充和完善，在编写时，我们重点考虑了以下几个方面：

在工种选择上，选择了机电行业的车工、铣工、钳工、机修钳工、汽车修理工、制冷设备维修工、铸造工、焊工、冷作钣金工、热处理工、涂装工、维修电工等近二十个主要工种。

在编写依据上，依据最新国家职业技能标准，紧扣职业技能鉴定考核要求编写。对没有国家职业标准，但社会需求量大且已单独培训和考核的职业，则以相关国家职业标准或地方鉴定标准和要求为依据编写。

在内容安排上，提炼应重点培训和复习的内容，突出"实用、够用"，重在教会读者掌握必需的专业知识和技能，掌握各种类型试题的应试技巧和方法。

在作者选择上，共有十几个省、自治区、直辖市相关行业200多名从事技能培训和考工的专家参加编写。他们既了解技能鉴定的要求，又具有丰富的教材编写经验。

全套教材既可作为各级职业技能鉴定培训机构、企业培训部门的考前培训教材，又可作为读者考前复习和自测使用的复习用书，也可供职业技能鉴定部门在鉴定命题时参考，还可作为职业技术院校、技工院校、各种短训班的专业课教材。

在这套教材的调研、策划、编写过程中，曾经得到许多企业、鉴定培训机构有关领导、专家的大力支持和帮助，在此表示衷心的感谢！

虽然我们在编写这套培训教材中尽了最大努力，但教材中难免存在不足之处，诚恳地希望专家和广大读者批评指正。

国家职业资格培训教材编审委员会

前　　言

当前，数控加工技术正在迅速发展并逐步得到普及。随着国内数控机床应用量的剧增，急需培养一大批熟练掌握现代数控机床编程、操作和维护等技术的应用型人才。

为了加强数控技术人员培训的规范性，原中国劳动和社会保障部于2005—2007年分别制定了《数控车工》、《数控铣工》、《加工中心操作工》等标准，国家和各省市技能鉴定中心根据这些标准进行了相应的技术等级鉴定考试。虽然国内有关数控技术的书籍有很多，但针对国家职业标准、针对技术等级鉴定考核的书籍还很匮乏，基于此，我们编写了《数控车工（中级）操作技能鉴定实战详解》一书。

本书是针对国家职业技能鉴定操作技能考试的需要，参照《国家职业标准　数控车工》（中级）的要求，按照技能考核鉴定点进行实战设计的。本书共收录中级数控车工操作技能考核试题22套，试题选自国家及部分省市的技能鉴定题库。选题时注重试题的典型性和实用性，每套试题详细介绍了考核目标、考核要求和考核实施。考核要求部分列出了考核总体要求、配分及评分标准、准备清单等，考核实施部分详细分析了试题图样、加工工艺、加工难点、程序编制及零件加工过程。在介绍程序编制时，采用了目前国内常用的FANUC 0i、SIEMENS 802D、华中世纪星三种典型数控系统，附录中还给出了上述三种系统的数控指令集。在介绍零件加工的过程中，还给出了控制加工精度的方法。本书在体系上设计合理，内容上循序渐进，文字规范、简炼，图样绘制和标注符合国家最新制图标准。

本书在编写过程中得到了山东省、广东省、河北省、河南省、四川省、上海市等技能鉴定部门的大力支持，在此表示衷心的感谢。

本书由崔兆华任主编，张鑫任副主编，李锦云、武玉山、付荣、邢业华、尹旭参加编写。

由于编者水平有限，再加上数控技术发展迅速，书中缺陷乃至错误之处在所难免，恳请广大读者给予批评、指正。

编　者

目　录

试题一　台阶类零件的加工

一、考核目标

1）掌握中等复杂台阶类零件图的识读方法。

2）掌握中等复杂台阶类零件加工工艺的制订方法。

3）掌握中等复杂台阶类零件加工程序的编制方法。

4）掌握中等复杂台阶类零件加工刀具的选择方法。

5）掌握数控车床的操作方法。

二、考核要求

1. 总体要求

1）试题名称：台阶类零件（图 1-1）。

2）本题分值：100 分。

3）考核时间：120min。

4）考核形式：操作。

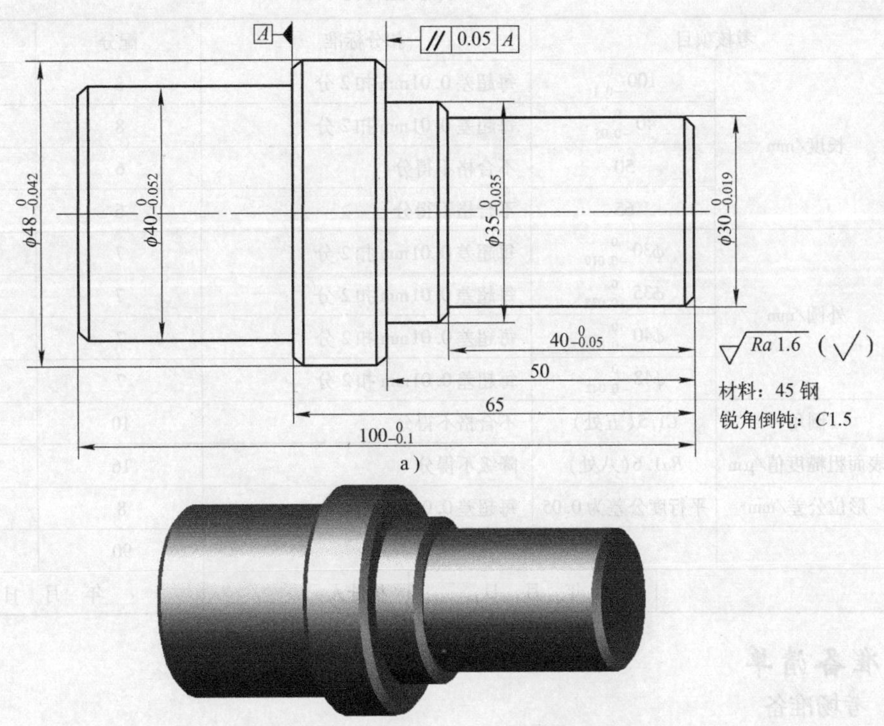

图 1-1　台阶类零件图

2. 配分及评分标准

1）操作技能考核总成绩见表1-1。

表1-1 操作技能考核总成绩表

序号	项目名称	配分	得分	备注
1	现场操作规范	10		
2	工件质量	90		
合　计		100		

2）现场操作规范评分见表1-2。

表1-2 现场操作规范评分表

序号	项目	考核内容	配分	考场表现	得分
1	现场操作规范	正确使用机床	2		
2		正确使用量具	2		
3		合理使用刃具	2		
4		设备维护保养	4		
合计			10		

3）工件质量评分见表1-3。

表1-3 工件质量评分表

序号	考核项目		扣分标准	配分	得分
1	长度/mm	$100_{-0.1}^{0}$	每超差0.01mm扣2分	8	
2		$40_{-0.05}^{0}$	每超差0.01mm扣2分	8	
3		50	不合格不得分	6	
4		65	不合格不得分	6	
5	外圆/mm	$\phi30_{-0.019}^{0}$	每超差0.01mm扣2分	7	
6		$\phi35_{-0.035}^{0}$	每超差0.01mm扣2分	7	
7		$\phi40_{-0.052}^{0}$	每超差0.01mm扣2分	7	
8		$\phi48_{-0.042}^{0}$	每超差0.01mm扣2分	7	
9	倒角	C1.5(五处)	不合格不得分	10	
10	表面粗糙度值/μm	Ra1.6(八处)	降级不得分	16	
11	形位公差/mm	平行度公差为0.05	每超差0.01mm扣1分	8	
合计				90	
评分人		年　月　日	核分人	年　月　日	

3. 准备清单

（1）考场准备

1）材料准备见表1-4。

2）设备准备见表1-5。

（2）考生准备　考生主要准备工具、量具、刀具及其他，见表1-6。

表1-4　材料准备

名　称	规　格	数　量	要　求
45钢	ϕ50mm×105mm	1件/考生	考场准备

表1-5　设备准备

名　称	规　格	数　量	要　求
数控车床	根据考点情况选择	1台/考生	考场准备
自定心卡盘	对应工件	1副/台	
自定心卡盘扳手	对应机床	1副/台	
刀架扳手	对应机床	1副/台	

表1-6　工具、量具、刀具及其他准备

序号	名　称	型　号	数　量	要　求
1	外圆粗车刀	90°	1	
2	外圆精车刀	93°	1	
3	千分尺	25～50mm	1	
4	游标卡尺	0.02mm/0～150mm	1	
5	游标深度卡尺	0.02mm/0～150mm	1	
6	薄铜皮	0.05～0.10mm	若干	
7	磁性表座		1	
8	百分表	分度值为0.01mm	1	
9	垫刀片		若干	
10	草稿纸			

4. 说明

1）出现危及考生或他人安全的状况应终止考试，如果是由于考生操作失误所致，考生该题成绩记零分。

2）因考生操作失误所致，导致设备故障且当场无法排除应终止考试，考生该题成绩记零分。

3）因刀具、工具损坏而无法继续应终止考试。

三、考核实施

技能鉴定是对考生工艺知识、编程能力、操作技能水平的综合考评，要求考生以最合理的工艺方案、最佳的刀具路径，在规定的时间内完成试件的加工。

1）最合理的工艺方案是采用最少的进给次数、最快捷的余量去除方式、最有效的精度保证和最方便的工件自检方法，在规定的时间内完成试件加工的工艺方案。

2）最佳的刀具路径是在保证加工精度和表面质量的前提下，数值计算最简单、进给路线最短、空行程少、编程量小、程序短、简单易行的刀具路径。

3）最短时间是熟练操作和快捷的编程，合理使用刀具，优选切削用量，确保关键得分点，把握加工节奏，力争在规定时间内完成加工内容。

本题主要考核对零件端面和外圆的加工，要求考生通过图样分析，合理制订出加工方案，熟练进行加工前的准备，刀具与工件的安装，程序的编制、输入与校验，零件的加工、检测等各项操作。

1. 图样分析

如图1-1所示，该零件为典型的台阶轴零件，包含了$\phi30_{-0.019}^{\ 0}$mm、$\phi35_{-0.035}^{\ 0}$mm、$\phi40_{-0.052}^{\ 0}$mm、$\phi48_{-0.042}^{\ 0}$mm四个外圆。$\phi30_{-0.019}^{\ 0}$mm外圆的长度为$40_{-0.05}^{\ 0}$mm，$\phi35_{-0.035}^{\ 0}$mm外圆的长度由50mm和$40_{-0.05}^{\ 0}$mm这两个长度确定，$\phi48_{-0.042}^{\ 0}$mm外圆的长度由65mm和50mm这两个长度确定，$\phi40_{-0.052}^{\ 0}$mm外圆的长度由总长和65mm长度确定。四个外圆端面处都有$C1.5$倒角，四个外圆表面都有严格的质量要求，表面粗糙度值为$Ra1.6\mu m$。同时$\phi48_{-0.042}^{\ 0}$mm外圆右端面还有平行度要求。零件尺寸标注完整，轮廓描述清楚，零件材料为45钢，无热处理和硬度要求，适合在数控车床上加工。

2. 难点分析

图1-1所示零件虽然形状比较简单，计算量比较少，程序编制比较容易，但四个台阶有严格的尺寸精度和表面质量要求。该零件的加工难点在于如何确保这四个台阶的尺寸精度和表面质量要求，以及$\phi48_{-0.042}^{\ 0}$mm外圆右端面的平行度要求。

3. 工艺分析

为了解决上述加工难点，在编制加工工序时，应按粗精加工分开原则进行编制。先夹住毛坯外圆，粗精加工零件左端轮廓，然后调头夹住$\phi40_{-0.052}^{\ 0}$mm外圆，加工零件右端轮廓。调头装夹时，应使$\phi48_{-0.042}^{\ 0}$mm外圆左端面紧贴卡爪端面，并用百分表找正，以保证$\phi48_{-0.042}^{\ 0}$mm外圆右端面的平行度要求。通过上述分析，可制订以下加工路线：

1）用自定心卡盘夹持毛坯面，粗精车工件左端轮廓（端面、倒角、外圆）至要求的尺寸。

2）调头装夹，以工件$\phi48_{-0.042}^{\ 0}$mm外圆及左端面定位，用铜皮包住，并用百分表找正，用自定心卡盘夹持$\phi40_{-0.052}^{\ 0}$mm外圆，粗精车右端轮廓（端面、倒角、外圆）至尺寸。

4. 相关工艺卡片的填写

1）数控加工刀具卡见表1-7。

表1-7　台阶类零件数控加工刀具卡

<table>
<tr><td colspan="2">产品名称或代号</td><td>×××</td><td>零件名称</td><td colspan="2">×××</td><td>零件图号</td><td>××</td></tr>
<tr><td>序号</td><td>刀具号</td><td>刀具规格名称</td><td>数量</td><td colspan="2">加工表面</td><td>刀尖半径/mm</td><td>备注</td></tr>
<tr><td>1</td><td>T01</td><td>90°硬质合金偏刀</td><td>1</td><td colspan="2">工件外轮廓粗车</td><td>0.5</td><td>20×20</td></tr>
<tr><td>2</td><td>T02</td><td>93°硬质合金偏刀</td><td>1</td><td colspan="2">工件外轮廓精车</td><td>0.2</td><td>20×20</td></tr>
<tr><td>编制</td><td></td><td>审核</td><td></td><td>批准</td><td>年　月　日</td><td>共　页</td><td>第　页</td></tr>
</table>

2）数控加工工艺卡见表1-8。

表 1-8　台阶类零件数控加工工艺卡

单位名称	×××	产品名称或代号		零件名称		零件图号	
		×××		×××		××	
工序号	程序编号	夹具名称		使用设备		车间	
001	×××	自定心卡盘		CK6140		数控	
工步号	工步内容	刀具号	刀具规格 /mm	主轴转速 /r · min^{-1}	进给速度 /mm · min^{-1}	背吃刀量 /mm	备注
用自定心卡盘夹持毛坯面，粗精车工件左端轮廓							
1	车左端面	T01	20×20	600	100	1	自动
2	粗车左外轮廓	T01	20×20	600	150	1.5	自动
3	精车左外轮廓	T02	20×20	900	100	0.5	自动
调头装夹，以工件 $\phi48\ _{-0.042}^{\ 0}$ mm 左端面定位，用铜皮包住，用自定心卡盘夹持 $\phi40\ _{-0.052}^{\ 0}$ mm 外圆，粗精车工件右端轮廓							
4	车右端面	T01	20×20	600	100	1	自动
5	粗车右外轮廓	T01	20×20	600	150	1.5	自动
6	精车右外轮廓	T02	20×20	900	100	0.5	自动
编制	审核	批准		年　月　日		共　页	第　页

5. 程序编制

（1）编制左端轮廓加工程序

1）建立工件坐标系。加工左端轮廓时，夹住毛坯外圆，工件坐标系设在工件左端面轴线上，如图 1-2 所示。

2）基点的坐标值见表 1-9。

表 1-9　基点的坐标值

基点	坐标值(X,Z)	基点	坐标值(X,Z)
B_1	(36.974，0)	B_4	(44.979，-35.0)
B_2	(39.974，-1.5)	B_5	(47.979，-36.5)
B_3	(39.974，-35.0)	B_6	(47.979，-50.0)

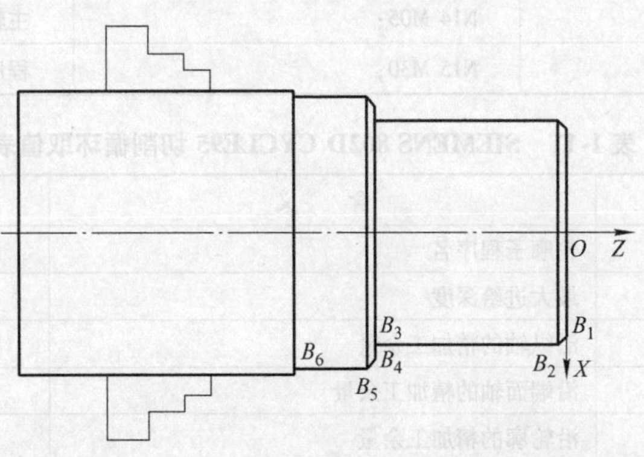

图 1-2　加工左端轮廓时的工件坐标系及基点

3）参考程序见表1-10。

表1-10　FANUC 0i与SIEMENS 802D参考程序

FANUC 0i系统数控程序	SIEMENS 802D系统数控程序	注　　释
O101;	SKC101.MPF;	程序名
N1 G40 G98 G21;	N1 G40 G98 G21;	设置初始化
N2 T0101 S600 M03;	N2 T01D1 S600 M03;	设置刀具及主轴转速
N3 G00 X51.0 Z0.0;	N3 G00 X51.0 Z0.0;	快速靠近工件
N4 G01 X0 F100;	N4 G01 X0 F100;	车端面
N5 G00 X52.0 Z2.0;	N5 G00 X52.0 Z2.0;	快速到达循环起点
N6 G71 U1.5 R0.5; N7 G71 P8 Q15 U1.0 W0 F150;	CYCLE95（LZC11，1.5，0，0.5，，150，，，1，，，1.0）;	调用毛坯外圆循环，设置加工参数，SIEMENS 802D各参数的取值见表1-11
N8 G00 X36.974;		FANUC 0i系统含义：轮廓精加工程序段 SIEMENS 802D轮廓精加工子程序见表1-12
N9 G01 Z0;		
N10 X39.974 Z-1.5;		
N11 Z-35.0;		
N12 X44.974;		
N13 X47.974 Z-36.5;		
N14 Z-52.0;		
N15 X51.0;		
N16 G00 X100.0 Z50.0;	N7 G00 X100.0 Z50.0;	刀具快速退至换刀点
N17 M05;	N8 M05;	主轴停
N18 M00;	N9 M00;	程序暂停
N19 T0202 S900 M03;	N10 T02D1 S900 M03;	调用精车刀
N20 G00 X52.0 Z2.0;	N11 G00 X52.0 Z2.0;	刀具快速靠近工件
N20 G70 P8Q15;	N12 LZC11;	FANUC0i采用精车循环进行精车，SIEMENS 802D采用子程序进行精车
N21 G00 X100.0 Z50.0;	N13 G00 X100.0 Z50.0;	快速退至换刀点
N22 M05;	N14 M05;	主轴停
N23 M30;	N15 M30;	程序结束

表1-11　SIEMENS 802D CYCLE95切削循环取值表

代　　码	含　　义	取　　值
NPP	轮廓子程序名	LZC11
MID	最大进给深度	1.5
FALZ	沿纵轴的精加工余量	0
FALX	沿端面轴的精加工余量	0.5
FAL	沿轮廓的精加工余量	
FF1	非退刀槽加工进给率	150

（续）

代　码	含　义	取　值
FF2	进入凹槽的进给率	
FF3	精加工进给率	
VARI	加工类型	1
DT	粗切削的暂停时间	
DAM	粗加工中断路径，断屑	
VRT	从轮廓返回的路径	0.5

表 1-12　SIEMENS 802D 轮廓精加工子程序

程序内容	注　释
LZC11. SPF；	子程序名
N1 G00 X36. 974；	*X* 向进刀
N2 G01 Z0；	*Z* 向进刀
N3 X39. 974 Z-1. 5；	倒角 *C*1. 5
N4 Z-35. 0；	精加工 ϕ40mm 外圆
N5 X44. 974；	加工端面
N6 X47. 974 Z-36. 5；	倒角 *C*1. 5
N7 Z-52. 0；	加工 ϕ48mm 外圆
N8 X51. 0；	*X* 向退刀
N9 M17；	子程序结束

（2）编制右端轮廓加工程序

1）设置工件坐标系。以工件 $\phi48_{-0.042}^{\ 0}$ mm 外圆及左端面定位，用铜皮包住，并用百分表找正，用自定心卡盘夹持 $\phi40_{-0.052}^{\ 0}$ mm 外圆，粗精车右端轮廓。工件坐标系设在工件端面轴线上，如图 1-3 所示。

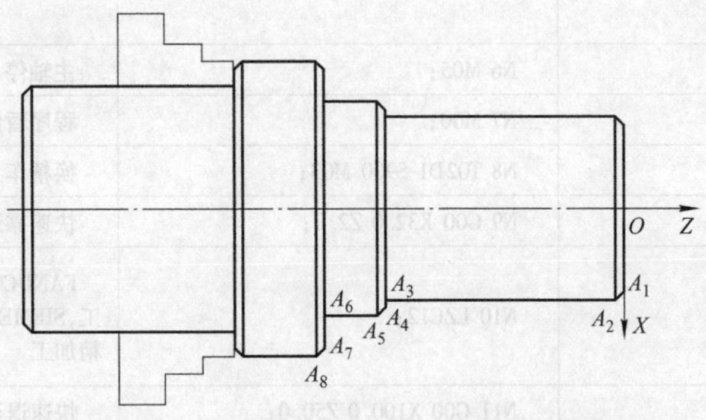

图 1-3　加工右端轮廓时的工件坐标系及基点

2）基点的坐标值见表 1-13。

表 1-13 基点的坐标值

基点	坐标值(X,Z)	基点	坐标值(X,Z)
A_1	(26.99,0)	A_5	(34.983,-41.475)
A_2	(29.99,-1.5)	A_6	(34.983,-50.0)
A_3	(29.99,-39.975)	A_7	(44.979,-50.0)
A_4	(31.983,-39.975)	A_8	(47.979,-51.5)

3）参考程序见表 1-14。

表 1-14 FANUC 0i 与 SIEMENS 802D 参考程序

FANUC 0i 系统数控程序	SIEMENS 802D 系统数控程序	注 释
O102;	SKC102. MPF;	程序名
N1 G40 G98 G21;	N1 G40 G98 G21;	设置初始化
N2 T0101 S600 M03;	N2 T01D1 S600 M03;	设置刀具及主轴转速
N3 G00 X51.0 Z0.0;	N3 G00 X51.0 Z0.0;	快速靠近工件
N4 G01 X0 F100;	N4 G01 X0 F100;	车端面
N5 G00 X52.0 Z2.0;	N5 G00 X52.0 Z2.0;	快速到达循环起点
N6 G71 U1.5 R0.5; N7 G71 P8 Q17 U0.5 W0 F150;	CYCLE95 (LZC12, 1.5, 0, 0.5,, 150,,,1,,,0.5);	调用毛坯外圆循环，设置加工参数
N8 G00 X26.99;		FANUC 0i 系统含义：轮廓精加工程序段 SIEMENS 802D 轮廓精加工子程序见表 1-15
N9 G01 Z0;		
N10 X29.99 Z-1.5;		
N11 Z-39.975;		
N12 X31.983;		
N13 X34.983 Z-41.475;		
N14 Z-50.0;		
N15 X44.979;		
N16 X47.979 Z-51.5;		
N17 X51.0;		
N18 M05;	N6 M05;	主轴停
N19 M00;	N7 M00;	程序暂停
N20 T0202 S900 M03;	N8 T02D1 S900 M03;	换精车刀
N21 G00 X32.0 Z2.0;	N9 G00 X32.0 Z2.0;	快速靠近工件
N22 G70 P8 Q17;	N10 LZC12;	FANUC0i 系统采用 G70 进行精加工，SIEMENS 802D 采用子程序进行精加工
N23 G00 X100.0 Z50.0;	N11 G00 X100.0 Z50.0;	快速退至换刀点
N24 M05;	N12 M05;	主轴停
N25 M30;	N13 M30;	主程序结束

表 1-15　SIEMENS 802D 轮廓精加工子程序

程序内容	注　释
LZC12. SPF;	子程序名
N1 G00 X26. 99;	*X* 向进刀
N2 G01 Z0;	*Z* 向进刀
N3 X29. 99 Z – 1. 5;	倒角 *C*1. 5
N4 Z – 39. 975;	加工 ϕ30mm 外圆
N5 X31. 983;	加工端面
N6 X34. 983 Z – 41. 475;	倒角 *C*1. 5
N7 Z – 50. 0;	加工 ϕ35mm 外圆
N8 X44. 979;	加工端面
N9 X47. 979 Z – 51. 5;	倒角 *C*1. 5
N10 X51. 0;	*X* 向退刀
N11 M17;	子程序结束

6. 工件加工

（1）加工准备

1）检查毛坯尺寸。

2）开机，回参考点。

3）输入程序并校验。把编制好的加工程序输入到数控系统中，并应用空运行或图形模拟校验所编制的加工程序，验证程序合格后方能进行以下步骤。

4）装夹工件。用自定心卡盘夹住毛坯外圆，伸出 60mm 左右，找正并夹紧；调头装夹时，以工件 $\phi48_{-0.042}^{0}$ mm 左端面定位，用铜皮包住 $\phi40_{-0.052}^{0}$ mm 外圆，用自定心卡盘夹持，并用百分表找正，粗精车右端轮廓。

5）装夹刀具。把外圆粗车刀、外圆精车刀按要求依次装入 T01 及 T02 号刀位。

6）对刀。将上述两把刀具依次对好，并将有关数值输入到刀具参数中，如刀尖圆弧半径、刀尖方位等。调头装夹后，两把刀具应重新对刀。

（2）零件的自动加工　将数控车床置于自动加工模式，首先将加工程序调入数控系统，调好进给倍率进行自动加工，加工过程中要进行精度控制，具体方法如下：

1）外圆及台阶长度控制。左右两侧轮廓均通过调整外圆精车刀（T02）*X* 及 *Z* 向刀具磨损量（如在 FANUC 系统中，在刀具磨耗参数表中，*X* 向输入 0.5，*Z* 向输入 0.1），运行精加工程序。程序结束后停机测量，根据测量结果再修调刀具磨损量，重新执行外圆精加工程序，直到达到尺寸要求为止。

2）位置精度的控制。该零件位置精度是 ϕ48mm 右端面对左端面的平行度，主要通过工件定位装夹来控制。在调头装夹过程中应以 ϕ48mm 左端面进行定位，并用百分表找正，通过找正保证 ϕ48mm 右端面对左端面的平行度要求。

（3）加工结束　加工结束后应清理机床。

7. 工件检测

（1）长度尺寸　总长 $100_{-0.1}^{0}$ mm 采用游标卡尺测量，长度 $40_{-0.05}^{0}$ mm 采用游标深度卡

尺测量，其余长度尺寸采用游标卡尺测量。

（2）外圆尺寸　用千分尺结合游标卡尺测量。

（3）倒角　采用游标卡尺测量即可。

8. 操作注意事项

1）调头后，所用刀具都应重新对刀。

2）该零件只能先加工左端轮廓，再加工右端轮廓，若先加工右端轮廓，再加工左端轮廓时，则无法保证 ϕ48mm 右端面对左端面的平行度要求。

3）在加工过程中，应尽量采用试切、试测方法控制尺寸精度。

四、知识链接

FANUC 0i 数控车床的操作

1. 系统控制面板

FANUC 0i 车床数控系统的控制面板主要由 CRT（LCD）单元、MDI 键盘和功能软键组成，如图 1-4 所示。图 1-5 所示为 FANUC 0i 车床数控系统的 MDI 键盘布局图，各键的名称和功能见表 1-16。

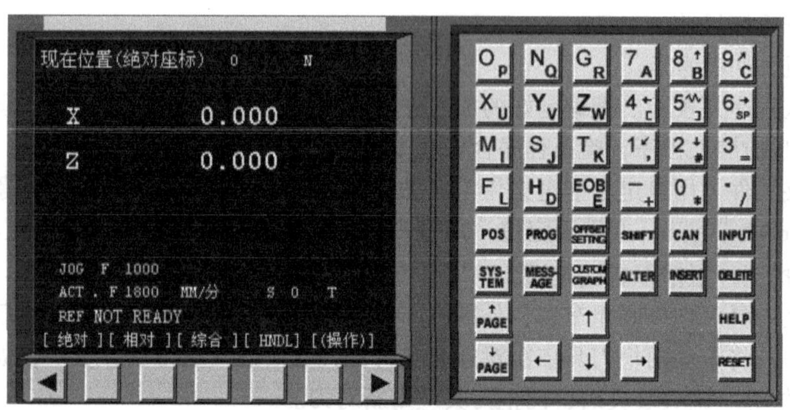

图 1-4　FANUC 0i 车床数控系统的控制面板

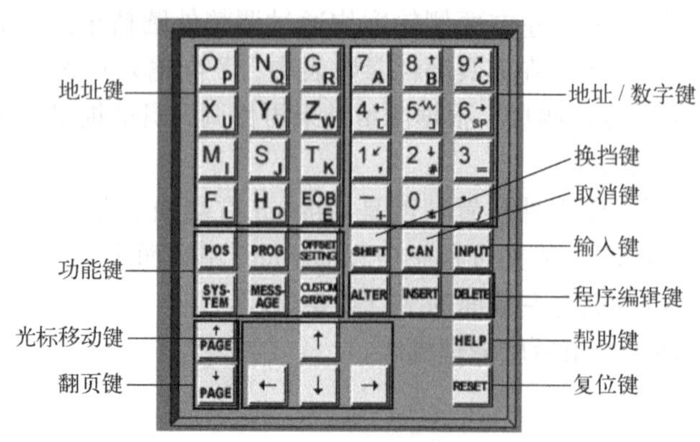

图 1-5　MDI 操作面板

表 1-16　MDI 键盘上各键的名称及功能

名称	按键	功　　能
复位键	RESET	按 RESET 键可使 CNC 复位,用以清除报警等
帮助键	HELP	按 HELP 键用来显示如何操作机床(如 MDI 键的操作),可在 CNC 发生报警时提供报警的详细信息(帮助功能)
功能键	POS　PROG　OFFSET SETTING　SYSTEM　MESSAGE　CUSTOM GRAPH	PROG:数控程序显示与编辑页面键。在编辑方式下,用于编辑、显示存储器内的程序;在手动数据输入方式下,用于输入和显示数据;在自动方式下,用于显示程序指令 POS:坐标位置显示页面键。位置显示有绝对、相对和综合三种方式,用 PAGE 键选择 OFFSET SETTING:参数输入页面键。第一次按进入坐标系设置页面,第二次按进入刀具补偿参数页面。进入不同的页面以后,用 PAGE 键切换。 CUSTOM GRAPH:图形参数设置页面键,用来显示图形画面 MESSAGE:信息页面键,用来显示提示信息 SYSTEM:系统参数页面键,用来显示系统参数
地址/数字键	O P　N Q　G R　7 A　8 B　9 C　X U　Y V　Z W　4 [　5]　6 SP　M I　S J　T K　1 ,　2 #　3 =　F L　H D　EOB E　- +　0 *　. /	按这些键可输入字母、数字以及其他字符
换挡键	SHIFT	在有些键的顶部有两个字符,按 SHIFT 键来选择字符。当一个特殊字符 $\hat{E}$ 在屏幕上显示时,表示键面右下角的字符可以输入
输入键	INPUT	当按了地址键或数字键后,数据被输入到缓冲器,并在 CRT 显示器显示出来。为了把键入到输入缓冲器中的数据拷回寄存器,按 INPUT 键。这个键与[INPUT]软键作用相同
取消键	CAN	按 CAN 键可删除已输入到缓冲器里的最后一个字符或符号
程序编辑键	ALTER　INSERT　DELETE	ALTER:字符替换键; INSERT:字符插入键; DELETE:字符删除键

（续）

名称	按键	功　能
光标移动键	↑ ← ↓ →	→:用于将光标朝右或前进方向移动。在前进方向光标按一段短的单位移动 ←:用于将光标朝左或倒退方向移动。在倒退方向光标按一段短的单位移动 ↓:用于将光标朝下或前进方向移动。在前进方向光标按一段大尺寸单位移动 ↑:用于将光标朝上或倒退方向移动。在倒退方向光标按一段大尺寸单位移动
翻页键	↑PAGE ↓PAGE	↑PAGE:用于在屏幕上朝前翻一页 ↓PAGE:用于在屏幕上朝后翻一页
回车换行键	EOB E	结束一行程序的输入并且换行

2. 机床操作面板

图1-6所示为配备FANUC 0i车床数控系统机床的操作面板，面板上各按钮的名称及其功能见表1-17。

图1-6　机床操作面板

表 1-17　机床操作面板上各按钮的名称及其功能

名称	按钮	功　能
主轴减速按钮		控制主轴减速
主轴加速按钮		控制主轴加速
主轴停止按钮		在手动/手轮模式下,按下该按钮可实现主轴停止
主轴手动允许按钮		在手动/手轮模式下,按下该按钮可实现手动控制主轴
主轴正转按钮		在手动/手轮模式下,按下该按钮,主轴正转
主轴反转按钮		在手动/手轮模式下,按下该按钮,主轴反转
超程解除按钮		系统超程解除
手动换刀按钮		在手动/手轮模式下,按下该按钮,电动刀架自动更换一个刀位
回参考点 *X* 按钮	X	在回参考点模式下,按下该按钮,*X* 轴回零
回参考点 *Z* 按钮	Z	在回参考点模式下,按下该按钮,*Z* 轴回零
X 轴负方向移动按钮		在手动模式下,按下该按钮,刀架向 *X* 轴负方向移动
X 轴正方向移动按钮		在手动模式下,按下该按钮,刀架向 *X* 轴正方向移动
Z 轴负方向移动按钮		在手动模式下,按下该按钮,刀架向 *Z* 轴负方向移动
Z 轴正方向移动按钮		在手动模式下,按下该按钮,刀架向 *Z* 轴正方向移动
回参考点模式按钮		按下该按钮,系统进入回参考点模式
手轮 *X* 轴选择按钮	X	在手轮模式下选择 *X* 轴
手轮 *Z* 轴选择按钮	Z	在手轮模式下选择 *Z* 轴
快速按钮		在手动连续情况下使刀架移动处于快速方式下

（续）

名称	按钮	功　　能
自动模式按钮		按下该按钮使得系统处于自动运行模式
JOG 模式按钮		按下该按钮使得系统处于手动模式，可手动连续移动机床
编辑模式按钮		按下该按钮使得系统处于编辑模式，用于直接通过操作面板输入数控程序和编辑程序
MDI 模式按钮		按下该按钮使得系统处于 MDI 模式，手动输入并执行指令
手轮模式按钮		按下该按钮使得刀架处于手轮控制状态下
循环保持按钮		在自动模式下，按下该按钮使得系统进入保持（暂停）状态
循环启动按钮		在自动模式下，按下该按钮使得系统进入循环启动状态
机床锁定按钮		在自动模式下，按下该按钮将锁定机床
空运行按钮		在自动模式下，按下该按钮使得机床处于空运行状态
跳段按钮		在自动模式下，按下该按钮后，数控程序中的注释符号“/”有效
单段按钮		在自动模式下，按下该按钮后，运行程序时每次执行一条数控指令
进给选择旋钮		此旋钮用来调节进给倍率
手动/手轮进给倍率按钮	 0.001 1%　0.01 25%　0.1 50%　1 100%	在手动模式下，调整快速进给倍率；在手轮模式下，调整手轮操作时的进给速度倍率
急停按钮		按下急停按钮，使机床移动立即停止，并且所有的输出（如主轴的转动等）都会关闭
手摇脉冲发生器		在手轮模式下，旋转手摇脉冲发生器，刀架沿指定的坐标轴移动，移动距离大小与手轮进给倍率有关
电源开启按钮		开启系统电源
电源关闭按钮		关闭系统电源

3. 数控车床的手动操作

（1）开、关机操作

1）机床起动。打开机床总电源开关→按下控制面板上的电源开启按钮→开启急停按钮。

2）机床的关停。按下急停按钮→按下控制面板上的电源关闭按钮→关掉机床电源总开关。

（2）回参考点操作

1）按回参考点按钮，系统进入回参考点模式。

2）为了减小速度，选择小的快速移动倍率。

3）按住回参考点相应的进给轴按钮，直至刀具回到参考点。刀具以快速移动速度移动到减速点，然后按参数中设定的 FL 速度移动到参考点，如图 1-7 所示。当刀具返回到参考点后，返回参考点完成灯（LED）点亮。

4）对另一坐标轴也执行同样的操作。

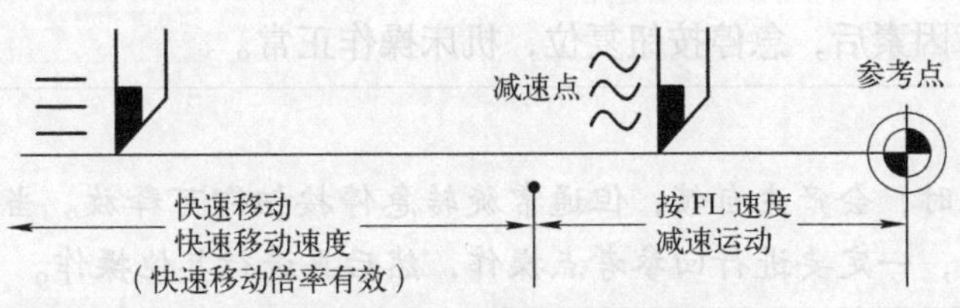

图 1-7　手动回参考点过程

要点提示

1）当滑板上的挡块距离参考点开关的距离不足 30mm 时，首先要用“JOG”按钮使滑板向参考点的负方向移动，直至距离大于 30mm 停止点动，然后再执行回机床参考点操作。

2）执行回参考点操作时，为了保证数控车床及刀具的安全，一般要先回 X 轴再回 Z 轴。

（3）手动连续进给（JOG 进给）　手动连续进给的操作步骤如下：

1）选择手动模式，系统进入手动模式。

2）按下选定进给轴移动按钮，刀具沿选定坐标轴及选定方向移动，并按参数设定的进给速度移动，按钮一释放机床就停止。

3）手动连续进给速度可由进给速度倍率调整。

4）若在按下进给轴和方向选择开关期间按了快速移动按钮，刀具将按快速移动速度运动。在快速移动期间，快速移动倍率有效。

要点提示

在按下进给轴和方向选择开关期间，将方式开关切换到 JOG 进给方式，则 JOG 进给无效。为了使 JOG 进给有效，首先要进入 JOG 进给方式，然后再按进给轴和方式选择开关。

（4）手轮进给　手轮进给的操作步骤如下：

1）选择手轮（HANDEL）模式，系统进入手轮操作模式。

2）选择一个机床要移动的轴。

3）选择合适的手轮进给倍率。

4）旋转手轮，机床沿选择轴移动。旋转手轮360°，机床移动距离相当于100个刻度的距离。

（5）刀架的转位　装卸刀具、测量切削刀具的位置以及对工件进行试切削时，都要靠手动操作实现刀架的转位。在手动模式下，单击刀具选择按钮，则回转刀架上的刀台逆时针转动一个刀位。

（6）主轴手动操作　手动操作时要起动主轴，必须用MDI方式设定主轴转速。当方式选择开关处于“手动”位置时，可手动控制主轴的正转、反转和停止。调节主轴转速修调开关或，对主轴转速进行倍率修调。按手动操作按钮CW、CCW、STOP控制主轴正转、反转、停止。

（7）数控车床的安全功能操作

1）急停按钮操作。

① 机床在遇到紧急情况时，应立即按急停按钮，主轴和进给全部停止。

② 急停按钮按下后，机床被锁住，电动机电源被切断。

③ 当清除故障因素后，急停按钮复位，机床操作正常。

要点提示

按下急停按钮时，会产生自锁，但通常旋转急停按钮即可释放。当机床故障排除、急停按钮旋转复位后，一定要进行回参考点操作，然后再进行其他操作。

2）超程释放操作。

当机床移动到工作区间极限时会压住限位开关，数控系统会产生超程报警，此时机床不能工作。一般数控车床采用软件超程保护和硬件保护方式，软件超程必须使机床回零后有效。解除过程如下：手动方式→按下超程解除按钮→按与超程方向相反的点动按钮或者用手摇脉冲发生器向相反方向转动，使机床脱离极限位置而回到工作区间→按复位键即可。

4. 手动数据输入（MDI）操作

手动数据输入方式用于在系统操作面板上输入一段程序，然后按下循环启动键来执行该段程序，其操作步骤如下：

1）选择手动数据（MDI）模式，系统进入MDI模式。

2）按下系统功能键PROG键，液晶屏幕左上角显示“MDI”字样，如图1-8所示。

3）输入要运行的程序段。

4）按下循环启动键，数控车床自动运行该程序段。

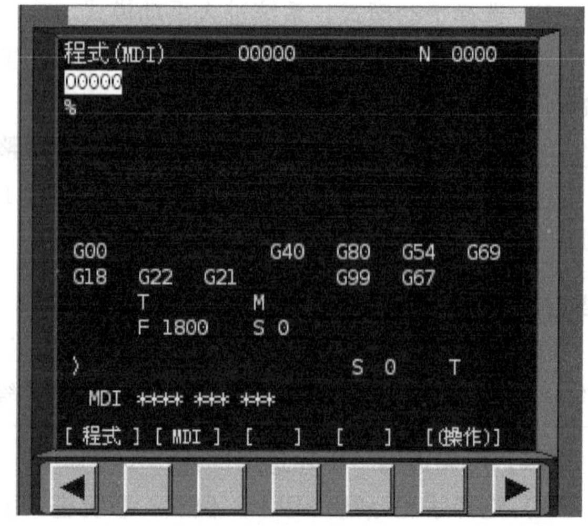

图1-8　MDI操作界面

5. 对刀

（1）T指令对刀　T指令对刀采用的是绝对刀偏法，实质就是使某一把刀的刀位点与工件原点重合时，找出刀架的转塔中心在机床坐标系中的坐标，并把它存储到刀补寄存器中。采用 T 指令对刀前，应注意回一次机床参考点（零点）。对刀步骤如下：

1）在手动方式中试切端面，沿 *X* 轴正方向退刀，不要移动 *Z* 轴，停止主轴，如图 1-9 所示。

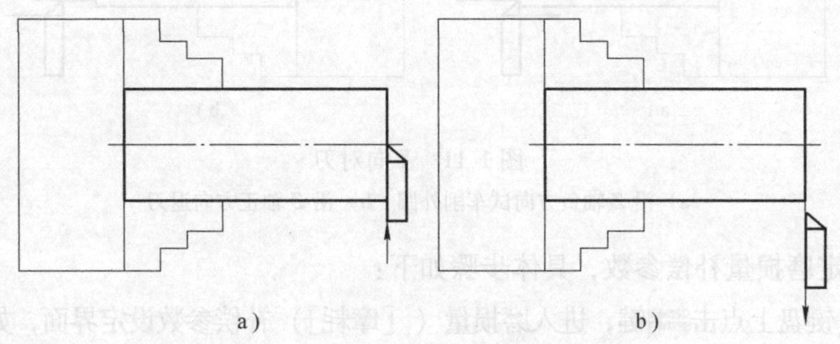

a） b）

图 1-9 *Z* 向对刀

a）沿 *X* 轴负方向试切端面 b）沿 *X* 轴正方向退刀

2）测量工件坐标系的零点至端面的距离 β（或 0）。

3）按 MDI 键盘中的 OFFSET/SETING 键，按［补正］和［形状］软键，进入如图 1-10a所示的刀具偏置参数窗口。

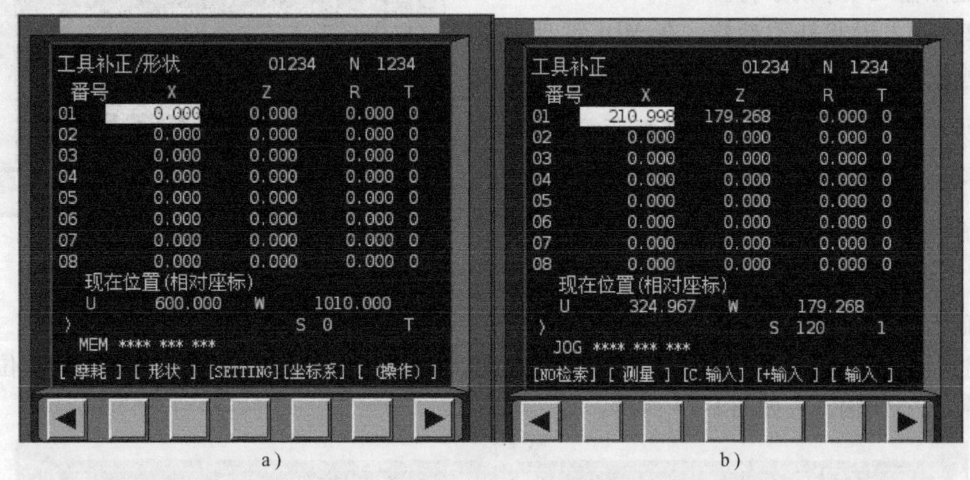

a） b）

图 1-10 刀具偏置参数窗口

4）移动光标键，选择与刀具号对应的刀补参数，输入 *Z*β（或 0）。按［测量］软键，*Z* 向刀具偏置参数会自动存入。

5）试切工件外圆，沿 *Z* 方向退刀，不要移动 *X* 轴，如图 1-11 所示。停止主轴，测量被车削部分的直径 *D*，输入 *XD*。按［测量］软键，*X* 向刀具偏置参数即自动存入，结果如图 1-10b 所示。

6）其他刀具按照相同的设定即可。

（2）车床刀具补偿参数 车床的刀具补偿参数包括刀具的磨损量补偿参数和形状补偿参数，两者之和构成车刀偏置量补偿参数。

1）输入磨损量补偿参数。刀具使用一段时间后即会磨损，使产品尺寸产生误差，因此

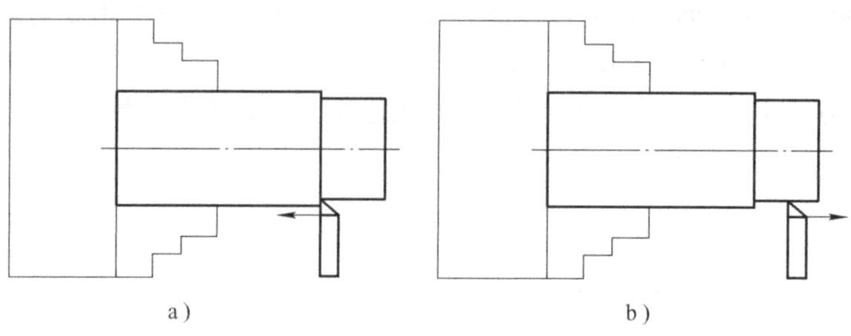

图 1-11　*X* 向对刀

a）沿 *Z* 轴负方向试车削外圆　b）沿 *Z* 轴正方向退刀

需要对刀具设定磨损量补偿参数，具体步骤如下：

① 在 MDI 键盘上点击 OFFSET SETTING 键，进入磨损量（［摩耗］）补偿参数设定界面，如图 1-12 所示。

② 用方位键 ↑ 、↓ 选择所需的番号，并用 ← 、→ 确定所需补偿的轴。单击数字键，输入补偿值到输入域。按软键“输入”或按 INPUT 键，将补偿值输入到指定区域。按 CAN 键可逐字删除输入域中的字符。

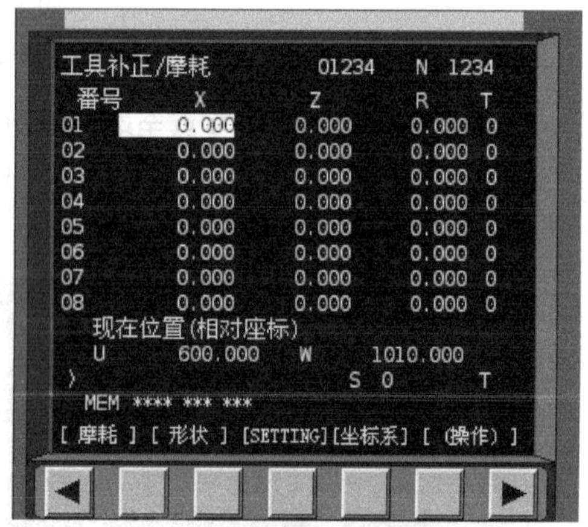

图 1-12　刀具磨损量补偿参数的设定

2）输入形状补偿参数。在 MDI 键盘上单击 OFFSET SETTING 键，进入形状补偿参数设定界面，如图 1-13所示。用方位键 ↑ 、↓ 选择所需的番号，并用 ← 、→ 确定所需补偿的轴。点击数字键，输入补偿值到输入域。按软键“输入”或按 INPUT 键，将参数输入到指定区域。按 CAN 键逐字删除输入域中的字符。

3）输入刀尖半径和方位号。分别把光标移到 *R* 和 *T*，按数字键输入半径值或方位号，按“输入”键输入，如图 1-13 所示。

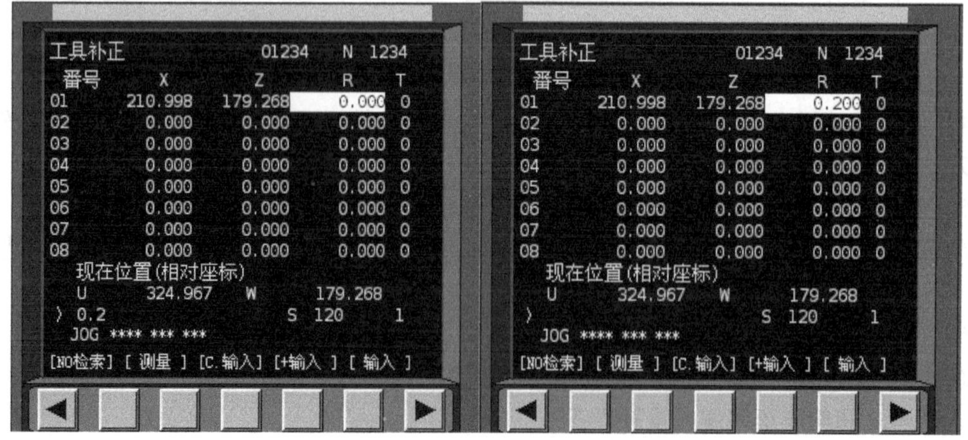

图 1-13　输入刀尖半径

6. 数控程序处理

(1) 数控程序管理

1) 新建一个NC程序。点击操作面板上的编辑按钮，编辑状态指示灯变亮，此时已进入编辑状态。点击MDI键盘上的PROG，CRT界面转入编辑页面。利用MDI键盘输入“Ox”(x为程序号，但不可以与已有程序号重复) 按INSERT键则程序号被输入，按下EOB E键，再按下INSERT键，则程序段结束符“;”被输入，CRT界面上显示一个空程序，可以通过MDI键盘开始程序输入。输入一段代码后，按下EOB E键，再按下INSERT键，输入域中的内容显示在CRT界面上，光标移到下一行，然后可以进行其他程序段的输入，直到全部程序输入完为止。

2) 选择一个数控程序。点击MDI键盘上的PROG，CRT界面转入编辑页面。利用MDI键盘输入“Ox”(x为数控程序目录中显示的程序号)，按↓键开始搜索，搜索到后“O××××”显示在屏幕首行程序号位置，NC程序显示在屏幕上。

3) 删除一个数控程序。点击操作面板上的编辑键，编辑状态指示灯变亮，此时已进入编辑状态。利用MDI键盘输入“Ox”(x为要删除的数控程序在目录中显示的程序号)，按DELETE键，程序即被删除。

4) 删除全部数控程序。点击操作面板上的编辑键，编辑状态指示灯变亮，此时已进入编辑状态。点击MDI键盘上的PROG，CRT界面转入编辑页面。利用MDI键盘输入“O-9999”，按DELETE键，全部数控程序即被删除。

(2) 编辑程序　数控程序可以直接用FANUC 0i系统的MDI键盘输入。

点击操作面板上的编辑按钮，编辑状态指示灯变亮，此时已进入编辑模式。点击MDI键盘上的PROG，CRT界面转入编辑页面。选定了一个数控程序后，此程序显示在CRT界面上，可对数控程序进行编辑操作。

1) 移动光标。按↑PAGE键和↓PAGE键用于翻页，按方位键↑、↓、←、→移动光标。

2) 插入字符。先将光标移到所需位置，点击MDI键盘上的数字/字母键，将代码输入到输入域中，按插入键（INSERT)，把输入域的内容插入到光标所在代码后面。

3) 删除输入域中的数据。按取消键（CAN）用于删除输入域中的数据。

4) 删除字符。先将光标移到所需删除字符的位置，按删除键（DELETE)，删除光标所在的代码。

5) 查找。输入需要搜索的字母或代码，按“↓”开始在当前数控程序中光标所在位置后搜索（代码可以是一个字母或一个完整的代码，例如“N0010”、“M”等)。如果此数控程序中含有所搜索的代码，则光标停留在找到的代码处；如果此数控程序中光标所在位置后没有所搜索的代码，则光标停留在原处。

6) 替换。先将光标移到所需替换字符的位置，将替换成的字符通过MDI键盘输入到输入域中，按ALTER键，用输入域的内容替代光标所在的代码。

7. 自动加工方式

(1) 自动/连续方式

1）自动加工流程。检查机床是否回零，若未回零，先将机床回零。导入数控程序按下操作面板上的按钮，使其指示灯变亮。按下操作面板上的循环启动按钮，程序开始执行。

2）中断运行。数控程序在运行过程中可根据需要暂停、停止、急停和重新运行。数控程序在运行时，按循环保持按钮，程序停止执行，再按循环启动按钮，程序从暂停位置开始执行。数控程序在运行时，按下急停按钮，数控程序中断运行，继续运行时，先将急停按钮松开，再按按钮，余下的数控程序从中断行开始作为一个独立的程序执行。

（2）自动/单段方式　检查机床是否回零，若未回零，先将机床回零，再导入数控程序。按下操作面板上的“自动运行”按钮，使其指示灯变亮。按下操作面板上的“单节”按钮，按下操作面板上的按钮，程序开始执行。

要点提示

1）自动/单段方式执行每一行程序均需按一次按钮。

2）可以通过主轴倍率旋钮和进给倍率旋钮来调节主轴旋转的速度和移动的速度。

3）按RESET键可将程序重置。

（3）运行轨迹　NC程序导入后，可检查运行轨迹。按下操作面板上的自动运行按钮，使其指示灯变亮，转入自动加工模式。点击MDI键盘上的PROG键，点击数字/字母键，输入“Ox”（x为所需要检查运行轨迹的数控程序号），按↓键开始搜索，找到后程序显示在CRT界面上。按下CUSTOM GRAPH按钮，进入检查运行轨迹模式。按下操作面板上的循环启动按钮，即可观察数控程序的运行轨迹。

试题二　圆锥类零件的加工

一、考核目标

1）掌握中等复杂圆锥类零件图的识读方法。
2）掌握中等复杂圆锥类零件加工工艺的制订方法。
3）掌握锥体尺寸的计算方法。
4）掌握中等复杂圆锥类零件加工程序的编制方法。
5）掌握中等复杂圆锥类零件加工刀具的选择方法。
6）掌握数控车床的操作方法。

二、考核要求

1. 总体要求

1）试题名称：圆锥类零件（图 2-1）。
2）本题分值：100 分。
3）考核时间：120min。
4）考核形式：操作。

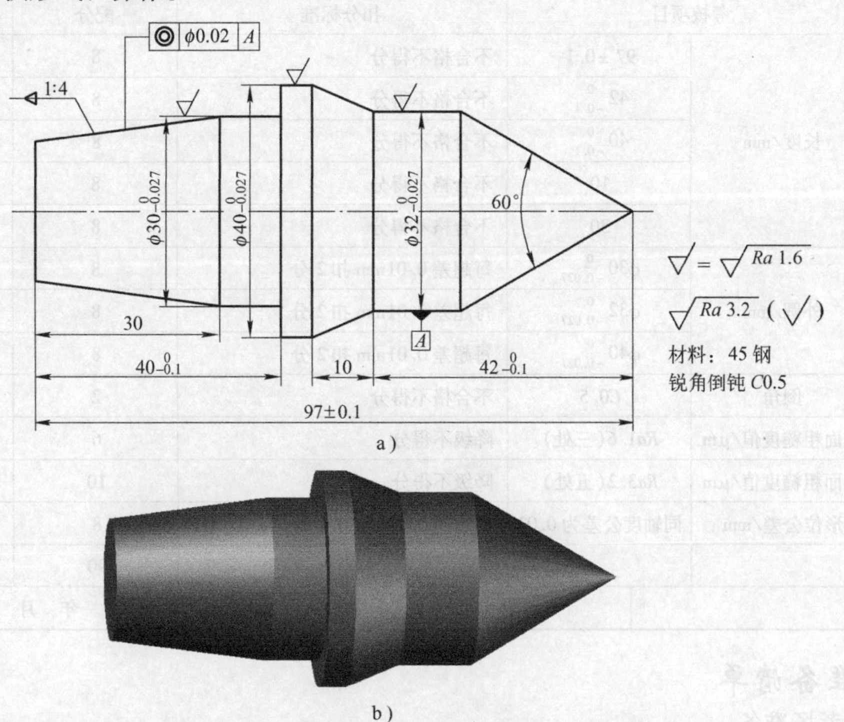

图 2-1　圆锥类零件图

2. 配分及评分标准

1）操作技能考核总成绩见表2-1。

表2-1 操作技能考核总成绩表

序号	项目名称	配分	得分	备注
1	现场操作规范	10		
2	工件质量	90		
合计		100		

2）现场操作规范评分见表2-2。

表2-2 现场操作规范评分表

序号	项目	考核内容	配分	考场表现	得分
1	现场操作规范	正确使用机床	2		
2		正确使用量具	2		
3		合理使用刃具	2		
4		设备维护保养	4		
合计			10		

3）工件质量评分见表2-3。

表2-3 工件质量评分表

序号	考核项目		扣分标准	配分	得分
1	长度/mm	97±0.1	不合格不得分	8	
2		$42_{-0.1}^{0}$	不合格不得分	8	
3		$40_{-0.1}^{0}$	不合格不得分	8	
4		10	不合格不得分	8	
5		30	不合格不得分	8	
6	外圆/mm	$\phi30_{-0.027}^{0}$	每超差0.01mm扣2分	8	
7		$\phi32_{-0.027}^{0}$	每超差0.01mm扣2分	8	
8		$\phi40_{-0.027}^{0}$	每超差0.01mm扣2分	8	
9	倒角	C0.5	不合格不得分	2	
10	表面粗糙度值/μm	Ra1.6(三处)	降级不得分	6	
11	表面粗糙度值/μm	Ra3.2(五处)	降级不得分	10	
12	形位公差/mm	同轴度公差为0.02	每超差0.01mm扣1分	8	
合计				90	
评分人		年 月 日	核分人	年 月 日	

3. 准备清单

(1) 考场准备

1）材料准备见表2-4。

表 2-4　材料准备

名　　称	规　　格	数　　量	要　　求
45 钢	ϕ45mm×100mm	1 件/考生	考场准备

2）设备准备见表 2-5。

表 2-5　设备准备

名　　称	规　　格	数　　量	要　　求
数控车床	根据考点情况选择	1 台/考生	考场准备
自定心卡盘	对应工件	1 副/台	
回转顶尖	对应机床	1 副/台	
自定心卡盘扳手	对应机床	1 副/台	
刀架扳手	对应机床	1 副/台	

（2）考生准备　考生主要准备工具、量具、刀具及其他，见表 2-6。

表 2-6　工具、量具、刀具及其他准备

序号	名　　称	型　　号	数　　量	要　　求
1	外圆粗车刀	90°	1	考生自备
2	外圆精车刀	93°	1	
3	中心钻	B2.5	1	
4	千分尺	25～50mm	1	
5	游标卡尺	0.02mm/0～150mm	1	
6	游标深度卡尺	0.02mm/0～150mm	1	
7	游标万能角度尺		1	
8	薄铜皮	0.05～0.10mm	若干	
9	磁性表座		1	
10	百分表	分度值为 0.01mm	1	
11	垫刀片		若干	
12	草稿纸与计算器			

4. 说明

1）出现危及考生或他人安全的状况应终止考试，如果是由于考生操作失误所致，考生该题成绩记零分。

2）因考生操作失误所致，导致设备故障且当场无法排除应终止考试，考生该题成绩记零分。

3）因刀具、工具损坏而无法继续应终止考试。

三、考核实施

本题主要考核锥体与外圆的加工，要求考生通过图样分析，合理制订出加工方案，熟练掌握加工前的准备，刀具与工件的安装，程序的编制、输入与校验，零件的加工、检测等各项操作方法。

1. 图样分析

如图2-1所示，该零件由三个锥体和三个圆柱组成。左端锥体长30mm，锥体大端直径为$\phi30_{-0.027}^{0}$mm，锥度为1∶4；右端锥体为一顶尖，顶尖角度为60°，大端直径为$\phi32_{-0.027}^{0}$mm，锥体与$\phi32_{-0.027}^{0}$mm圆柱的总长为$42_{-0.1}^{0}$mm；中间锥体的大端直径为$\phi40_{-0.027}^{0}$mm，小端直径为$\phi32_{-0.027}^{0}$mm，长度为10mm；三处锥体的表面粗糙度值要求为$Ra3.2\mu m$。左端$\phi30_{-0.027}^{0}$mm圆柱的长度由左端长度和锥体长度确定；右端$\phi32_{-0.027}^{0}$mm圆柱的长度由长度尺寸$42_{-0.1}^{0}$mm和60°锥体长度确定，中间$\phi40_{-0.027}^{0}$mm的圆柱长度由总长及左右端长度确定。左端锥体还有同轴度要求。该零件尺寸标注完整，轮廓描述清楚，零件材料为45钢，无热处理和硬度要求，适合在数控车床上加工。

2. 难点分析

图2-1所示零件虽然只有外圆和锥体两种加工轮廓，但需要计算两端锥体的相关数值，同时，锥体和外圆轮廓有严格的尺寸精度和表面质量要求。因此，加工该零件有两个难点：一是数值计算；二是如何制订加工工艺，确保锥体和外圆轮廓的尺寸精度和表面质量要求，以及左端锥体的同轴度要求。

3. 工艺分析

为了解决上述零件的加工难点，在编制加工工序时，应按粗精加工分开原则进行编制。先夹住毛坯外圆，粗精加工零件右端轮廓，然后调头夹住$\phi32_{-0.027}^{0}$mm外圆，加工零件左端轮廓。调头加工时，应采用一夹一顶夹紧方式，用自定心卡盘夹住$\phi32_{-0.027}^{0}$mm外圆（用铜皮包住），并用尾座顶尖顶紧，以保证左端锥体的同轴度要求。同时为了保证锥体表面粗糙度要求，精加工时，采用恒线速度切削。通过上述分析，可制订以下加工路线：

1）用自定心卡盘夹持毛坯面，粗精车工件右端轮廓至要求尺寸。

2）调头装夹，夹住$\phi32_{-0.027}^{0}$mm外圆，齐端面，钻中心孔。

3）采用一夹一顶方式，粗精加工工件左端轮廓至尺寸。

4. 相关工艺卡片的填写

1）数控加工刀具卡见表2-7。

表2-7　圆锥类零件数控加工刀具卡

<table>
<tr><td colspan="2">产品名称或代号</td><td>×××</td><td>零件名称</td><td>×××</td><td>零件图号</td><td>××</td></tr>
<tr><td>序号</td><td>刀具号</td><td>刀具规格名称</td><td>数量</td><td>加工表面</td><td>刀尖半径/mm</td><td>备注</td></tr>
<tr><td>1</td><td>T00</td><td>中心钻B2.5</td><td>1</td><td>左端中心孔</td><td></td><td></td></tr>
<tr><td>2</td><td>T01</td><td>90°硬质合金偏刀</td><td>1</td><td>工件外轮廓粗车</td><td>0.4</td><td>20×20</td></tr>
<tr><td>3</td><td>T02</td><td>93°硬质合金偏刀</td><td>1</td><td>工件外轮廓精车</td><td>0.2</td><td>20×20</td></tr>
<tr><td>编制</td><td></td><td>审核</td><td></td><td>批准</td><td>年　月　日</td><td>共　页　第　页</td></tr>
</table>

2）数控加工工艺卡见表2-8。

表 2-8 圆锥类零件数控加工工艺卡

单位名称	×××	产品名称或代号		零件名称		零件图号	
		×××		×××		××	
工序号	程序编号	夹具名称		使用设备		车间	
001	×××	自定心卡盘		CK6140		数控	
工步号	工步内容	刀具号	刀具规格 /mm	主轴转速 /r·min^{-1}	进给速度 /mm·min^{-1}	背吃刀量 /mm	备注
用自定心卡盘夹持毛坯面，粗精车工件右端轮廓							
1	粗车右外轮廓	T01	20×20	600	150	1.5	自动
2	精车右外轮廓	T02	20×20	G96 S200	100	0.5	自动
调头装夹，夹住 $\phi32_{-0.027}^{\ 0}$ mm 外圆，手动齐端面，钻中心孔，再采取一夹一顶方式加工左端轮廓							
3	车左端面	T01	20×20	600	100	1	手动
4	钻中心孔	T00	B2.5	1000	100		手动
5	粗车左外轮廓	T01	20×20	600	150	1.5	自动
6	精车左外轮廓	T02	20×20	G96 S200	100	0.5	自动
编制	审核	批准		年 月 日		共 页	第 页

5. 程序编制

（1）编制右端轮廓加工程序

1）建立工件坐标系。加工右端轮廓时，夹住毛坯外圆，工件坐标系设在工件右端锥体尖上，如图 2-2 所示。

2）基点的坐标值见表 2-9。60°锥体的长度 $L=16\text{mm}/\tan30°=27.713\text{mm}$。

表 2-9 基点的坐标值

基 点	坐标值(X,Z)	基 点	坐标值(X,Z)
O	(0,0)	A_3	(40.0, −51.95)
A_1	(32.0, −27.713)	A_4	(40.0, −58.0)
A_2	(32.0, −41.95)	A_5	(45.0, −58.0)

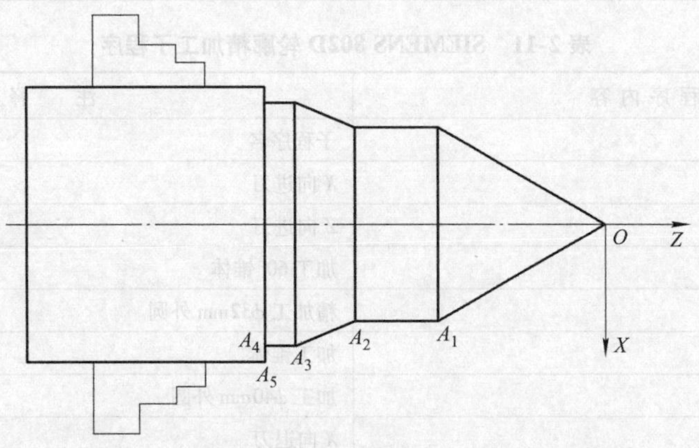

图 2-2 加工右端轮廓时的工件坐标系及基点

3）参考程序见表2-10。

表2-10 FANUC 0i 与 SIEMENS 802D 参考程序

FANUC 0i 系统数控程序	SIEMENS 802D 系统数控程序	注 释
O201;	SKC201. MPF;	程序名
N1 G40 G98 G97 G21;	N1 G40 G95 G97 G21;	设置初始化
N2 T0101 S600 M03;	N2 T01D1 S600 M03;	设置刀具及主轴转速
N3 G00 X52.0 Z2.0;	N3 G00 X46.0 Z2.0;	快速到达循环起点
N4 G71 U1.5 R0.5; N5G71 P6 Q12 U1.0 W0 F150;	CYCLE95（LZC21，1.5，0，0.5,,150,,,1,,,0.5）;	调用毛坯外圆循环，设置加工参数
N6 G00 X0;		FANUC 0i 系统含义：轮廓精加工程序段 SIEMENS 802D 轮廓精加工子程序见表2-11
N7 G01 Z0;		
N8 X32.0 Z－27.713;		
N9 Z－41.95;		
N10 X40.0 Z－51.95;		
N11 Z－58.0;		
N12 X46.0;		
N13 G00 X100.0 Z50.0;	N4 G00 X100.0 Z50.0;	刀具快速退至换刀点
N14 M05;	N5 M05;	主轴停
N15 M00;	N6 M00;	程序暂停
N16 T0202 G96 S200 M03;	N7 T02D1 G96 S200 M03;	调用精车刀，采用恒线速度切削
N17 G50 S2000;	N8 LIMS＝2000;	限制主轴最高转速
N18 G00 G42 X46.0 Z2.0;	N9 G00 G42 X46.0 Z2.0;	刀具快速靠近工件
N19 G70 P6 Q12;	LZC21;	FANUC0i 采用 G70 精车循环进行精车，SIEMENS 802D 采用 CYCLE95 精车
N20 G00 G40 X100.0 Z50.0;	N10 G00 G40 X100.0 Z50.0;	快速退至换刀点
N21 M05;	N11 M05;	主轴停
N22 M30;	N12 M30;	粗车 *R*6mm 圆弧

表2-11 SIEMENS 802D 轮廓精加工子程序

程 序 内 容	注 释
LZC21. SPF;	子程序名
N1 G00 X0;	*X* 向进刀
N2 G01 Z0;	*Z* 向进刀
N3 X32.0 Z-27.713;	加工 60°锥体
N4 Z-41.95;	精加工 ϕ32mm 外圆
N5 X40.0 Z-51.95	加工锥体
N6 Z-58.0;	加工 ϕ40mm 外圆
N7 X46.0;	*X* 向退刀
N8 M17;	子程序结束

（2）编制左端轮廓加工程序

1）设置工件坐标系。调头装夹，夹住 $\phi32_{-0.027}^{\ 0}$ mm 外圆，采用一夹一顶方式，粗精加工工件左端轮廓。工件坐标系设在工件端面轴线上，如图 2-3 所示。

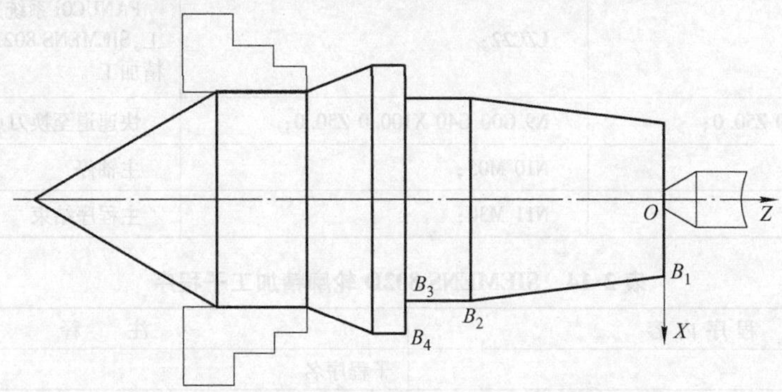

图 2-3　加工左端轮廓时的工件坐标系及基点

2）基点的坐标值见表 2-12。求左端锥体小端直径 d：根据公式 $(D-d)/L=1/4$ 知，$(30-d)/30=1/4$，所以 $d=22.5$mm。

表 2-12　基点的坐标值

基　点	坐标值(X,Z)	基　点	坐标值(X,Z)
B_1	(22.5,0)	B_3	(30.0，-39.95)
B_2	(30.0，-30.0)	B_4	(40.0，-39.95)

3）参考程序见表 2-13。

表 2-13　FANUC 0i 与 SIEMENS 802D 参考程序

FANUC 0i 系统数控程序	SIEMENS 802D 系统数控程序	注　释
O202；	SKC202. MPF；	程序名
N1 G40 G97 G98 G21；	N1 G40 G95 G97 G21；	设置初始化
N2 T0101 S600 M03；	N2 T01D1 S600 M03；	设置刀具及主轴转速
N3 G00 X46.0 Z2.0；	N3 G00 X46.0 Z2.0；	快速到达循环起点
N4 G71 U1.5 R0.5； N5 G71 P6 Q10 U1.0 W0 F150；	CYCLE95（LZC22，1.5，0，0.5，，150，，，1，，，0.5）；	调用毛坯外圆循环，设置加工参数
N6 G00 X22.5；		FANUC 0i 系统含义：轮廓精加工程序段 SIEMENS 802D 轮廓精加工子程序见表 2-14
N7 G01 Z0；		
N8 X30.0 Z-30.0；		
N9 Z-39.95；		
N10 X40.0；		
N11 M05；	N4 M05；	主轴停
N12 M00；	N5 M00；	程序暂停
N13 T0202 G96 S200 M03；	N6 T02D1 G96 S200 M03；	换精车刀
N14 G50 S2000；	N7 LIMS=2000；	

（续）

FANUC 0i 系统数控程序	SIEMENS 802D 系统数控程序	注　释
N15 G00 G42 X46.0 Z2.0；	N8 G00 G42 X46.0 Z2.0；	快速靠近工件
N16 G70 P6 Q10；	LZC22；	FANUC0i 系统采用 G70 进行精加工，SIEMENS 802D 采用子程序进行精加工
N17 G00 G40 X100.0 Z50.0；	N9 G00 G40 X100.0 Z50.0；	快速退至换刀点
N18 M05；	N10 M05；	主轴停
N19 M30；	N11 M30；	主程序结束

表 2-14　SIEMENS 802D 轮廓精加工子程序

程序内容	注　释
LZC22.SPF；	子程序名
N1 G00 X22.5	*X* 向进刀
N2 G01 Z0；	*Z* 向进刀
N3 X30.0 Z-30.0；	车 1:4 锥体
N4 Z-39.95；	加工 ϕ30mm 外圆
N5 X40.0；	加工端面
N6 M17；	子程序结束

6. 工件加工

（1）加工准备

1）检查毛坯尺寸。

2）开机，回参考点。

3）输入程序并校验。把编制好的加工程序输入到数控系统中，并应用空运行或图形模拟校验所编制的加工程序，验证程序合格后，方能进行以下步骤。

4）装夹工件。用自定心卡盘夹住毛坯外圆，伸出 65mm 左右，找正并夹紧；完成右端加工后调头装夹，夹住 $\phi32_{-0.027}^{0}$mm 外圆，手动齐端面，钻中心孔，用尾座顶尖顶紧，粗精加工工件左端轮廓。

5）装夹刀具。把外圆粗车刀、外圆精车刀按要求依次装入 T01 及 T02 号刀位。

6）对刀。将上述两把刀具依次对好，并将有关数值输入到刀具参数中，如刀尖圆弧半径、刀尖方位等。调头装夹后，两把刀具应重新对刀。

（2）零件的自动加工　将数控车床置于自动加工模式，首先将加工程序调入数控系统，调好进给倍率进行自动加工，在加工过程中要进行精度控制，具体方法如下：

1）外圆及锥体的尺寸控制。左右两侧轮廓均通过调整外圆精车刀（T02）*X* 及 *Z* 向刀具磨损量，运行精加工程序。程序结束后停机测量。根据测量结果再修调刀具磨损量，重新执行外圆精加工程序，直到达到尺寸要求为止。

2）位置精度的控制。该零件位置精度是左端锥体对右端 $\phi32_{-0.027}^{0}$mm 外圆的同轴度，主要通过工件装夹定位来控制。调头装夹，夹住 $\phi32_{-0.027}^{0}$mm 外圆，采用一夹一顶方式，来保证同轴度要求。

（3）加工结束　加工结束后应清理机床。

7. 工件检测

（1）长度尺寸 总长 97mm ± 0. 1mm 采用游标卡尺测量，长度 $42^{\ 0}_{-0.1}$ mm 和 $40^{\ 0}_{-0.1}$ mm 采用游标深度卡尺测量，长度 10mm 和 30mm 采用游标卡尺测量。

（2）外圆尺寸 用千分尺结合游标卡尺测量。

（3）角度 采用游标万能角度尺测量右端锥体角度。

8. 操作注意事项

1）装夹刀具时，车刀刀尖必须与主轴轴线等高，否则加工的锥体会产生双曲线误差。

2）所使用的精车刀有刀尖圆弧半径，精加工时必须进行刀具半径补偿，否则加工的锥体存在加工误差。

3）该零件只能先加工右端轮廓，再加工左端轮廓，若先加工左端轮廓，再加工右端轮廓时，则无法保证左端锥体的同轴度要求。调头后，所用刀具都应重新对刀。

4）精加工时，采用恒线速度切削来保证锥体外表面的质量要求。

5）在加工过程中，应尽量采用试切、试测方法控制尺寸精度。

四、知识链接

SIEMENS 802D 数控车床的操作

1. SIEMENS 802D 车床数控系统界面

（1）SIEMENS 802D 车床数控系统的控制面板 SIEMENS 802D 车床数控系统的控制面板如图 2-4 所示，控制面板中各按键的功能见表 2-15。

图 2-4 SIEMENS 802D 车床数控系统的控制面板

表 2-15　SIEMENS 802D 车床数控系统控制面板按键功能一览表

按　键	名　称	功　能
ALARM CANCEL	报警应答键	用于报警后数控系统的复位
1…n CHANNEL	通道转换键	用于转换数控系统数据传输的通道
HELP	信息键	用于显示数控系统的特定信息
SHIFT	上挡键	对数据键上的两种功能进行转换。当不按下上挡键，只按数据键时，键上的大字符被输入；当按下上挡键，再按数据键时，左上角的小字符被输入
CTRL	复合键	与不同的键组合，可有不同的功能
ALT	复合键	与不同的键组合，可有不同的功能
	空格键	在编辑程序时，按此键可以输入一个空格
BACKSPACE	删除键（退格键）	自右向左删除字符，每按一次，删除一个字符
Del	删除键	删除光标所在位置的字符
INSERT	插入键	在光标处插入字符
TAB	制表键	用于制表
INPUT	回车/输入键	1. 接受一个编辑值 2. 打开、关闭一个文件目录 3. 打开文件
PAGE UP　PAGE DOWN	翻页键	可以向前或向后翻一页
	光标移动键	用于将光标移至程序开头
END		用于将光标移至程序末尾
← → ↑ ↓	光标移动方向键	用于上下左右移动光标
SELECT	选择转换键	一般用于单选、多选框
M POSITION	加工操作区域键	按此键进入机床加工操作区域

（续）

按键	名称	功能
PROGRAM	程序操作区域键	按此键进入程序编辑区域
OFFSET PARAM	参数操作区域键	按此键进入参数操作区域
PROGRAM MANAGER	程序管理操作区域键	按此键进入程序管理操作区域
SYSTEM ALARM	报警/系统操作区域键	按此键可以显示报警信息
CUSTOM	图形显示区域键	按此键可以显示刀具的运动轨迹
其余各键	数据键	用于程序、命令、数据等的输入

（2）SIEMENS 802D 数控系统屏幕的划分 SIEMENS 802D 数控系统的屏幕显示画面如图 2-5 所示，其屏幕可以划分为三个部分，即状态区、应用区、说明和软键区。

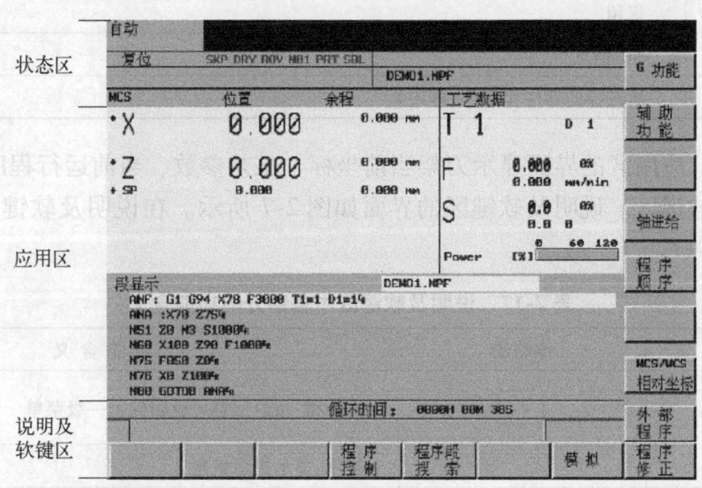

图 2-5 屏幕划分

1）状态区。状态区的显示界面如图 2-6 所示，各部分的功能含义见表 2-16。

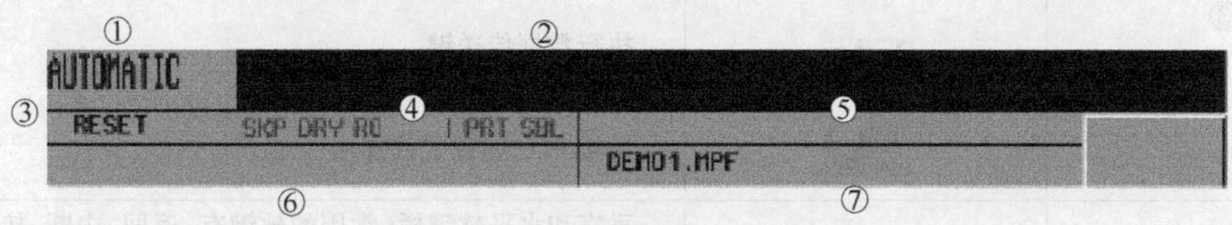

图 2-6 状态区

表 2-16　状态区显示界面中各部分的功能含义

图中标号	功能含义
①	当前操作区域,有效方式 加工方式 JOG;1 INC,10 INC,100 INC,1000 INC,VAR INC (JOG 方式下增量大小) MDA AUTOMATIC 参数 程序 程序管理器 系统 报警 G291 标记的“外部语言”
②	报警信息行,显示以下内容: 1. 报警号和报警文本 2. 信息内容
③	程序状态 RESET:程序复位/基本状态 RUN:程序运行 STOP:程序停止
④	自动方式下的程序控制
⑤	保留
⑥	NC 信息
⑦	所选择的零件程序(主程序)

2）应用区。应用区的界面显示刀架当前坐标、工艺参数、当前运行程序。

3）说明及软键区。说明及软键区的界面如图 2-7 所示。在说明及软键区中，各部分的功能含义见表 2-17。

表 2-17　说明及软键区中各部分的功能含义

图中标号	缩略图	功能含义
①	^	返回键:按返回键可返回到上一级菜单
②		提示:显示提示信息
③	> 	扩展键:表明还有其他软键功能 大小写字符转换键 执行数据传送键 链接 PLC 编程工具键
④		垂直和水平软键栏(常用的软键有:返回、中断、接收、确认、功能转换等)

（3）操作区域键　在图 2-4 中，控制器中的基本功能可以划分为以下几个操作区域：

1）机床加工操作区域键 M POSITION：显示程序运行时的信息和刀架当前坐标，以及一些工艺信息。

2）参数设置区域键 OFFSET PARAM：用于输入刀具补偿值和设定参数。

3）程序操作区域键 PROGRAM：用于新程序的输入和已有程序的编辑和修改。

4）程序管理操作区域键 PROGRAM MANAGER：显示程序目录清单。

5）系统区域键 SHIFT、SYSTEM ALARM：用于诊断和调试系统。

6）报警键 SYSTEM ALARM：用于显示报警信息和信息表。

在机床的实际操作中，通过按相应的键可以转换到相应的操作区域。

（4）SIEMENS 802D 车床的控制面板　SIEMENS 802D 车床的控制面板（即操作面板）如图 2-8 所示。

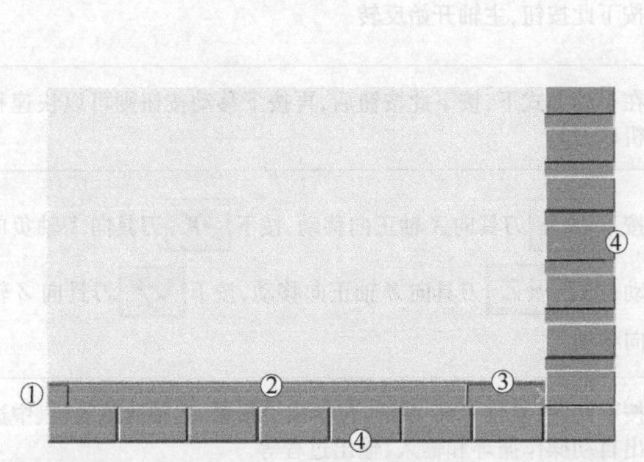

图 2-7　说明及软键区

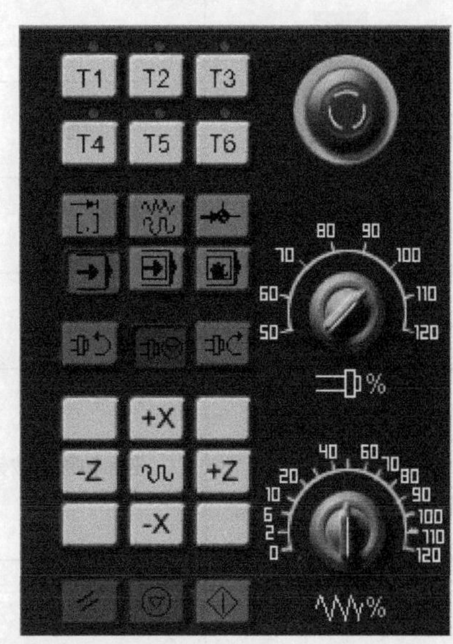

图 2-8　SIEMENS 802D 车床的控制面板

SIEMENS 802D 车床控制面板中各按键及旋钮的功能见表 2-18。

表 2-18　SIEMENS 802D 车床控制面板中各按键及旋钮功能一览表

按　键	名　称	功　能
	紧急停止	按下急停按钮，机床的一切动作立即停止
T1 T2 T3 T4 T5 T6	换刀按钮	在手动状态下，按相应的按钮，可以将对应的刀具转换为当前刀具
	点动距离选择按钮	在单步或手轮方式下，用于选择移动刀具距离

（续）

按　键	名　称	功　能
	手动方式	该方式下可以手工移动刀具
	回零方式	机床开机后必须首先执行回零操作，然后才可以运行
	自动方式	该方式下可以自动运行加工程序
	单段	该方式下运行程序时每次只执行一条数控指令
	手动数据输入（MDA）	在此方式下，可以执行当前输入的一条指令
	主轴正转	按下此按钮，主轴开始正转
	主轴停止	按下此按钮，主轴停止转动
	主轴反转	按下此按钮，主轴开始反转
	快速按钮	在手动方式下，按下此按钮后，再按下移动按钮则可以快速移动机床刀具
+X -X +Z -Z	坐标轴移动按钮	按下 +X 刀具向 X 轴正向移动，按下 -X 刀具向 X 轴负向移动；按下 +Z 刀具向 Z 轴正向移动，按下 -Z 刀具向 Z 轴负向移动
	复位	按下此键，复位 CNC 系统，包括取消报警、主轴故障复位、中途退出自动操作循环和输入、输出过程等
	循环保持	程序运行暂停，在程序运行过程中，按下此按钮运行暂停。按  恢复运行
	循环启动	按下此按钮程序运行开始
	主轴倍率修调	旋转此旋钮可以调节主轴的转速倍率，调节范围为50%～120%
	进给倍率修调	旋转此旋钮可以调节数控程序自动运行时的进给速度倍率，调节范围为0～120%

2. 数控车床的手动操作

(1) 开机

1) 首先检查机床各组成部分是否正常，是否有损坏的现象，并检查交接班设备运行记录，看是否有问题存在。

2) 开机时，先打开电源总开关，电源指示灯亮。

3) 再打开数控电源开关。

(2) 回参考点 回参考点的步骤如下：

1) 按一下回参考点按钮，使机床进入回参考点模式。

2) 按[M POSITION]键，使机床进入加工操作区域显示画面。

3) 按一下操作面板上的[+X]键，机床刀架便可沿 X 轴正方向回到参考点，回参考点后，X 轴的回参考点灯将从○变为●。

4) 对 Z 轴也执行同样的操作。

(3) JOG 运行方式 JOG 运行方式就是机床的手动方式，在这种方式下可以手动拖动机床刀架，用于对刀时的试切削和其他需要手动移动刀具的地方。操作步骤如下：

1) 先按操作面板上的[手动]键，使机床进入手动状态。

2) 按下[+Z]键，并保持按住，刀具可以沿 Z 轴正方向移动；在按下[快速]键的同时，再按下[+Z]键，刀具可快速地沿 Z 轴正方向移动。

3) 其他轴执行相同操作。

(4) 手轮的运行 手轮脉冲发生器用于手动加工或对刀时精确调节机床刀架的运行。操作方法如下：

1) 使机床进入“加工”操作区域。

2) 点击[手动]进入手动方式，点击[增量]设置手摇脉冲发生器进给速率（1 INC、10 INC、100 INC、1000 INC）。

3) 用软键[X]或[Z]可以选择当前需要用手摇脉冲发生器操作的轴。

4) 摇动手轮，就可以使刀架发生微小的位移。

3. MDA 手动输入方式

在 MDA 运行方式下可以编制一个零件程序段加以执行。操作步骤如下：

1) 按机床控制面板上的[MDA]键，使机床进入 MDA 运行方式。

2) 通过系统面板输入程序段。

3) 按机床控制面板上的循环启动键[◇]，便可以运行刚输入的程序段。

4. 程序编辑

(1) 输入新程序 用于建立一个新程序。操作步骤如下：

1) 按系统面板上的[OFFSET PARAM]键，打开“程序”管理器

2) 按“新程序”软键，弹出新程序命名窗口。在新程序命名输入框中输入新程序的名字，程序名开始的两个字符为字母，其后可以为字母、数字或下划线。若为主程序，则扩展名为 MPF，扩展名可省略，省略时系统会自动加入；若为子程序，其扩展名为 SPF，子程序

的扩展名必须一起输入。

3）输入完程序名后，按“确认”软键，可以建立一个新程序。在新打开的界面中可以依次输入程序的内容，也可以按“中断”软键，则不建立新程序，返回上一画面。

（2）零件程序的编辑　零件程序不处于执行状态时可以进行编辑，在零件程序中进行的任何修改均立即被存储。操作方法如下：

1）先进入程序管理操作区域，选中要进行编辑的程序，按“打开”软键，即可打开程序界面。

2）在程序界面中可以进行程序的编辑与修改，包括增加程序段、删除程序段、复制程序段等多种操作。

5. 图形模拟

图形模拟功能可以显示自动运行或手动运行期间刀具的移动轨迹，通过观察屏幕显示的轨迹可以检查加工过程，显示的图形可以通过软键进行放大或缩小。

在自动运行方式下，选择好待加工的程序，按“PROGRAM”程序操作区域键，在其界面中按“模拟”软键，屏幕显示初始状态，如图2-9所示。按循环启动键开始模拟所选择的零件程序。

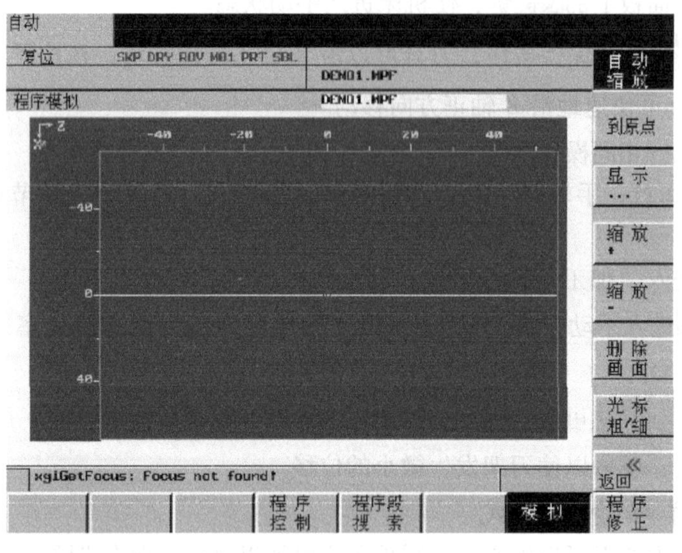

图2-9　模拟初始状态

6. 参数设定

在CNC进行工作之前，必须在NC系统上对刀具参数、刀具补偿参数、零点偏置和设定数据等参数进行输入、修改和调整。

（1）输入刀具参数及刀具补偿参数　刀具参数包括刀具几何参数、磨损量参数和刀具型号参数。不同类型的刀具均有一个确定的参数数量，每个刀具有一个刀具号（T号）。具体操作步骤如下：

1）按“参数操作区域”键，打开刀具补偿参数窗口，单击“刀具表”软健，显示所使用的刀具参数表，如图2-10所示。

2）可以通过光标键和“上一页”及“下一页”键选出所要求的刀具。

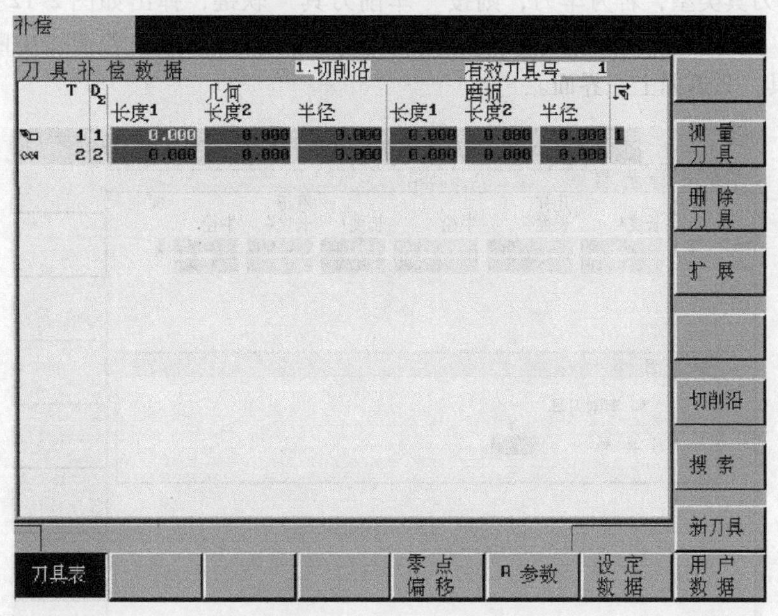

图 2-10　刀具参数表

3）将光标定位到需要输入或修改数据的地方。

4）输入数据，并按确认键或移动光标即可将数据输入。

（2）建立新刀具　在刀具参数表中创建新刀具，操作步骤如下：

1）在图 2-10 所示的界面中按“新刀具”软键，可以弹出“创建新刀具”对话框，如图 2-11 所示。

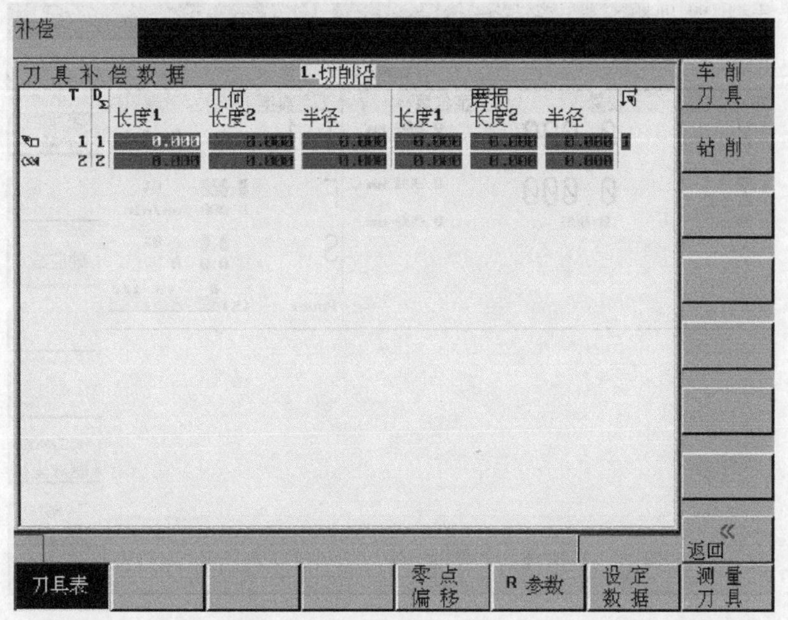

图 2-11　创建新刀具

2）选择刀具类型，若为车刀，则按“车削刀具”软键，弹出如图2-12所示的界面。在“刀具号”框中输入刀具号，按“确认”软键，则创建新刀具；若按“中断”软键，则不创建新刀具，只返回上一界面。

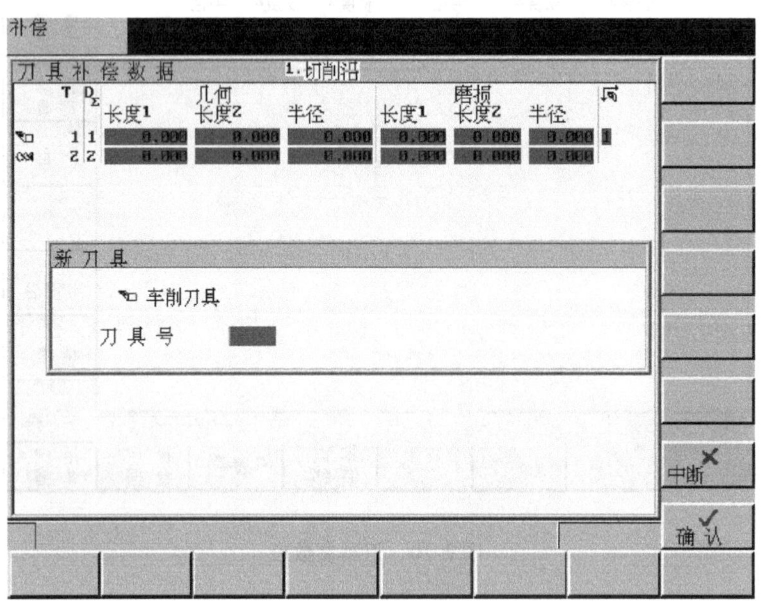

图2-12　输入刀具号

（3）确定刀具补偿值（手动对刀）　用以确定未知长度刀具的参数，操作步骤如下：

1）将需对刀的刀具置为当前刀，按键，使机床进入手动状态，并按“参数操作区域”键，进入对刀界面，如图2-13所示。

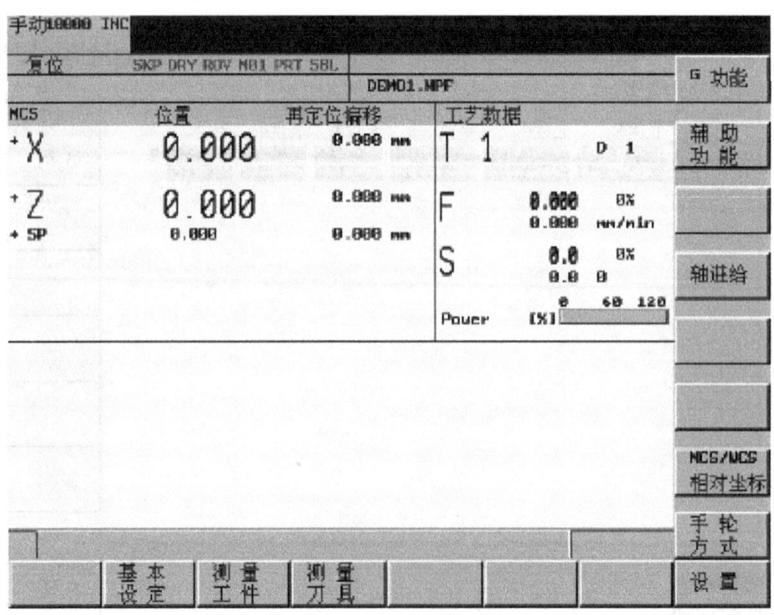

图2-13　手动测量刀具

2）利用所选刀具试切工件外圆，试切完成后，使刀具沿 Z 坐标轴正方向退出，并测量出试切部分的直径，如图 2-14 所示。

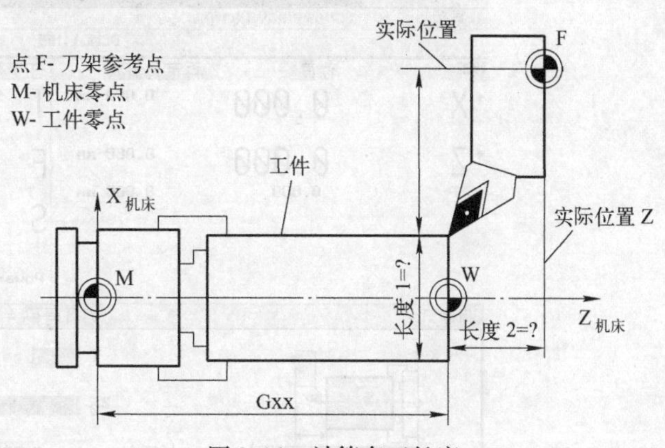

图 2-14　计算车刀长度

3）在图 2-13 所示界面中，依次按“测量刀具”及“手动测量”软键，则进入图 2-15 所示的界面。

4）按软键“存储位置”，再在 ϕ 后面输入试切外圆的直径，并按软键“设置长度 1”，即可获得 X 方向的刀具参数。

5）试切工件端面，完成后，使刀具沿 X 坐标轴正方向退出。

6）在图 2-15 所示界面中，按软键“长度 2”则弹出图 2-16 所示的界面。

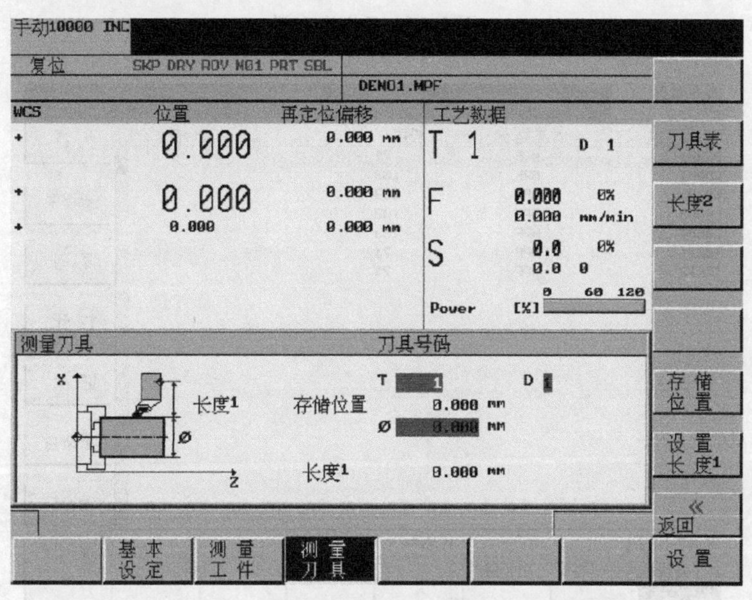

图 2-15　X 方向参数

7）在 Z_0 后面输入 0.000，再按软键“设置长度 2”，则可获得 Z 方向的参数。

7. 自动加工

（1）选择和启动零件程序　操作步骤如下：

1）按机床控制面板上的键，使机床进入自动加工状态。

2）按数控控制面板上的键，进入程序管理操作区，如图 2-17 所示，选中待加工的程序，然后按“执行”软键，可将选中的程序置为当前程序。

3）按数控控制面板上的键，进入加工操作区。

4）按机床控制面板上的循环启动键，程序开始自动运行，并完成对工件的加工。

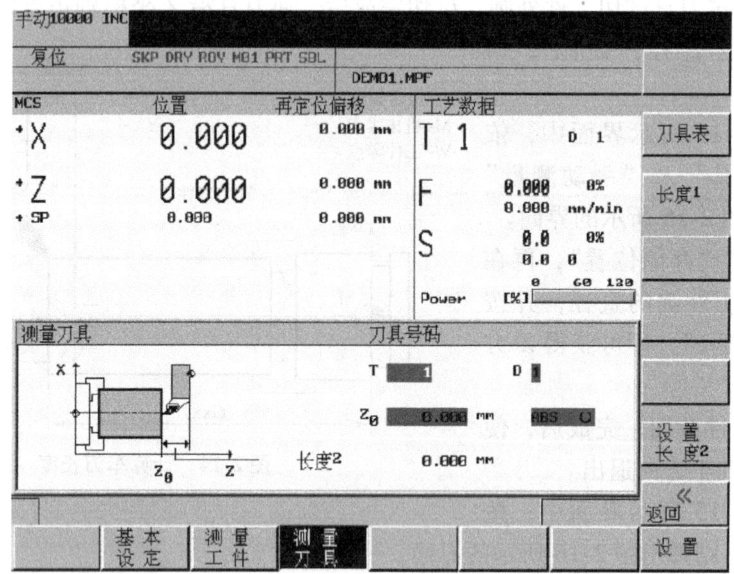

图 2-16　*Z* 方向参数

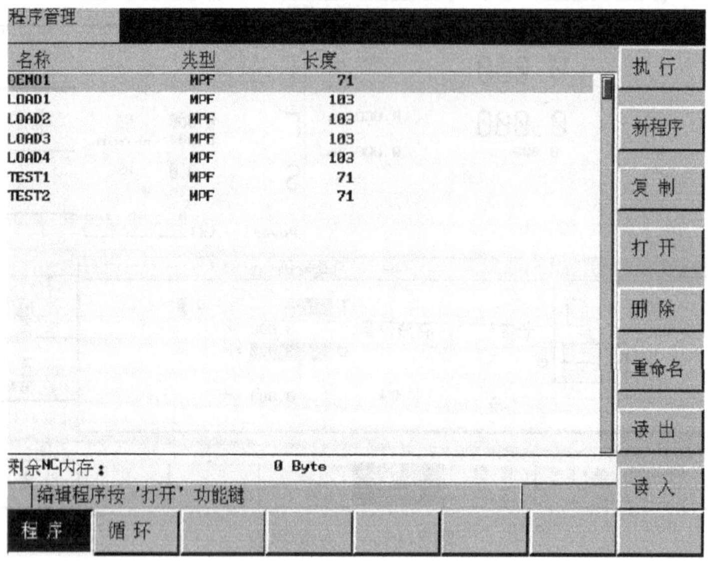

图 2-17　程序管理操作区

（2）停止/中断零件程序　用于加工程序的停止或暂停，以检查加工程序的正确性，操作方式如下：

1）用数控停止键停止加工的零件程序，按循环启动键可恢复被中断了的程序运行。

2）用复位键中断加工的零件程序，按循环启动键重新启动，程序从头开始运行。

试题三　圆弧类零件的加工

一、考核目标

1）掌握中等复杂圆弧类零件图的识读方法。

2）掌握中等复杂圆弧类零件加工工艺的制订方法。

3）掌握圆弧指令的应用方法。

4）掌握中等复杂圆弧类零件加工程序的编制方法。

5）掌握中等复杂圆弧类零件加工刀具的选择方法。

6）掌握数控车床的操作方法。

二、考核要求

1. 总体要求

1）试题名称：圆弧类零件（图 3-1）。

2）本题分值：100 分。

3）考核时间：120min。

4）考核形式：操作。

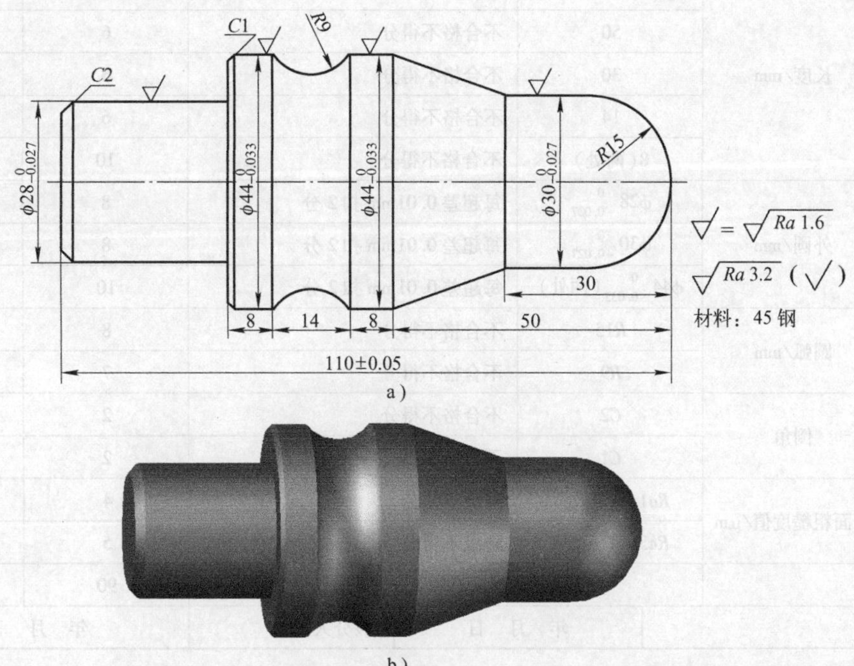

图 3-1　圆弧类零件图

2. 配分及评分标准

1）操作技能考核总成绩见表3-1。

表3-1　操作技能考核总成绩表

序号	项目名称	配分	得分	备注
1	现场操作规范	10		
2	工件质量	90		
合　计		100		

2）现场操作规范评分见表3-2。

表3-2　现场操作规范评分表

序号	项目	考核内容	配分	考场表现	得分
1	现场操作规范	正确使用机床	2		
2		正确使用量具	2		
3		合理使用刃具	2		
4		设备维护保养	4		
合计			10		

3）工件质量评分见表3-3。

表3-3　工件质量评分表

序号	考核项目		扣分标准	配分	得分
1	长度/mm	110 ±0.05	不合格不得分	8	
2		50	不合格不得分	6	
3		30	不合格不得分	6	
4		14	不合格不得分	6	
5		8(两处)	不合格不得分	10	
6	外圆/mm	$\phi28_{-0.027}^{0}$	每超差0.01mm扣2分	8	
7		$\phi30_{-0.027}^{0}$	每超差0.01mm扣2分	8	
8		$\phi44_{-0.033}^{0}$(两处)	每超差0.01mm扣2分	10	
9	圆弧/mm	$R15$	不合格不得分	8	
10		$R9$	不合格不得分	7	
11	倒角	$C2$	不合格不得分	2	
12		$C1$	不合格不得分	2	
13	表面粗糙度值/μm	$Ra1.6$(四处)	降级不得分	4	
14		$Ra3.2$(五处)	降级不得分	5	
合计				90	
评分人		年　月　日	核分人		年　月　日

3. 准备清单

（1）考场准备

1）材料准备见表3-4。

表3-4 材料准备

名 称	规 格	数 量	要 求
45钢	ϕ50mm×105mm	1件/考生	考场准备

2）设备准备见表3-5。

表3-5 设备准备

名 称	规 格	数 量	要 求
数控车床	根据考点情况选择	1台/考生	考场准备
自定心卡盘	对应工件	1副/台	
自定心卡盘扳手	对应机床	1副/台	
刀架扳手	对应机床	1副/台	

（2）考生准备 考生主要准备工具、量具、刀具及其他，见表3-6。

表3-6 工具、量具、刀具及其他准备

序号	名 称	型 号	数 量	要 求
1	外圆粗车刀	90°粗车刀	1	考生自备
2	外圆精车刀	35°菱形精车刀	1	
3	千分尺	25～50mm	1	
4	游标卡尺	0.02mm/0～150mm	1	
5	游标深度卡尺	0.02mm/0～150mm	1	
6	半径样板		1套	
7	薄铜皮	0.05～0.10mm	若干	
8	磁性表座		1	
9	百分表	分度值为0.01mm	1	
10	垫刀片		若干	
11	草稿纸与计算器			

4. 说明

1）出现危及考生或他人安全的状况应终止考试，如果是由于考生操作失误所致，考生该题成绩记零分。

2）因考生操作失误所致，导致设备故障且当场无法排除应终止考试，考生该题成绩记零分。

3）因刀具、工具损坏而无法继续应终止考试。

三、考核实施

本题主要考核外圆、锥体与圆弧的加工，要求考生通过图样分析，合理制订出加工方案，熟练掌握加工前的准备，刀具与工件的安装，程序的编制、输入与校验，零件的加工、检测等各项操作方法。

1. 图样分析

如图3-1所示，该零件主要由四个圆柱、一个凹弧体、一个半球体和一个锥体组成。零件左端为带有倒角的圆柱体，倒角为C2，圆柱直径为$\phi28_{-0.027}^{0}$mm，长度由总长110mm±0.05mm和50mm、8mm、14mm、8mm等尺寸确定。中间是直径为$\phi44_{-0.033}^{0}$mm的两个圆柱体，长度均为8mm，两圆柱体由半径为R9mm的凹弧体连接。零件右端为半径为R15mm的半球体。锥体大端直径为$\phi44_{-0.033}^{0}$mm，小端直径为$\phi30_{-0.027}^{0}$mm，长度由尺寸50mm和30mm确定。半球体与锥体通过直径$\phi30_{-0.027}^{0}$mm圆柱体连接，圆柱体长度由30mm和圆弧半径确定。该零件尺寸标注完整，轮廓描述清楚。零件材料为45钢，无热处理和硬度要求，适合在数控车床上加工。

2. 难点分析

图3-1所示零件虽然形状相对简单，但该零件中间为一凹弧，且外圆、锥体、圆弧等加工轮廓都有严格的尺寸精度和表面质量要求。因此，该零件的加工难点一个是如何加工凹弧，另一个是如何确保圆弧、锥体的表面质量和外圆的尺寸精度要求。

3. 工艺分析

为了解决第一个加工难点，需要更换精车刀具。若采用90°或93°车刀加工凹弧，有可能造成过切或欠切现象。为了避免过切或欠切现象的出现，采用35°菱形精车刀加工凹弧。

为了解决第二个加工难点，可以采取以下工艺措施：

1）编制加工工序时，应按粗精加工分开原则进行编制。先夹住毛坯外圆，粗精加工零件左端轮廓，然后调头夹住$\phi28_{-0.027}^{0}$mm外圆，加工零件右端轮廓。调头装夹时，应使$\phi44_{-0.033}^{0}$mm左端面紧贴卡爪端面，并用百分表找正。

2）为了保证锥体和圆弧表面粗糙度要求，精加工时，采用恒线速度切削。

3）用带有刀尖圆弧半径的刀具加工圆弧时，存在加工误差。为了避免刀尖圆弧半径对加工精度的影响，在编制加工程序时，采用刀尖圆弧半径补偿功能，这样可以避免刀尖圆弧半径对尺寸的影响，同时在编制程序时可按零件轮廓进行编制。

4. 相关工艺卡片的填写

1）数控加工刀具卡见表3-7。

表3-7　圆弧类零件数控加工刀具卡

<table>
<tr><td colspan="2">产品名称或代号</td><td>×××</td><td>零件名称</td><td>×××</td><td>零件图号</td><td>××</td></tr>
<tr><td>序号</td><td>刀具号</td><td>刀具规格名称</td><td>数量</td><td>加工表面</td><td>刀尖半径/mm</td><td>备注</td></tr>
<tr><td>1</td><td>T01</td><td>93°硬质合金偏刀</td><td>1</td><td>工件外轮廓粗车</td><td>0.4</td><td>20×20</td></tr>
<tr><td>2</td><td>T02</td><td>35°菱形偏刀</td><td>1</td><td>工件外轮廓精车</td><td>0.2</td><td>20×20</td></tr>
<tr><td>编制</td><td></td><td>审核　</td><td>批准　</td><td>年　月　日</td><td>共　页</td><td>第　页</td></tr>
</table>

2）数控加工工艺卡见表3-8。

表 3-8　圆弧类零件数控加工工艺卡

单位名称	×××		产品名称或代号		零件名称		零件图号
			×××		×××		××
工序号	程序编号		夹具名称		使用设备		车间
001	×××		自定心卡盘		CK6140		数控
工步号	工步内容	刀具号	刀具规格/mm	主轴转速/r·min^{-1}	进给速度/mm·min^{-1}	背吃刀量/mm	备注
用自定心卡盘夹持毛坯面，齐端面，粗精车工件左端轮廓							
1	齐端面	T01	20×20	600	100	1.5	自动
2	粗车左外轮廓	T01	20×20	600	150	1.5	自动
3	精车左外轮廓	T02	20×20	G96 S200	100	0.5	自动
调头装夹，夹住 $\phi28_{-0.027}^{\ 0}$mm 外圆，粗精车右端轮廓							
4	粗车右外轮廓	T01	20×20	600	150	1.5	自动
5	精车右外轮廓	T02	20×20	G96 S200	100	0.5	自动
编制		审核		批准	年　月　日	共　页	第　页

5. 程序编制

(1) 编制左端轮廓加工程序

1）建立工件坐标系。加工左端轮廓时，夹住毛坯外圆，工件坐标系设在工件左端面轴线上，如图 3-2 所示。

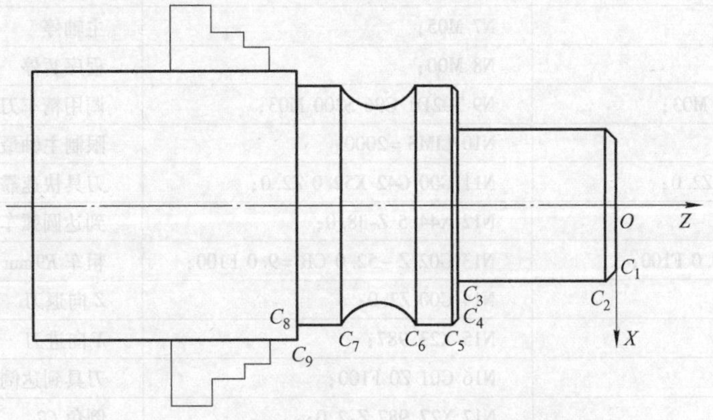

图 3-2　加工左端轮廓时的工件坐标系及基点

2）左端基点的坐标值见表 3-9。

表 3-9　左端基点的坐标值

基　点	坐标值(X,Z)	基　点	坐标值(X,Z)
O	(0,0)	C_5	(43.984, -31.0)
C_1	(23.987,0)	C_6	(43.984, -38.0)
C_2	(27.987, -2.0)	C_7	(43.984, -52.0)
C_3	(27.987, -30.0)	C_8	(43.984, -60.0)
C_4	(41.984, -30.0)	C_9	(51.0, -60.0)

3）参考程序见表3-10。

表 3-10 FANUC 0i 与 SIEMENS 802D 参考程序

FANUC 0i 系统数控程序	SIEMENS 802D 系统数控程序	注　释
O301；	SKC301. MPF；	程序名
N1 G40 G98 G97 G21；	N1 G40 G95 G97 G21；	设置初始化
N2 T0101 S600 M03；	N2 T01D1 S600 M03；	设置刀具及主轴转速
N3 G00 X52. 0 Z0. 0；	N3 G00 X52. 0 Z0. 0；	快速到达刀具起点
N4 G01 X0. 0 F100；	N4 G1 X0. 0 F100；	齐端面
N5 G00 X52. 0 Z2. 0；	N5 G00 X52. 0 Z2. 0；	快速到达循环起点
N6 G71 U1. 5 R0. 5； N7 G71 P8 Q15 U1. 0 W0 F150；	CYCLE95(ZC31,1.5,0,0.5,,150,,,1,,,0.5)；	调用毛坯外圆循环，设置加工参数
N8 G00 X23. 987；		FANUC 0i 系统含义：轮廓精加工程序段 SIEMENS 802D 左端轮廓精加工子程序见表 3-11
N9 G01 Z0；		
N10 X27. 987 Z－2. 0；		
N11 Z－30. 0；		
N12 X41. 984；		
N13 X43. 984 Z－31. 0；		
N14 Z－61. 0；		
N15 X52. 0；		
N16 G00 X100. 0 Z50. 0；	N6 G00 X100. 0 Z50. 0；	刀具快速退至换刀点
N17 M05；	N7 M05；	主轴停
N18 M00；	N8 M00；	程序暂停
N19 T0202 G96 S200 M03；	N9 T02D1 G96 S200 M03；	调用精车刀，采用恒线速度切削
N20 G50 S2000；	N10 LIMS＝2000；	限制主轴最高转速
N21 G00 G42 X52. 0 Z2. 0；	N11 G00 G42 X52. 0 Z2. 0；	刀具快速靠近工件
N22 X44. 5 Z－38. 0；	N12 X44. 5 Z-38. 0；	到达圆弧车削起点
N23 G02 Z－52. 0 R9. 0 F100；	N13 G02 Z－52. 0 CR＝9. 0 F100；	粗车 $R9$mm 圆弧
N24 G00 Z2. 0；	N14 G00 Z2. 0；	Z 向退刀
N25 X23. 987；	N15 X23. 987；	X 向进刀
N26 G01 Z0 F100；	N16 G01 Z0 F100；	刀具到达倒角起点
N27 X27. 987 Z-2. 0；	N17 X27. 987 Z-2. 0；	倒角 $C2$
N28 Z-30. 0；	N18 Z-30. 0；	精车 $\phi28$mm 外圆
N29 X41. 984；	N19 X41. 984；	精车端面
N30 X43. 984 Z－31. 0；	N20 X43. 984 Z－31. 0；	倒角 $C1$
N31 Z－38. 0；	N21 Z－38. 0；	精车 $\phi44$mm 外圆
N32 G02 Z－52. 0 R9. 0；	N22 G02 Z－52. 0 CR＝9. 0；	精车 $R9$mm 圆弧
N33 G01 Z－61. 0；	N23 G01 Z－61. 0；	精车 $\phi28$mm 外圆
N34 X52. 0；	N24 X52. 0；	X 向退刀
N35 G00 G40 X100. 0 Z50. 0；	N25 G00 G40 X100. 0 Z50. 0；	快速退至换刀点
N36 M05；	N26 M05；	主轴停
N37 M30；	N27 M30；	程序结束

表 3-11　SIEMENS 802D 左端轮廓精加工子程序

程序内容	注　释
ZC31. SPF；	子程序名
N1 G00 X23. 987；	X 向进刀
N2 G01 Z0；	Z 向进刀
N3 X27. 987 Z－2. 0；	倒角 C2
N4 Z－30. 0；	精加工 ϕ28mm 外圆
N5 X41. 984；	加工端面
N6 X43. 984 Z－31. 0；	倒角 C1
N7 Z－61. 0；	加工 ϕ40mm 外圆
N8 X52. 0；	X 向退刀
N9 M17；	子程序结束

（2）编制右端轮廓加工程序

1）设置工件坐标系。调头装夹，夹住 $\phi 28_{-0.027}^{\ 0}$ mm 外圆，粗精车右端轮廓。工件坐标系设在工件端面轴线上，如图 3-3 所示。

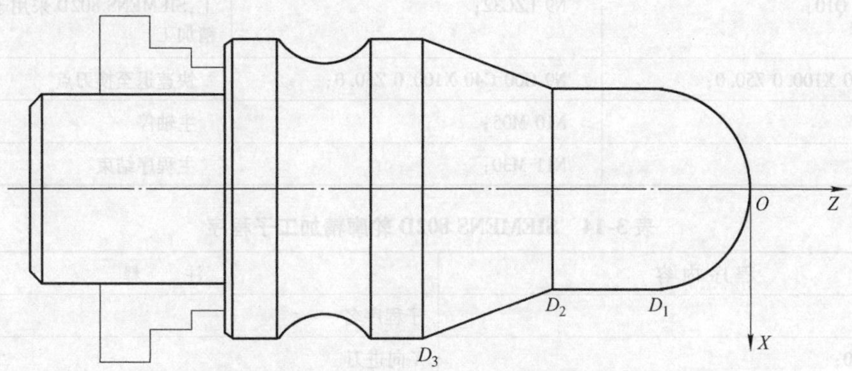

图 3-3　加工右端轮廓时的工件坐标系及基点

2）右端基点的坐标值见表 3-12。

表 3-12　右端基点的坐标值

基　点	坐标值(X,Z)	基　点	坐标值(X,Z)
O	(0,0)	D_2	(29. 987，－30. 0)
D_1	(29. 987，－15. 0)	D_3	(43. 984，－50. 0)

3）参考程序见表 3-13。

表 3-13　FANUC 0i 与 SIEMENS 802D 参考程序

FANUC 0i 系统数控程序	SIEMENS 802D 系统数控程序	注　释
O302；	SKC302. MPF；	程序名
N1 G40 G97 G98 G21；	N1 G40 G95 G97 G21；	设置初始化
N2 T0101 S600 M03；	N2 T01D1 S600 M03；	设置刀具及主轴转速

（续）

FANUC 0i 系统数控程序	SIEMENS 802D 系统数控程序	注　释
N3 G00 X52.0 Z5.0；	N3 G00 X52.0 Z5.0；	快速到达循环起点
N4 G71 U1.5 R0.5； N5 G71 P6 Q10 U1.0 W0 F150；	CYCLE95（LZC32，1.5，0，0.5，，150，，，1，，，0.5）；	调用毛坯外圆循环，设置加工参数
N6 G00 X0.0；		FANUC 0i 系统含义：轮廓精加工程序段 SIEMENS 802D 轮廓精加工子程序见表 3-14
N7 G01 Z0.0 F100；		
N8 G03 X29.983 Z－15.0 R15.0；		
N9 G01 Z－30.0；		
N10 X43.984 Z－50.0；		
N11 M05；	N4 M05；	主轴停
N12 M00；	N5 M00；	程序暂停
N13 T0202 G96 S200 M03；	N6 T02D1 G96 S200 M03；	换精车刀
N14 G50 S2000；	N7 LIMS＝2000；	
N15 G00 G42 X52.0 Z2.0；	N8 G00 G42 X52.0 Z2.0；	快速靠近工件
N16 G70 P6 Q10；	N9 LZC32；	FANUC0i 系统采用 G70 进行精加工，SIEMENS 802D 采用子程序进行精加工
N17 G00 G40 X100.0 Z50.0；	N9 G00 G40 X100.0 Z50.0；	快速退至换刀点
N18 M05；	N10 M05；	主轴停
N19 M30；	N11 M30；	主程序结束

表 3-14　SIEMENS 802D 轮廓精加工子程序

程序内容	注　释
LZC32.SPF；	子程序名
N1 G00 X0.0；	*X* 向进刀
N2 G01 Z0.0 F100；	*Z* 向进刀
N3 G03 X29.983 Z－15.0 CR＝15.0；	车 *R*15mm 圆弧
N4 G01 Z－30.0；	加工 ϕ30mm 外圆
N5 X43.984 Z－50.0；	加工锥体
N6 M17；	子程序结束

6. 工件加工

（1）加工准备

1）检查毛坯尺寸。

2）开机，回参考点。

3）输入程序并校验。把编制好的加工程序输入到数控系统中，并应用空运行或图形模拟校验所编制的加工程序，验证程序合格后，方能进行以下步骤。

4）装夹工件。用自定心卡盘夹住毛坯外圆，伸出 65mm 左右，找正并夹紧；调头装夹，以工件 $\phi44_{-0.033}^{\ 0}$mm 左端面定位，用铜皮包住 $\phi28_{-0.027}^{\ 0}$mm 外圆，用自定心卡盘夹持，并用百分表找正，粗精车右端轮廓。

5）装夹刀具。把外圆粗车刀、外圆精车刀按要求依次装入 T01 及 T02 号刀位。

6）对刀。将上述两把刀具依次对好，并将有关数值输入到刀具参数中，如刀尖圆弧半径、刀尖方位等。调头装夹后，两把刀具应重新对刀。

（2）零件的自动加工　将数控车床置于自动加工模式，首先将加工程序调入数控系统，调好进给倍率进行自动加工，加工过程中要进行精度控制，具体方法如下：

左右两侧轮廓均通过调整外圆精车刀（T02）X 及 Z 向刀具磨损量，运行精加工程序。程序结束后停机测量，根据测量结果再修调刀具磨损量，重新执行外圆精加工程序，直到达到尺寸要求为止。

（3）加工结束　加工结束后应清理机床。

7. 工件检测

（1）长度尺寸　总长 110mm ±0.05mm 采用游标卡尺测量，长度 30mm 用游标深度卡尺测量，其余长度用游标卡尺测量。

（2）外圆尺寸　用千分尺结合游标卡尺测量。

（3）圆弧　用半径样板测量。

8. 操作注意事项

1）装夹刀具时，车刀刀尖必须与主轴轴线等高，否则加工的 $R15$mm 圆弧会产生凸台。

2）所使用的精车刀有刀尖圆弧半径，精加工时必须进行刀具半径补偿，否则加工的圆弧存在加工误差。

3）调头后所用刀具都应重新对刀。

4）精加工时，采用恒线速度切削来保证锥体的外表面质量要求。

5）在加工过程中，应尽量采用试切、试测方法控制尺寸精度。

试题四　槽类零件的加工

一、考核目标

1）掌握中等复杂槽类零件图的识读方法。
2）掌握中等复杂槽类零件加工工艺的制订方法。
3）掌握槽加工循环指令的应用方法。
4）掌握中等复杂槽类零件加工程序的编制方法。
5）掌握中等复杂槽类零件加工刀具的选择方法。
6）掌握数控车床的操作方法。

二、考核要求

1. 总体要求

1）试题名称：槽类零件（图 4-1）。

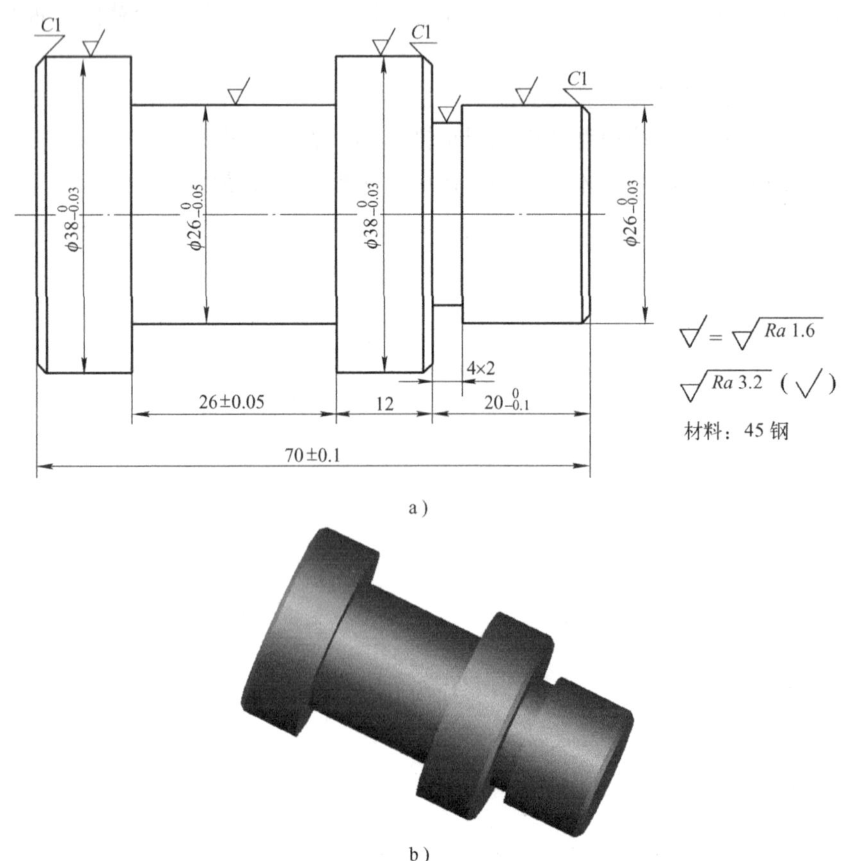

图 4-1　槽类零件图

2）本题分值：100 分。

3）考核时间：120min。

4）考核形式：操作。

2. 配分及评分标准

1）操作技能考核总成绩见表 4-1。

表 4-1　操作技能考核总成绩表

序号	项目名称	配分	得分	备注
1	现场操作规范	10		
2	工件质量	90		
合　计		100		

2）现场操作规范评分见表 4-2。

表 4-2　现场操作规范评分表

序号	项目	考核内容	配分	考场表现	得分
1	现场操作规范	正确使用机床	2		
2		正确使用量具	2		
3		合理使用刃具	2		
4		设备维护保养	4		
合计			10		

3）工件质量评分见表 4-3。

表 4-3　工件质量评分表

序号	考核项目		扣分标准	配分	得分
1	长度/mm	70 ±0.1	不合格不得分	8	
2		$20^{\ 0}_{-0.1}$	每超差 0.02mm 扣 2 分	8	
3		12	不合格不得分	8	
4		26 ±0.05	不合格不得分	8	
5	外圆/mm	$\phi26^{\ 0}_{-0.03}$	每超差 0.01mm 扣 2 分	8	
6		$\phi26^{\ 0}_{-0.05}$	每超差 0.01mm 扣 2 分	8	
7		$\phi38^{\ 0}_{-0.03}$（两处）	每超差 0.01mm 扣 2 分	16	
8	槽	4 ×2	不合格不得分	7	
9	倒角	C1（三处）	不合格不得分	6	
10	表面粗糙度值/μm	Ra1.6（五处）	降级不得分	8	
11		Ra3.2（五处）	降级不得分	5	
合计				90	
评分人		年　月　日	核分人	年　月　日	

3. 准备清单

（1）考场准备

1）材料准备见表4-4。

表4-4 材料准备

名　称	规　格	数　量	要　求
45钢	ϕ40mm×75mm	1件/考生	考场准备

2）设备准备见表4-5。

表4-5 设备准备

名　称	规　格	数　量	要　求
数控车床	根据考点情况选择	1台/考生	考场准备
自定心卡盘	对应工件	1副/台	
自定心卡盘扳手	对应机床	1副/台	
刀架扳手	对应机床	1副/台	

（2）考生准备　考生主要准备工具、量具、刀具及其他，见表4-6。

表4-6 工具、量具、刀具及其他准备

序号	名　称	型　号	数量	要求
1	外圆车刀	90°车刀	1	考生自备
2	切槽刀	4mm宽	1	
3	千分尺	25～50mm	1	
4	游标卡尺	0.02mm/0～150mm	1	
5	游标深度卡尺	0.02mm/0～150mm	1	
6	薄铜皮	0.05～0.10mm	若干	
7	磁性表座		1	
8	百分表	分度值为0.01mm	1	
9	垫刀片		若干	
10	其他	草稿纸与计算器		

4. 说明

1）出现危及考生或他人安全的状况应终止考试，如果是由于考生操作失误所致，考生该题成绩记零分。

2）因考生操作失误所致，导致设备故障且当场无法排除应终止考试，考生该题成绩记零分。

3）因刀具、工具损坏而无法继续应终止考试。

三、考核实施

本题主要考核外圆与槽的加工，要求考生通过图样分析，合理制订出加工方案，熟练掌握加工前的准备，刀具与工件的安装，程序的编制、输入与校验，零件的加工、检测等各项操作方法。

1. 图样分析

如图4-1所示，该零件主要由外圆和槽两种轮廓组成。零件左端为带有倒角的圆柱体，

倒角为 $C1$，圆柱直径为 $\phi38_{-0.03}^{0}$mm，长度由总长 70mm±0.1mm 和 $20_{-0.1}^{0}$mm、12mm、26mm±0.05mm 等尺寸确定，其表面粗糙度值要求为 $Ra1.6\mu m$。中间为一宽槽，其直径为 $\phi26_{-0.05}^{0}$mm，长为 26mm±0.05mm。宽槽右端为一带有倒角的圆柱体，倒角为 $C1$，其直径为 $\phi38_{-0.03}^{0}$mm，长度为 12mm，其表面粗糙度值要求为 $Ra1.6\mu m$。零件右端为一带有倒角的圆柱体，倒角为 $C1$，直径为 $\phi26_{-0.03}^{0}$mm，长度由 $20_{-0.1}^{0}$mm 和 4mm×2mm 的槽宽确定，其表面粗糙度值要求为 $Ra1.6\mu m$。窄槽宽为 4mm，深为 2mm。其余加工表面粗糙度值要求 $Ra3.2\mu m$。该零件尺寸标注完整，轮廓描述清楚，零件材料为 45 钢，无热处理和硬度要求，适合在数控车床上加工。

2. 难点分析

图 4-1 所示零件虽然形状相对简单，但该零件中间为一宽槽，其尺寸精度和表面质量要求都比较高，宽槽的加工是本题的难点。加工宽槽可采用多次直进法切削，每次车削轨迹在宽度上略有重叠，并在槽壁和槽底直径留出精加工余量，最后精车槽壁和槽底，其加工轨迹如图 4-2 所示。

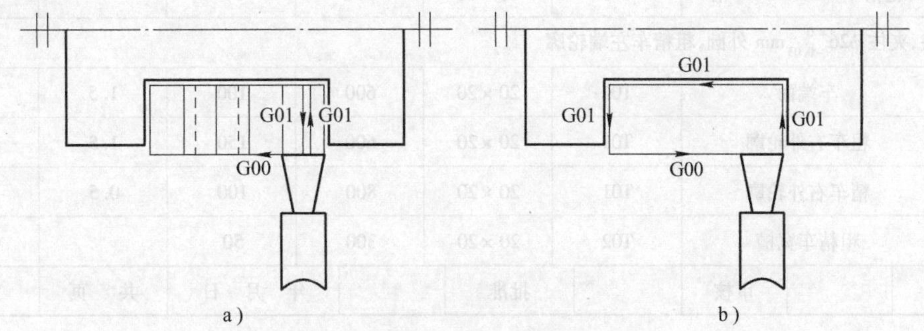

图 4-2 宽槽加工示意图

a) 粗加工 b) 精加工

3. 工艺分析

图 4-1 所示零件整体加工尺寸精度及表面质量都要求较高，在编制加工工序时，应按粗精加工分开原则进行编制。先夹住毛坯外圆，粗精加工零件左端轮廓，然后调头夹住 $\phi26_{-0.03}^{0}$mm 外圆，加工零件左端轮廓。调头装夹时，应使 $\phi38_{-0.03}^{0}$mm 右端面离开卡爪端面一段距离（防止加工时刀具与卡爪相撞），并用百分表找正。通过上述分析，可制订以下加工路线：

1）用自定心卡盘夹持毛坯面，车端面，粗精车工件右端轮廓至要求尺寸。

2）调头装夹，夹住 $\phi26_{-0.03}^{0}$mm 外圆，车端面，粗精加工工件左端轮廓至尺寸。

4. 相关工艺卡片的填写

1）数控加工刀具卡见表 4-7。

表 4-7 槽类零件数控加工刀具卡

产品名称或代号		×××	零件名称	×××	零件图号	××
序号	刀具号	刀具规格名称	数量	加工表面	刀尖半径/mm	备注
1	T01	90°硬质合金偏刀	1	粗精车外轮廓	0.2	20×20
2	T02	4mm 宽切槽刀	1	加工窄槽和宽槽		20×20
编制		审核	批准	年 月 日	共 页	第 页

2）数控加工工艺卡见表4-8。

表4-8 槽类零件数控加工工艺卡

单位名称	×××	产品名称或代号		零件名称		零件图号	
		×××		×××		××	
工序号	程序编号	夹具名称		使用设备		车间	
001	×××	自定心卡盘		CK6140		数控	
工步号	工步内容	刀具号	刀具规格/mm	主轴转速/r·min^{-1}	进给速度/mm·min^{-1}	背吃刀量/mm	备注
用自定心卡盘夹持毛坯面，齐端面，粗精车工件右端轮廓							
1	车端面	T01	20×20	600	100	1.5	自动
2	粗车右外轮廓	T01	20×20	600	150	1.5	自动
3	精车右外轮廓	T01	20×20	800	100	0.5	自动
4	粗精车4mm×2mm槽	T02	20×20	300	50		自动
调头装夹，夹住$\phi26_{-0.03}^{\ 0}$mm外圆，粗精车左端轮廓							
5	车端面	T01	20×20	600	100	1.5	自动
6	粗车右外轮廓	T01	20×20	600	150	1.5	自动
7	精车右外轮廓	T01	20×20	800	100	0.5	自动
8	粗精车宽槽	T02	20×20	300	50		自动
编制		审核		批准	年 月 日	共 页	第 页

5. 程序编制

（1）编制右端轮廓加工程序

1）建立工件坐标系。加工右端轮廓时，夹住毛坯外圆，工件坐标系设在工件右端面轴线上，如图4-3所示。

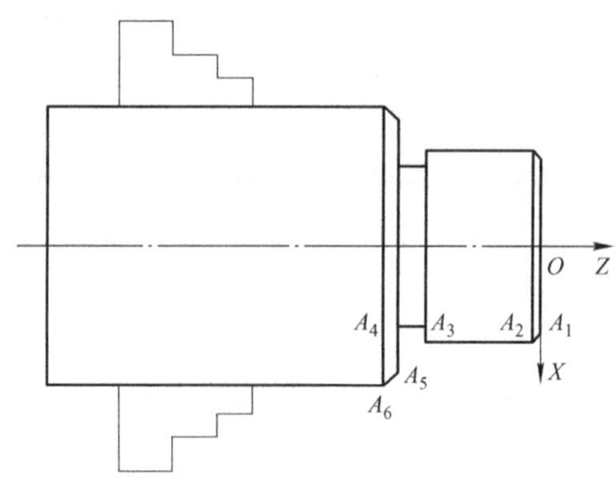

图4-3 加工右端轮廓时的工件坐标系及基点

2）右端基点的坐标值见表4-9。由于右端只有一个外圆尺寸，求各基点坐标时，外圆尺寸按基本尺寸计算，长度按中值计算。

表 4-9　右端基点的坐标值

基　点	坐标值(X,Z)	基　点	坐标值(X,Z)
O	(0,0)	A_4	(22.0, -19.95)
A_1	(24.0,0)	A_5	(36.0, -19.95)
A_2	(26.0, -1.0)	A_6	(40.0, -21.95)
A_3	(26.0, -15.95)		

3）参考程序　见表 4-10。

表 4-10　FANUC 0i 与 SIEMENS 802D 参考程序

FANUC 0i 系统数控程序	SIEMENS 802D 系统数控程序	注释
O401;	SKC401. MPF;	程序名
N1 G40 G98 G97 G21;	N1 G40 G95 G97 G21;	设置初始化
N2 T0101 S600 M03;	N2 T01D1 S600 M03;	设置刀具及主轴转速
N3 G00 X52.0 Z0.0;	N3 G00 X52.0 Z0.0;	快速到达刀具起点
N4 G01 X0.0 F100;	N4 G1 X0.0 F100;	齐端面
N5 G00 X42.0 Z2.0;	N5 G00 X42.0 Z2.0;	快速到达循环起点
N6 G71 U1.5 R0.5; N7 G71 P8 Q14 U1.0 W0 F150;	CYCLE95 (LZC41, 1.5, 0, 0.5,, 150,,,1,,,0.5);	调用毛坯外圆循环，设置加工参数
N8 G00 G42 X24.0; N9 G01 Z0; N10 X26.0 Z-1.0; N11 Z-19.95; N12 X36.0; N13 X40.0　Z-21.95; N14 X42.0;		FANUC 0i 系统含义：轮廓精加工程序段 SIEMENS 802D 轮廓精加工子程序见表 4-11
N15 M05;	N7 M05;	主轴停
N15 M00;	N8 M00;	程序暂停
N16 S800 M03; N17 G70 P8 Q14 F100;	N9 S800 M03; N10 LZC41;	FANUC 0i 采用精车循环进行精车，SIEMENS 802D 采用子程序进行精车
N18 G00 G40 X100.0 Z50.0;	N11 G00 G40 X100.0 Z50.0;	粗车 $R9$mm 圆弧
N19 M05;	N12 M05;	主轴停止
N20 M00;	N13 M00;	程序暂停
N21 T0202 S300 M03;	N14 T02D1 S300 M03;	换切槽刀，左刀尖对刀
N22 G00 X42.0 Z-19.95;	N15 G00 X42.0 Z-19.95;	快速靠近工件
N23 G01 X22.0 F50;	N16 G01 X22.0 F50;	车槽
N24 G04 X2.0;	N17 G04 X2.0;	刀具暂停 2s
N25 X42.0;	N18 X42.0;	X 向退刀
N26 G00 X100.0 Z50.0;	N19 G00 X100.0 Z50.0;	快速退至换刀点
N27 M05;	N20 M05;	主轴停
N28 M30;	N21 M30;	程序结束

表 4-11 SIEMENS 802D 轮廓精加工子程序

程序内容	注释	程序内容	注释
LZC41. SPF；	子程序名	N5 X36.0；	加工端面
N1 G00 G42 X24.0；	X 向进刀	N6 X40.0 Z－21.95；	倒角 C2
N2 G01 Z0；	Z 向进刀	N7 X42.0；	X 向退刀
N3 X26.0 Z－1.0；	倒角 C1	N8 M17；	子程序结束
N4 Z－19.95；	精加工 ϕ26mm 外圆		

（2）编制左端轮廓加工程序

1）设置工件坐标系。调头装夹，夹住 $\phi26_{-0.03}^{0}$mm 外圆，粗精车左端轮廓。工件坐标系设在工件端面轴线上，如图 4-4 所示。

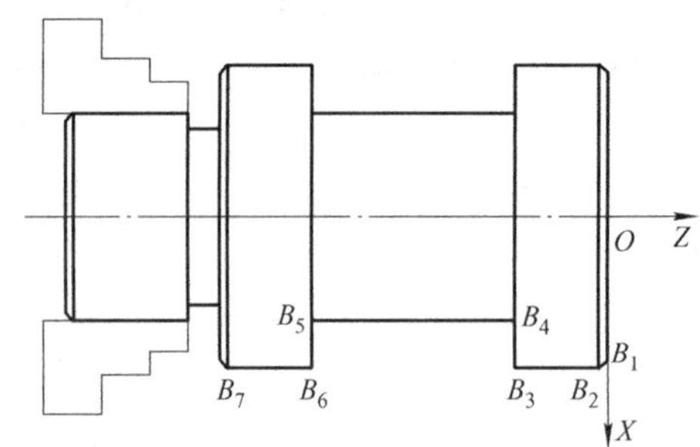

图 4-4 加工左端轮廓时的工件坐标系及基点

2）左端基点的坐标值见表 4-12。由于左端外圆尺寸公差一致，求各基点坐标时，外圆尺寸按基本尺寸计算，长度按中值计算。同时，需要求解左端 $\phi38_{-0.03}^{0}$mm 外圆的基本尺寸与偏差，其长度按照中值计算。

基本尺寸＝70mm－(26＋12＋20)mm＝12mm

上偏差＝0.1mm－(－0.05－0.1)mm＝0.25mm

下偏差＝－0.1mm－(0.05＋0)mm＝－0.15mm

中值＝12mm＋(0.25－0.15)mm/2＝12.05mm

表 4-12 左端基点的坐标值

基点	坐标值(X,Z)	基点	坐标值(X,Z)
O	(0,0)	B_4	(26.0，－12.05)
B_1	(36.0,0)	B_5	(26.0，－38.05)
B_2	(38.0，－1)	B_6	(38.0，－38.05)
B_3	(38.0，－12.05)	B_7	(38.0，－50.05)

3）左端轮廓加工参考程序见表 4-13。

表 4-13 FANUC 0i 与 SIEMENS 802D 参考程序

FANUC 0i 系统数控程序	SIEMENS 802D 系统数控程序	注释
O402；	SKC402. MPF；	程序名
N1 G40 G97 G98 G21；	N1 G40 G95 G97 G21；	设置初始化
N2 T0101 S600 M03；	N2 T01D1 S600 M03；	设置刀具及主轴转速
N3 G00 X42.0 Z5.0 M08；	N3 G00 X42.0 Z5.0 M08；	快速到达循环起点
N4 G71 U1.5 R0.5； N5 G71 P6 Q10 U1.0 W0 F150；	CYCLE95（LZC42，1.5，0，0.5，，150，，，1，，，0.5）；	调用毛坯外圆循环，设置加工参数

（续）

FANUC 0i 系统数控程序	SIEMENS 802D 系统数控程序	注释
N6 G00 X36.0;		FANUC 0i 系统含义：轮廓精加工程序段 SIEMENS 802D 轮廓精加工子程序见表 4-14
N7 G01 Z0.0 F100;		
N8 X38.0 Z-1.0;		
N9 Z-50.0;		
N10 X42.0;		
N11 M05;	N4 M05;	主轴停
N12 M00;	N5 M00;	程序暂停
N13 S800 M03;	N6 S800 M03;	换精车刀
N14 G70 P6 Q10;	N7 LZC42;	FANUC 0i 系统采用 G70 进行精加工，SIEMENS 802D 采用子程序进行精加工
N15 G00 G40 X100.0 Z50.0;	N8 G00 G40 X100.0 Z50.0;	快速退至换刀点
N16 M05;	N9 M05;	主轴停
N17 M00;	N10 M00;	主程序结束
N18 T0202 S300 M03;	N11 T02D1 S300 M03;	换切槽刀，左刀尖对刀
N19 G00 X40.0 Z-16.15;	N12 G00 X40.0 Z-16.05;	快速到达切槽起点
N20 G75 R0.1; N21 G75 X26.5 Z-37.95 P2000 Q3500 F50;	CYCLE93(38.0, -16.05, 26.0, 6.0, 0, 0, 0, 0, 0, 0, 0, 0.5, 0.1, 3, 1, 5);	FANUC 0i 系统采用 G75 切槽循环粗加工宽槽，SIEMENS 802D 采用 CYCLE93 切槽循环进行粗加工宽槽，参数取值见表 4-15
N22 G00 X40.0 Z-16.05;	N13 G00 X40.0 Z-16.05;	
N23 G01 X26.0 F50;	N14 G01 X26.0 F50;	精车槽壁和槽底
N24 Z-38.05;	N15 Z-38.05;	
N25 X40.0;	N16 X40.0;	
N26 G00 X100.0 Z50.0 M09;	N17 G00 X100.0 Z50.0 M09;	快速退至换刀点
N27 M05;	N18 M05;	主轴停
N28 M30;	N19 M30;	程序结束

表 4-14 SIEMENS 802D 轮廓精加工子程序

程序内容	注释	程序内容	注释
LZC42.SPF;	子程序名	N9 Z-50.0;	加工 ϕ38mm 外圆
N6 G00 X36.0;	X 向进刀	N10 X42.0;	X 向退刀
N7 G01 Z0.0 F100;	Z 向进刀	N11 M17;	子程序结束
N8 X38.0 Z-1.0;	倒角 $C1$		

表 4-15　SIEMENS 802D 切槽循环 CYCLE93 参数取值表

参　　数	含　　义	取　　值
SPD	横向坐标轴起始点	38.0
DPL	纵向坐标轴起始点	-12.05
WIDG	切槽宽度	26.0
DIAG	切槽深度	6.0
STA1	轮廓和纵向轴之间的角度	0
ANG1	侧面角 1	0
ANG2	侧面角 2	0
RCO1	半径/倒角 1,外部	0
RCO2	半径/倒角 2,外部	0
RCI1	半径/倒角 1,内部	0
RCI2	半径/倒角 2,内部	0
FAL1	槽底的精加工余量	0.4
FAL2	侧面的精加工余量	0.2
IDEP	进给深度(无符号输入)	3
DTB	槽底停顿时间	2
VARI	加工类型	5

6. 工件加工

（1）加工准备

1）检查毛坯尺寸。

2）开机，回参考点。

3）输入程序并校验。把编制好的加工程序输入到数控系统中，并应用空运行或图形模拟校验所编制的加工程序，验证程序合格后方能进行以下步骤。

4）装夹工件。用自定心卡盘夹住毛坯外圆，伸出 30mm 左右，找正并夹紧；调头夹住 $\phi26_{-0.03}^{0}$mm 外圆，加工零件左端轮廓。调头装夹时，应使 $\phi38_{-0.03}^{0}$mm 右端面离开卡爪端面一段距离（防止加工时刀具与卡爪相撞），并用百分表找正。

5）装夹刀具。把外圆车刀、切槽刀按要求依次装入 T01 及 T02 号刀位。

6）对刀。将上述两把刀具依次对好，并将有关数值输入到刀具参数中，如刀尖圆弧半径、刀尖方位等。调头装夹后，两把刀具应重新对刀。

（2）零件的自动加工　将数控车床置于自动加工模式，首先将加工程序调入数控系统，调好进给倍率进行自动加工，加工过程中要进行精度控制，具体方法如下：

1）外圆及台阶长度控制。左右两侧轮廓均通过调整外圆精车刀（T01）X 及 Z 向刀具磨损量，运行精加工程序。程序结束后停机测量，根据测量结果再修调刀具磨损量，重新执行外圆精加工程序，直到达到尺寸要求为止。

2）槽加工精度控制。在加工槽前，把切槽刀（T02）X 向刀具磨损量设置为 0.1～0.2mm，循环运行后停机测量，根据测量结果调整刀具磨损量，重新运行切槽指令，直至符合尺寸要求为止。

（3）加工结束　加工结束后应清理机床。

7. 操作注意事项

1）装夹刀具时，车刀刀尖必须与主轴轴线等高，并且切槽刀必须垂直于工件轴线。

2）调头后，所用刀具都应重新对刀。

3）切槽刀刀头长度应大于槽深，避免发生干涉。

4）在加工过程中，尽量采用试切、试测方法控制尺寸精度。

5）切断刀要根据所用机床的刚性选取切削用量，以避免在切削过程中产生振动。为了延长切槽刀的寿命，在加工过程中必须要加切削液。

6）程序中的换刀点不一定是最佳位置，应根据所用刀具及机床情况重新设置。

试题五　螺纹类零件的加工

一、考核目标

1）掌握中等复杂螺纹类零件图的识读方法。

2）掌握中等复杂螺纹类零件加工工艺的制订方法。

3）掌握螺纹加工指令的应用方法。

4）掌握中等复杂螺纹类零件加工程序的编制方法。

5）掌握中等复杂螺纹类零件加工刀具的选择方法。

6）掌握数控车床的操作方法。

二、考核要求

1. 总体要求

1）试题名称：中等复杂螺纹类零件（图 5-1）。

2）本题分值：100 分。

3）考核时间：120min。

4）考核形式：操作。

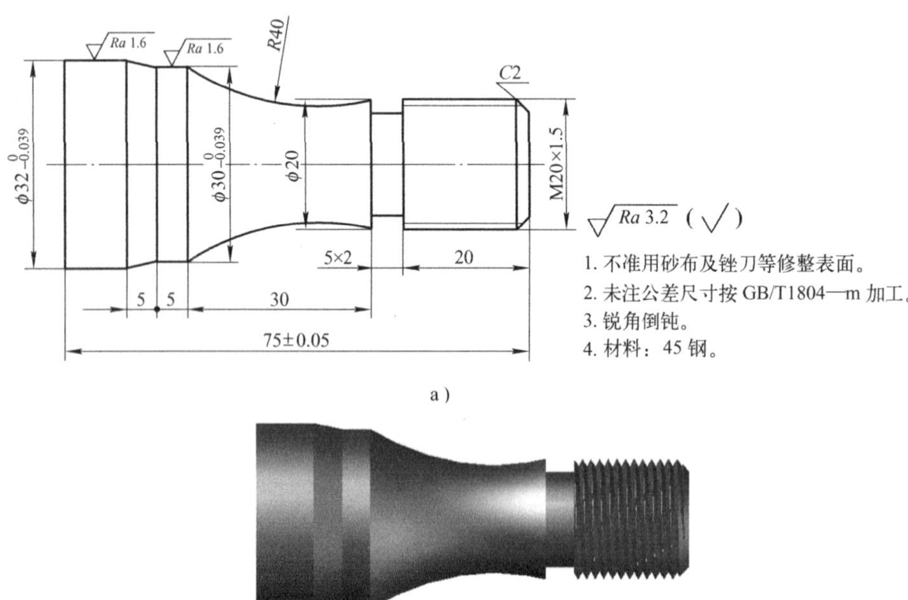

a）

b）

图 5-1　螺纹类零件图

2. 配分及评分标准

1）操作技能考核总成绩见表5-1。

表5-1　操作技能考核总成绩表

序号	项目名称	配分	得分	备　注
1	现场操作	10		
2	程序编制	20		
3	工件质量	70		
合　　计		100		

2）现场操作规范评分见表5-2。

表5-2　现场操作规范评分表

序号	项目	考核内容	配分	考场表现	得分
1	现场操作规范	正确使用机床	2		
2		正确使用量具	2		
3		合理使用刃具	2		
4		设备维护保养	4		
合计			10		

3）程序编制评分见表5-3。

表5-3　程序编制评分表

序号	考核内容	扣分标准	配分	得分
1	建立工件坐标系	出现错误不得分	2	
2	程序代码正确	一处错误扣2分	8	
3	刀具轨迹显示正确	不正确不得分	5	
4	程序完整性	一处错误扣2分	5	
合计			20	

4）工件质量评分见表5-4。

表5-4　工件质量评分表

序号	考核项目		扣分标准	配分	得分
1	长度/mm	75±0.05	每超差0.01mm扣1分	5	
2		20	每超差0.01mm扣1分	4	
3		30	不合格不得分	4	
4		5(两处)	不合格不得分	6	
5	外圆/mm	$\phi32_{-0.039}^{0}$	每超差0.01mm扣2分	7	
6		$\phi30_{-0.039}^{0}$	每超差0.01mm扣2分	7	
7		$\phi20$	不合格不得分	4	
8	槽/mm	5×2	不合格不得分	6	
9	螺纹/mm	M20	不合格不得分	6	
		螺距1.5	不合格不得分	2	

（续）

序号	考核项目		扣分标准	配分	得分
10	圆弧/mm	$R40$	不合格不得分	8	
11	倒角	$C2$	不合格不得分	2	
12	表面粗糙度值/μm	$Ra1.6$(二处)	降级不得分	4	
13		$Ra3.2$(五处)	降级不得分	5	
合计				70	
评分人		年　月　日	核分人		年　月　日

3. 准备清单

（1）考场准备

1）材料准备见表5-5。

表5-5　材料准备

名　称	规　格	数　量	要　求
45钢	ϕ35mm×80mm	1件/考生	考场准备

2）设备准备见表5-6。

表5-6　设备准备

名　称	规　格	数　量	要　求
数控车床	根据考点情况选择	1台/考生	考场准备
自定心卡盘	对应工件	1副/台	
自定心卡盘扳手	对应机床	1副/台	
刀架扳手	对应机床	1副/台	
钻夹头	对应机床	1副/台	
螺纹环规	M20×Ph1.5mm	1套	

（2）考生准备　考生主要准备工具、量具、刀具及其他，见表5-7。

表5-7　工具、量具、刀具及其他准备

序号	名　称	型　号	数量	要求
1	外圆粗车刀	90°粗车刀	1	考生自备
2	外圆精车刀	93°精车刀	1	
3	切槽刀	5mm宽	1	
4	螺纹刀	60°	1	
5	中心钻	A3.5	1	
6	千分尺	25～50mm	1	
7	游标卡尺	0.02mm/0～150mm	1	
8	游标深度卡尺	0.02mm/0～150mm	1	
9	圆弧样板	$R40$mm	1	
10	薄铜皮	0.05～0.10mm	若干	

（续）

序号	名　称	型　号	数量	要求
11	磁性表座	分度值为 0.01mm	1	考生自备
12	百分表		1	
13	垫刀片		若干	
14	毛刷		自定	
15	铁屑钩		自定	
16	其他	草稿纸、计算机、劳保装备等	自定	

4. 说明

1）出现危及考生或他人安全的状况应终止考试，如果是由于考生操作失误所致，考生该题成绩记零分。

2）因考生操作失误所致，导致设备故障且当场无法排除应终止考试，考生该题成绩记零分。

3）因刀具、工具损坏而无法继续应终止考试。

三、考核实施

本题通过对中等复杂螺纹类零件的加工，考核学生对外圆、圆弧、锥体、槽与螺纹等内容的综合掌握。要求考生通过图样分析，合理制订出加工方案，熟练掌握加工前的准备，刀具与工件的安装，程序的编制、输入与校验，零件的加工、检测等各项操作方法。

1. 图样分析

如图 5-1 所示，该零件主要由外圆、圆弧、锥体、槽、螺纹等轮廓组成。零件右端为 M20×Ph1.5mm 螺纹，其长度为 20mm，螺纹右端倒角为 $C2$。螺纹退刀槽宽为 5mm，槽深 2mm。凹弧半径为 R40mm，起点直径为 ϕ20mm，终点直径为 $\phi30^{\ 0}_{-0.039}$ mm，Z 向长度为 30mm。$\phi30^{\ 0}_{-0.039}$ mm 的外圆长度为 5mm。锥体小端直径为 $\phi30^{\ 0}_{-0.039}$ mm，大端直径为 $\phi32^{\ 0}_{-0.039}$ mm，锥体长度为 5mm。$\phi32^{\ 0}_{-0.039}$ mm 的外圆长度由总长及其他长度尺寸确定。该零件尺寸标注完整，轮廓描述清楚，零件材料为 45 钢，无热处理和硬度要求，适合在数控车床上加工。

2. 难点分析

图 5-1 所示零件形状相对复杂，需要加工螺纹、槽、凹弧、锥体、外圆等轮廓。加工该零件有两个难点，一是凹弧的加工，如何保证凹弧的尺寸精度和表面质量；二是如何保证外圆 $\phi32^{\ 0}_{-0.039}$ mm、$\phi30^{\ 0}_{-0.039}$ mm 的尺寸精度和表面加工质量要求。

3. 工艺分析

为了解决第一个加工难点，在编制程序时，需要考虑刀尖圆弧半径对尺寸精度的影响，同时为了凹弧表面质量一致性，精加工时必须采用恒线速度切削功能。装刀时，刀尖必须与主轴中心等高。为了解决第二个加工难点，应按粗精加工分开原则进行编制工艺。根据上述分析，可制定以下加工步骤：

1）夹住毛坯外圆，伸出长度大于 20mm，粗精加工零件左端面及轮廓。

2）调头装夹，齐端面，保证总长，钻中心孔。采用一夹一顶方式，粗精车加工右端轮廓。

3）用切槽刀加工螺纹退刀槽。

4）加工 M20×Ph1.5mm 螺纹。

4. 相关工艺卡片的填写

1）数控加工刀具卡见表5-8。

表 5-8　螺纹类零件数控加工刀具卡

产品名称或代号		×××	零件名称	×××	零件图号	××
序号	刀具号	刀具规格名称	数量	加工表面	刀尖半径/mm	备注
1	T00	中心钻	1	钻中心孔		A3.5
2	T01	90°粗车刀	1	工件外轮廓粗车	0.4	20×20
3	T02	93°精车刀	1	工件外轮廓精车	0.2	20×20
4	T03	4mm 宽切槽刀	1	槽与切断		20×20
5	T04	60°外螺纹刀	1	螺纹		20×20
编制		审核	批准		年　月　日	共　页　第　页

2）数控加工工艺卡见表5-9。

表 5-9　螺纹类零件数控加工工艺卡

单位名称	×××	产品名称或代号		零件名称		零件图号	
		×××		×××		××	
工序号	程序编号	夹具名称		使用设备		车间	
001	×××	自定心卡盘		CK6140		数控	
工步号	工步内容	刀具号	刀具规格/mm	主轴转速/r·min⁻¹	进给速度/mm·min⁻¹	背吃刀量/mm	备注
调头装夹，手动车右端面，保证总长，钻中心孔，采用一夹一顶加工右端轮廓							
1	粗车左端外轮廓	T01	20×20	600	150	1.5	自动
2	粗车右端外轮廓	T01	20×20	600	150	1.5	自动
3	精车外轮廓	T02	20×20	G96 S200	100	0.5	自动
4	切槽	T03	20×20	300	60	4	自动
5	粗精车螺纹	T04	20×20	800			自动
编制		审核		批准	年　月　日	共　页	第　页

5. 程序编制

（1）加工左端面及轮廓

1）建立工件坐标系。夹住毛坯外圆，加工左端面及轮廓，工件伸出长度大于20mm。工件坐标系设在工件左端面轴线上，如图5-2所示。

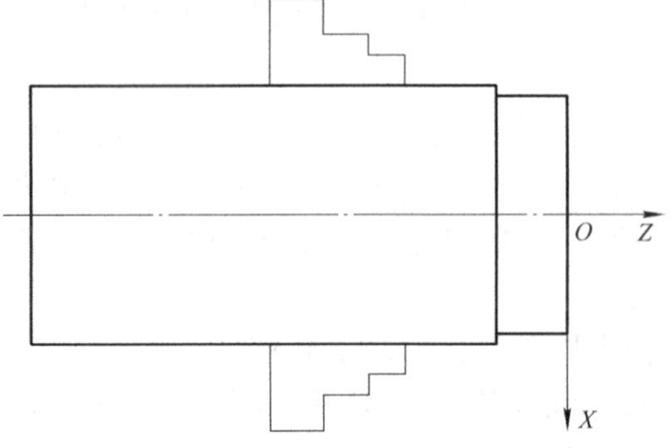

图 5-2　加工左端轮廓时的工件坐标系

2）参考程序见表5-10。

表5-10　左端加工参考程序

FANUC 0i系统数控程序	SIEMENS 802D系统数控程序	注　释
O501；	SKC501. MPF；	程序名
N1 G40 G98 G97 G21；	N1 G40 G95 G97 G21；	设置初始化
N2 T0101 S600 M03；	N2 T01D1 S600 M03；	设置刀具及主轴转速
N3 G00 X36. 0 Z0. 0；	N3 G00 X36. 0 Z0. 0；	快速到达循环起点
N4 G01 X0 F60；	N4 G01 X0 F60；	齐端面
N5 G00 X32. 0 Z2. 0；	N5 G00 X32. 0 Z2. 0；	退刀
N6 G01 Z－20. 0 F100；	N6 G01 Z－20. 0 F100；	车 ϕ32mm 外圆
N7 X36. 0；	N7 X36. 0；	X向退刀
N8 G00 X100. 0 Z50. 0；	N8 G00 X100. 0 Z50. 0；	快速退至换刀点
N9 M05；	N9 M05；	主轴停
N10 M30；	N10 M30；	程序结束

（2）加工右端面及轮廓

1）建立工件坐标系。夹住 ϕ32mm 外圆（用铜皮包住），手动加工右端面，保证总长，钻中心孔，采用一夹一顶方式加工右端轮廓。工件坐标系设在工件右端面轴线上，如图5-3所示。

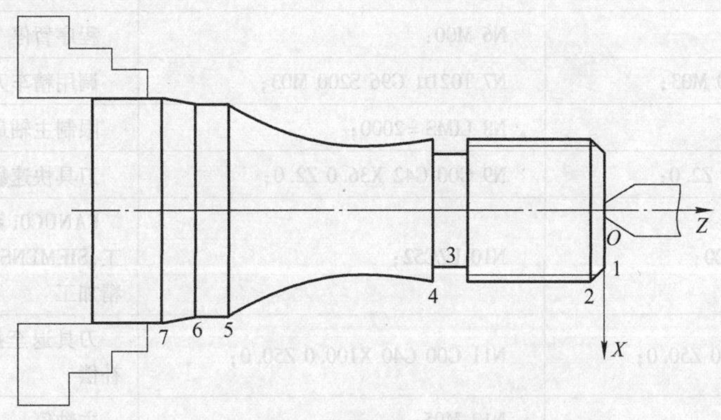

图5-3　加工右端轮廓时的工件坐标系

2）右端基点的坐标值见表5-11。

3）参考程序见表5-12。牙深 $H = 0.6495P = 0.6495 \times 1.5\text{mm} = 0.974\text{mm}$

表5-11　右端基点的坐标值

基点	坐标值(X,Z)	基点	坐标值(X,Z)
O	(0,0)	4	(20.0，－25.0)
1	(16.0,0)	5	(30.0，－55.0)
2	(20.0，－2.0)	6	(30.0，－60.0)
3	(16.0，－25.0)	7	(32.0，－65.0)

表 5-12　右端参考程序

FANUC 0i 系统数控程序	SIEMENS 802D 系统数控程序	注　释
O502;	SKC502. MPF;	程序名
N1 G40 G98 G97 G21;	N1 G40 G95 G97 G21;	设置初始化
N2 T0101 S600 M03;	N2 T01D1 S600 M03;	设置刀具及主轴转速
N3 G00 X36. 0 Z2. 0;	N3 G00 X36. 0 Z2. 0;	快速到达循环起点
N4 G71 U1. 5 R0. 5; N5 G71 P6 Q14 U1. 0 W0 F150;	CYCLE95 (LZC52, 1. 5, 0, 0. 5,, 150,,,1,,,0. 5);	调用毛坯外圆循环,设置加工参数
N6 G00 X15. 805;		FANUC 0i 系统含义:轮廓精加工程序段 SIEMENS 802D 左端轮廓精加工子程序见表 5-13
N7 G01 Z0;		
N8 X19. 805 Z -2. 0;		
N9 Z -25. 0;		
N10 X20. 0;		
N11 G02 X30. 0 Z -55. 0 R40. 0;		
N12 G01 Z -60. 0;		
N13 X32. 0 Z -65. 0;		
N14 X36. 0;		
N15 G00 X100. 0 Z50. 0;	N4 G00 X100. 0 Z50. 0;	刀具快速退至换刀点
N16 M05;	N5 M05;	主轴停
N17 M00;	N6 M00;	程序暂停
N18 T0202 G96 S200 M03;	N7 T02D1 G96 S200 M03;	调用精车刀,恒线速度切削
N19 G50 S2000;	N8 LIMS = 2000;	限制主轴最高转速
N20 G00 G42 X36. 0 Z2. 0;	N9 G00 G42 X36. 0 Z2. 0;	刀具快速靠近工件
N21 G70 P6 Q14 F100;	N10 LZC52;	FANUC0i 系统采用 G70 进行精加工,SIEMENS 802D 采用子程序进行精加工
N22 G00 G40 X100. 0 Z50. 0;	N11 G00 G40 X100. 0 Z50. 0;	刀具退至换刀点,取消刀具半径补偿
N23 M05;	N12 M05;	主轴停
N24 M00;	N13 M00;	程序暂停
N25 G97 T0303 S300 M03;	N14 G97 T03D1 S300 M03;	换切槽刀
N26 G00 X30. 0 Z -25. 0;	N15 G00 X30. 0 Z -25. 0;	快速到达切槽起点
N27 G01 X16. 0 F50;	N16 G01 X16. 0 F50;	切槽
N28 X30. 0;	N17 X30. 0;	*X* 向退刀
N29 G00 X100. 0 Z50. 0;	N18 G00 X100. 0 Z50. 0;	快速退至换刀点
N30 M05;	N19 M05;	主轴停
N31 M00;	N20 M00;	程序暂停
N32 T0404 S600 M03;	N21 T04D1 S600 M03;	换 4 号刀,设置主轴转速
N33 G00 X22. 0 Z3. 0;	N22 G00 X22. 0 Z3. 0;	快速移至循环起点

（续）

FANUC 0i 系统数控程序	SIEMENS 802D 系统数控程序	注　释
N34 G76 P011060 Q100 R50； N35 G76 X18.38 Z－20.0 R0 P974 Q350 F1.5；	CYCLE97（1.5,,0，－20.0，18.38，18.38,3,2,0.974,0.05,0,0,5,1,1,1）；	调用螺纹加工循环，设置螺纹加工参数
N36 G00 X100.0 Z50.0；	N23 G00 X100.0 Z50.0；	刀具退回换刀点
N37 M05；	N24 M05；	主轴停
N38 M30；	N25 M30；	程序结束

表 5-13　SIEMENS 802D 左端轮廓精加工子程序

程序内容	注　释
LZC52.SPF；	子程序名
N1 G00 X15.805；	*X* 向进刀
N2 G01 Z0；	*Z* 向进刀
N3 X19.805 Z－2.0；	倒角 *C*2
N4 Z－25.0；	车 M20 螺纹大径
N5 X20.0；	车端面
N6 G02 X30.0 Z－55.0 R40.0；	车 *R*40mm 凹弧
N7 G01 Z－60.0；	车 ϕ30mm 外圆
N8 X32.0 Z－65.0；	车锥体
N9 X36.0；	*X* 向退刀
N10 M17；	子程序结束

6. 工件加工

（1）加工准备

1）检查毛坯尺寸。

2）开机，回参考点。

3）输入程序并校验。把编制好的加工程序输入到数控系统中，并应用空运行或图形模拟校验所编制的加工程序，验证程序合格后方能进行以下步骤。

4）装夹工件。用自定心卡盘夹住毛坯外圆，伸出大于 20mm，找正并夹紧，加工左端面及外轮廓。调头装夹，齐端面，钻中心孔，采用一夹一顶方式，加工右端轮廓。

5）装夹刀具。把外圆粗车刀、外圆精车刀、切槽刀、螺纹刀按要求依次装入 T01、T02、T03 及 T04 号刀位。

6）对刀。加工左端时，只对 T01 刀具即可；调头后，将四把刀具依次对好，并将有关数值输入到刀具参数中，如刀尖圆弧半径、刀尖方位等。

（2）零件的自动加工　将数控车床置于自动加工模式，首先将加工程序调入数控系统，调好进给倍率进行自动加工，加工过程中要进行精度控制，具体方法如下：

1）外圆及长度尺寸控制。左右两侧轮廓均通过调整外圆精车刀（T02）*X* 及 *Z* 向刀具磨损量，运行精加工程序，程序结束后停机测量，根据测量结果再修调刀具磨损量，重新执行外圆精加工程序，直到达到尺寸要求为止。

2）螺纹精度控制。加工螺纹前，把螺纹刀（T04）刀具磨损量设置为0.1～0.2mm，螺纹循环运行后，停机测量；根据测量结果调整刀具磨损量，重新运行螺纹循环指令，直至符合尺寸要求为止。

（3）加工结束　加工结束后应清理机床。

7. 操作注意事项

1）装夹刀具时，车刀刀尖必须与主轴轴线等高。

2）所使用的精车刀有刀尖圆弧半径，精加工时必须进行刀具半径补偿，否则加工的圆弧存在加工误差。精加工时，采用恒线速切削来保证球体和锥体外表面质量要求。

3）加工螺纹时，除了应用参考程序中的螺纹循环指令外，FANUC 0i 系统也可采用G32、G92 指令编制，SIEMENS 系统也可采用 G33 指令编制。

4）在加工过程中，应尽量采用试切、试测方法控制尺寸精度。

5）程序中设置的换刀点不一定是最佳位置，应根据所用刀具及机床情况重新设置。

试题六 盘类零件的加工

一、考核目标

1）掌握中等复杂盘类零件图的识读方法。
2）掌握中等复杂盘类零件加工工艺的制订方法。
3）掌握中等复杂盘类零件加工程序的编制方法。
4）掌握中等复杂盘类零件加工刀具的选择方法。
5）掌握数控车床的操作方法。

二、考核要求

1. 总体要求

1）试题名称：中等复杂盘类零件（图6-1）。
2）本题分值：100分。
3）考核时间：120min。
4）考核形式：操作。

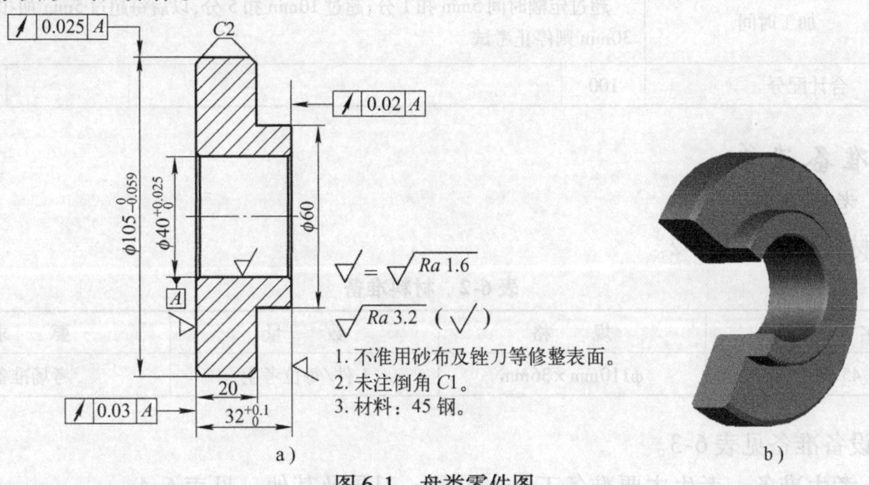

图6-1 盘类零件图

2. 配分及评分标准

配分及评分标准见表6-1。

表6-1 配分及评分标准

序号	考核项目	配分	评分标准	检测结果	得分
1	工艺路线	10	1）工序划分合理、工艺路线正确5分，制订不合理适当扣分 2）刀具类型及规格选择合理4分，在对加工影响较大的工序中若使用的刀具选择错误，每处扣1分 3）定位及装夹合理3分，1处不当扣1分 4）量具选择合理4分，1处不当扣1分 5）切削用量选择基本合理4分，不当且对加工精度影响较大的1处扣1分		

（续）

序号	考核项目	配分	评分标准	检测结果	得分
2	$\phi105_{-0.059}^{0}$mm	8	每超差0.01mm扣2分		
3	$\phi40_{0}^{+0.025}$mm	10	每超差0.01mm扣2分		
4	ϕ60mm	8	每超差0.01mm扣2分		
5	20mm	6	不合格不得分		
6	$32_{0}^{+0.1}$mm	8	不合格不得分		
7	$C2$(二处)	4	不合格不得分		
8	$C1$(三处)	6	不合格不得分		
9	$Ra1.6\mu m$(三处)	6	降级不得分		
10	$Ra3.2\mu m$(三处)	6	降级不得分		
11	轴向圆跳动0.03mm	6	每超差0.01mm扣2分		
12	轴向圆跳动0.02mm	6	每超差0.01mm扣2分		
13	径向圆跳动0.025mm	6	不合格不得分		
14	文明生产	10	按有关规定每违反一项从总分中扣3分，发生重大事故取消考试，扣分不超过10分		
15	加工时间	超过定额时间5min扣1分；超过10min扣5分，以后每超过5min加扣5分，超过30min则停止考试			
合计配分		100			

3. 准备清单

（1）考场准备

1）材料准备见表6-2。

表6-2　材料准备

名　称	规　格	数　量	要　求
45钢	ϕ110mm×36mm	1件/每位考生	考场准备

2）设备准备见表6-3。

（2）考生准备　考生主要准备工具、量具、刀具及其他，见表6-4。

表6-3　设备准备

名　称	规　格	数　量	要　求
数控车床	根据考点情况选择	1台/考生	考场准备
自定心卡盘	对应工件	1副/台	
自定心卡盘扳手	对应机床	1副/台	
刀架扳手	对应机床	1副/台	
钻夹头	对应机床	1副/台	

表 6-4 工具、量具、刀具及其他准备

序号	名 称	型 号	数量	要求
1	外圆粗车刀	90°粗车刀	1	
2	外圆精车刀	93°精车刀	1	
3	内孔镗刀	ϕ30 ~ 40mm	1	
4	中心钻	A3.15/10 GB/T 6078.1—1998	1	
5	麻花钻	ϕ36mm	1	
6	千分尺	50 ~ 75mm, 100 ~ 125mm	各 1	
7	游标卡尺	0.02mm/0 ~ 200mm	1	
8	内径百分表	35 ~ 50mm	1	考生自备
9	薄铜皮	0.05 ~ 0.10mm	若干	
10	磁性表座		1	
11	百分表	0.01mm/10mm	1	
12	垫刀片		若干	
13	毛刷		自定	
14	铁屑钩		自定	
15	其他	草稿纸、计算机、劳保装备等	自定	

4. 说明

1）出现危及考生或他人安全的状况应终止考试，如果是由于考生操作失误所致，考生该题成绩记零分。

2）因考生操作失误所致，导致设备故障且当场无法排除应终止考试，考生该题成绩记零分。

3）因刀具、工具损坏而无法继续应终止考试。

三、考核实施

本题主要考核对盘类零件的加工，要求考生通过盘类零件的图样分析，合理制订出加工方案，熟练掌握加工前的准备，刀具与工件的安装，程序的编制、输入与校验，零件的加工、检测等各项操作方法。

1. 图样分析

如图 6-1 所示，该盘类零件主要由孔、外圆与端面组成。零件大外圆为 $\phi 105_{-0.059}^{\ 0}$ mm，宽为 20mm，两边有 $C2$ 倒角；小外圆为 ϕ60mm，宽由 $32_{\ 0}^{+0.1}$ mm 和 20mm 确定，右端有 $C1$ 倒角。内孔直径为 $\phi 40_{\ 0}^{+0.025}$ mm，长度为 $32_{\ 0}^{+0.1}$ mm，两端与端面倒角为 $C1$。外圆对孔的径向圆跳动为 0.025mm，左端面对孔的轴向圆跳动为 0.03mm，右端面对孔的轴向圆跳动为 0.02mm。内孔与两端面的表面粗糙度值为 $Ra1.6\mu m$，其余加工表面为 $Ra3.2\mu m$。该零件尺寸标注完整，轮廓描述清楚，零件材料为 45 钢，无热处理和硬度要求，适合在数控车床上加工。

2. 难点分析

图 6-1 所示盘类零件主要由孔、外圆与端面组成，除了尺寸精度、表面粗糙度有要求

外，其外圆对孔有径向圆跳动要求，端面对孔有轴向圆跳动要求。保证径向圆跳动和轴向圆跳动是制订盘类零件的工艺时要重点考虑的问题，也是该盘类零件加工中的难点。

3. 工艺分析

通过上述分析，编制工艺时应按粗精加工分开原则进行编制。精车时尽可能把有位置精度要求的外圆、孔、端面在一次安装中全部加工完，由此可制订以下加工步骤：

1）夹住毛坯外圆 ϕ110mm，伸出长度大于 10mm，车平端面，粗加工右端外圆至 ϕ61mm。

2）调头装夹 ϕ61mm 外圆，粗精车端面，保证总长 33mm，粗精车外圆至尺寸。手动打中心孔进行引钻，用 ϕ36mm 麻花钻钻孔，粗精镗内孔至尺寸。

3）调头装夹 ϕ105mm 外圆（包铜皮）、并用百分表找正，精车右端面及外圆，保证总长 $32^{+0.1}_{0}$mm 和 20mm 尺寸。

4. 相关工艺卡片的填写

1）数控加工刀具卡见表 6-5。

表 6-5　盘类零件数控加工刀具卡

产品名称或代号		×××	零件名称	×××	零件图号	××
序号	刀具号	刀具规格名称	数量	加工表面	刀尖半径/mm	备注
1	T1	中心钻	1	钻中心孔		A3.15/10
2	T2	ϕ36mm 麻花钻	1	钻孔		
3	T01	90°粗车刀	1	工件外轮廓粗车	0.4	20×20
4	T02	93°精车刀	1	工件外轮廓精车	0.2	20×20
5	T03	内孔镗刀	1	粗精车内孔	0.2	20×20
编制		审核		批准		年　月　日	共　页	第　页

2）数控加工工艺卡见表 6-6。

表 6-6　盘类零件数控加工工艺卡

单位名称		×××	产品名称或代号		零件名称		零件图号	
			×××		×××		××	
工序号		程序编号	夹具名称		使用设备		车间	
001		×××	自定心卡盘		CK6140		数控	
工步号	工步内容		刀具号	刀具规格/mm	主轴转速/$\mathrm{r \cdot min^{-1}}$	进给速度/$\mathrm{mm \cdot min^{-1}}$	背吃刀量/mm	备注
1	粗车右端面及轮廓		T01	20×20	600	150	1.5	自动
调头装夹，手动车端面，钻中心孔，钻 ϕ36mm 孔								
2	粗车左端面及轮廓		T01	20×20	600	150	1.5	自动
3	精车左端面及轮廓		T02	20×20	800	100	0.5	自动
4	粗精镗内孔		T03	20×20	600	60	0.5	自动
5	精车右端面及轮廓		T02	20×20	800	100	0.5	自动
编制		审核		批准		年　月　日	共　页	第　页

5. 程序编制

(1) 粗加工右端面及轮廓

1) 建立工件坐标系。夹住毛坯外圆，加工右端面及轮廓，工件伸出长度大于10mm。工件坐标系设在工件右端面轴线上，如图6-2所示。

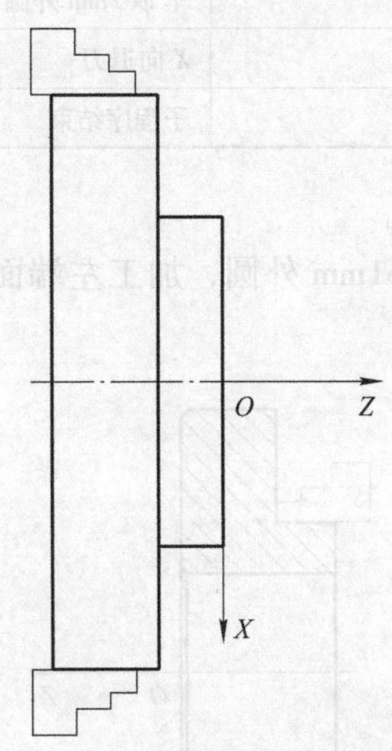

图6-2　粗加工右端面及轮廓时的工件坐标系

2) 编制加工程序，见表6-7。

表6-7　FANUC 0i与SIEMENS 802D参考程序（粗加工右轮廓）

FANUC 0i系统数控程序	SIEMENS 802D系统数控程序	注　释
O601;	SKC601. MPF;	程序名
N1 G40 G98 G97 G21;	N1 G40 G95 G97 G21;	设置初始化
N2 T0101 S600 M03;	N2 T01D1 S600 M03;	设置刀具及主轴转速
N3 G00 X112. 0 Z0. 0;	N3 G00 X112. 0 Z0. 0;	快速到达循环起点
N4 G01 X0 F60;	N4 G01 X0 F60;	齐端面
N5 G00 X112. 0 Z2. 0;	N5 G00 X112. 0 Z2. 0;	退刀
N6 G71 U1. 5 R0. 5; N7 G71 P8 Q10 U1. 0 W0 F150;	CYCLE95 (LZC61, 1. 5, 0, 0. 5,, 150,,,1,,,0. 5);	调用毛坯外圆循环,设置加工参数
N8 G00 X60. 0; N9 G01 Z-10. 0; N10 X112. 0;		FANUC 0i系统含义:轮廓精加工程序段;SIEMENS 802D轮廓精加工子程序见表6-8
N11 G00 X150. 0 Z100. 0;	N6 G00 X150. 0 Z100. 0;	快速退至换刀点
N12 M05;	N7 M05;	主轴停
N13 M30;	N8 M30;	程序结束

表 6-8 SIEMENS 802D 轮廓精加工子程序

程序内容	注释
LZC61. SPF;	子程序名
N1 G00 X60. 0;	X 向进刀
N2 G01 Z－10. 0;	车 ϕ62mm 外圆
N3 X112. 0;	X 向退刀
N4 M17;	子程序结束

（2）粗精加工左端轮廓及内孔

1）建立工件坐标系。夹住 ϕ61mm 外圆，加工左端面及轮廓，粗精加工内孔，工件坐标系如图 6-3 所示。

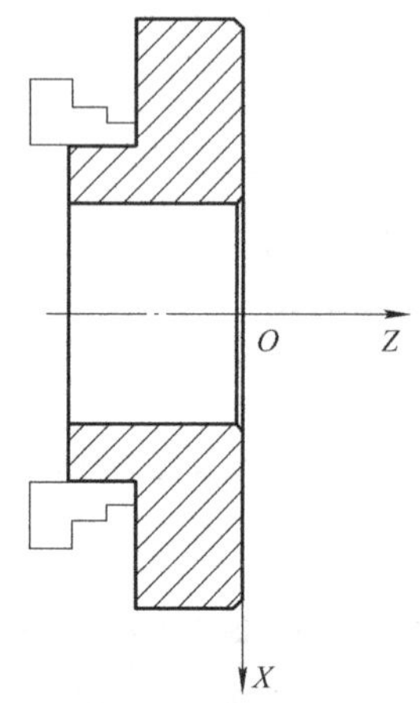

图 6-3 粗精加工左端轮廓及内孔时的工件坐标系

2）参考程序见表 6-9。

表 6-9 FANUC 0i 与 SIEMENS 802D 参考程序（粗精加工左端轮廓及内孔）

FANUC 0i 系统数控程序	SIEMENS 802D 系统数控程序	注释
O602;	SKC602. MPF;	程序名
N1 G40 G98 G97 G21;	N1 G40 G95 G97 G21;	设置初始化
N2 T0101 S600 M03;	N2 T01D1 S600 M03;	设置刀具及主轴转速
N3 G00 X112. 0 Z0. 5;	N3 G00 X112. 0 Z0. 5;	快速到达循环起点
N4 G01 X0 F60;	N4 G01 X0 F60;	齐端面
N5 G00 X106. 0 Z2. 0;	N5 G00 X106. 0 Z2. 0;	退刀
N6 G01 Z－23. 0 F150;	N6 G01 Z－23. 0 F150;	粗车 ϕ105mm 外圆
N7 G00 X150. 0;	N7 G00 X150. 0;	X 向退刀
N8 Z100. 0;	N8 Z100. 0;	Z 向退刀
N9 M05;	N9 M05;	主轴停
N10 M00;	N10 M00;	程序暂停
N11 T0202 S800 M03;	N11 T02D1 S800 M03;	换 T02 刀具，设置主轴转速

（续）

FANUC 0i 系统数控程序	SIEMENS 802D 系统数控程序	注　　释
N12 G00 X108. 0 Z0. 0；	N12 G00 X108. 0 Z0. 0；	快速靠近工件
N13 G01 X0 F60；	N13 G01 X0 F60；	精车端面
N14 G00 X101. 0 Z2. 0；	N14 G00 X101. 0 Z2. 0；	退刀
N15 G01 Z0 F100；	N15 G01 Z0 F100；	靠近端面
N16 X105. 0 Z－2. 0；	N16 X105. 0 Z－2. 0；	倒角 C2
N17 Z－23. 0；	N17 Z－23. 0；	精车 ϕ105mm 外圆
N18 G00 X150. 0 Z100. 0；	N18 G00 X150. 0 Z100. 0；	快速退至换刀点
N19 M05；	N19 M05；	主轴停
N20 M00；	N20 M00；	程序暂停
N21 T0303 S600 M03；	N21 T03D1 S600 M03；	换内孔镗刀，设置主轴转速
N22 G00 X32. 0；	N22 G00 X32. 0；	X 向靠近工件
N23 Z2. 0；	N23 Z2. 0；	Z 向靠近工件
N24 G71 U0. 5 R0. 5； N25 G71 P26 Q30 U－0. 2 W0 F60；	CYCLE95（LZC62，0. 5，0，0. 2，，60，，，11，，，0. 5）；	调用循环，设置加工参数
N26 G01 X42. 0；		FANUC 0i 系统含义：轮廓精加工程序段；SIEMENS 802D 轮廓精加工子程序见表 6-10
N27 Z0. 0；		
N28 X40. 0 Z－1. 0；		
N29 Z－34. 0；		
N30 X32. 0；		
N31 G70 P26 Q30；		
N32 G00 X150. 0 Z100. 0；	N32 G00 X150. 0 Z100. 0；	退至换刀点
N33 M05；	N32 M05；	主轴停
N34 M30；	N33 M30；	程序结束

表 6-10　SIEMENS 802D 轮廓精加工子程序

程 序 内 容	注　　释
LZC62. SPF；	子程序名
N1 G01 X42. 0；	X 向进刀
N2 Z0. 0；	到达 Z 向起点
N3 X40. 0 Z－1. 0；	倒角 C1
N4 Z－34. 0；	精车内孔
N5 X32. 0；	X 向退刀
N6 M17；	子程序结束

（3）精加工右端轮廓

1）建立工件坐标系。夹住 ϕ105mm 外圆（用铜皮包住），用百分表找正，精加工右端面及轮廓。工件坐标系设在工件右端面轴线上，如图 6-4 所示。

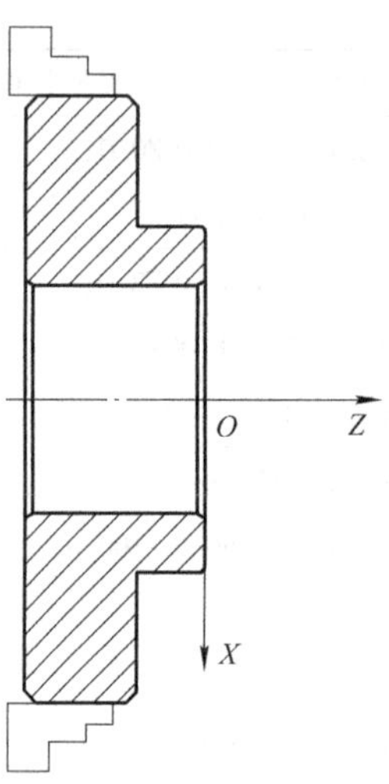

图 6-4 精加工右端轮廓时的工件坐标系

2）参考程序见表 6-11。

表 6-11 FANUC 0i 与 SIEMENS 802D 参考程序（精加工右端轮廓）

FANUC 0i 系统数控程序	SIEMENS 802D 系统数控程序	注释
O603;	SKC603. MPF;	程序名
N1 G40 G98 G97 G21;	N1 G40 G95 G97 G21;	设置初始化
N2 T0202 S800 M03;	N2 T02D1 S800 M03;	设置刀具及主轴转速
N3 G00 X64. 0 Z0. 0;	N3 G00 X64. 0 Z0. 0;	快速到达循环起点
N4 G01 X38. 0 F60;	N4 G01 X38. 0 F60;	精车端面
N5 G00 X54. 0 Z2. 0;	N5 G00 X54. 0 Z2. 0;	退刀
N6 G01 X60. 0 Z -1. 0 F100;	N6 G01 X60. 0 Z -1. 0 F100;	倒角 *C*1
N7 G01 Z -10. 0;	N7 G01 Z -10. 0;	精车 ϕ60mm 外圆
N8 X101. 0;	N8 X101. 0;	精车端面
N9 X105. 0 Z -12. 0;	N9 X105. 0 Z -12. 0;	倒角 *C*2
N10 X110. 0;	N10 X110. 0;	*X* 向退刀
N11 G00 X150. 0 Z100. 0;	N11 G00 X150. 0 Z100. 0;	快速退至换刀点
N12 M05;	N12 M05;	主轴停
N13 M00;	N13 M00;	程序暂停
N14 T0303 S600 M03;	N14 T03D1 S600 M03;	换 3 号刀
N15 G00 X42. 0 Z5. 0;	N15 G00 X42. 0 Z5. 0;	快速靠近工件
N16 G01 Z0 F60;	N16 G01 Z0 F60;	*Z* 向进刀
N17 X38. 0 Z -2. 0;	N17 X38. 0 Z -2. 0;	倒角 *C*1
N18 G00 Z100;	N18 G00 Z100;	*Z* 向退刀
N19 X150;	N19 X150;	*X* 向退刀
N20 M30;	N20 M30;	程序结束

6. 工件加工

（1）加工准备

1）检查毛坯尺寸。

2）开机，回参考点。

3）输入程序并校验。把编制好的加工程序输入到数控系统中，并应用空运行或图形模拟校验所编制的加工程序，验证程序合格后方能进行以下步骤。

4）装夹工件。用自定心卡盘夹住毛坯外圆，伸出大于10mm，找正并夹紧，粗加工右端面及ϕ61mm 外圆。调头装夹，齐端面，钻中心孔，粗精加工左端轮廓及内孔至尺寸。再调头装夹ϕ105mm 外圆（用铜皮包住），精加工右端轮廓。

5）装夹刀具。把外圆粗车刀、外圆精车刀、内孔镗刀按要求依次装入T01、T02及T03号刀位。

6）对刀。粗加工右端时，只对T01刀具即可；调头后，将T01、T02、T03三把刀具依次对好；再次调头，将T02、T03两把刀具对好即可。

（2）零件的自动加工　将数控车床置于自动加工模式，首先将加工程序调入数控系统，调好进给倍率进行自动加工，在加工过程中要进行精度控制，具体方法如下：

1）外圆及长度尺寸控制。左右两端轮廓均通过调整外圆精车刀（T02）X及Z向刀具磨损量，运行精加工程序。程序结束后停机测量，根据测量结果再修调刀具磨损量，重新执行外圆精加工程序，直到达到尺寸要求为止。

2）内孔精度控制。加工内孔前，把内孔镗刀（T03）刀具磨损量设置为－0.1～－0.2mm，精加工结束后停机测量，根据测量结果调整刀具磨损量，重新运行精加工程序指令，直至符合尺寸要求为止。

3）位置精度控制。该零件位置精度主要通过工件装夹及加工工艺来控制，在调头装夹过程中进行找正，通过找正保证位置精度的要求。

（3）加工结束　加工结束后应清理机床。

7. 操作注意事项

1）装夹刀具时，外圆车刀刀尖必须与主轴轴线等高，内孔镗刀可略高于主轴轴线。

2）调头时，必须重新对刀。

3）程序中设置的换刀点不一定适合实际加工，应根据具体情况设置最佳换刀点。

4）在加工过程中，应尽量采用试切、试测方法控制尺寸精度。

5）钻孔前，应先用中心钻钻中心孔，进行引钻。

试题七　套类零件的加工

一、考核目标

1）掌握中等复杂套类零件图的识读方法。

2）掌握中等复杂套类零件加工工艺的制订方法。

3）掌握中等复杂套类零件加工程序的编制方法。

4）掌握中等复杂套类零件加工刀具的选择方法。

5）掌握数控车床的操作方法。

二、考核要求

1. 总体要求

1）试题名称：中等复杂套类零件（图 7-1）。

2）本题分值：100 分。

3）考核时间：240min。

4）考核形式：操作。

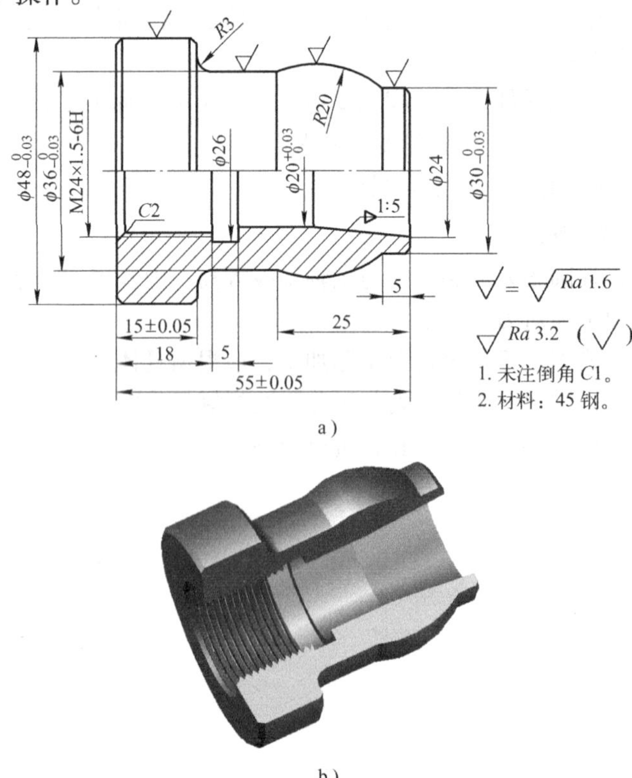

图 7-1　套类零件图

2. 配分及评分标准

1）操作技能考核总成绩见表7-1。

表7-1　操作技能考核总成绩表

序号	项目名称	配分	得分	备注
1	现场操作规范	10		
2	工件质量	90		
合　　计		100		

2）现场操作规范评分见表7-2。

表7-2　现场操作规范评分表

序号	项目	考核内容	配分	考场表现	得分
1	现场操作规范	正确使用机床	2		
2		正确使用量具	2		
3		合理使用刃具	2		
4		设备维护保养	4		
合计			10		

3）工件质量评分见表7-3。

表7-3　工件质量评分表

序号	考核项目		扣分标准	配分	得分
1	长度/mm	55 ±0.05	不合格不得分	6	
2		15 ±0.05	不合格不得分	6	
3		18	不合格不得分	4	
4		25	不合格不得分	4	
5		5	不合格不得分	4	
6	外圆/mm	$\phi48_{-0.03}^{0}$	每超差0.01mm扣2分	6	
7		$\phi36_{-0.03}^{0}$	每超差0.01mm扣2分	6	
8		$\phi30_{-0.03}^{0}$	每超差0.01mm扣2分	6	
9	内孔/mm	$\phi20_{0}^{+0.03}$	每超差0.01mm扣2分	6	
10	圆弧/mm	$R20$	不合格不得分	6	
11		$R3$	不合格不得分	2	
12	内沟槽/mm	$\phi26$	不合格不得分	4	
13		5	不合格不得分	4	
14	内螺纹/mm	M24	不合格不得分	5	
15		1.5	不合格不得分	3	
16	内锥/mm	$\phi24$	不合格不得分	4	
17	倒角	$C2$	不合格不得分	1	
18		$C1$（三处）	不合格不得分	3	

（续）

序号	考核项目		扣分标准	配分	得分
19	表面粗糙度值/μm	Ra1.6(四处)	降级不得分	4	
20		Ra3.2(六处)	降级不得分	6	
合计				90	
评分人		年　月　日	核分人		年　月　日

3. 准备清单

(1) 考场准备

1）材料准备见表7-4。

表7-4　材料准备

名　　称	规　　格	数　　量	要　　求
45钢	ϕ50mm×60mm	1件/考生	考场准备

2）设备准备见表7-5。

表7-5　设备准备

名　　称	规　　格	数　　量	要　　求
数控车床	根据考点情况选择	1台/考生	考场准备
自定心卡盘	对应工件	1副/台	
自定心卡盘扳手	对应机床	1副/台	
刀架扳手	对应机床	1副/台	
钻夹头	对应机床	1副/台	
螺纹塞规	M24×1.5-6H	1套/台	

(2) 考生准备　考生主要准备工具、量具、刀具及其他，见表7-6。

表7-6　工具、量具、刀具及其他准备

序号	名　　称	型　　号	数量	要求
1	外圆粗车刀	90°粗车刀	1	考生自备
2	外圆精车刀	93°精车刀	1	
3	内孔镗刀	ϕ30～40mm 最大有效深度40mm	1	
4	内孔切槽刀	刀宽3mm、最大有效深度30mm	1	
5	内螺纹刀	60°	1	
6	中心钻	A3.15/10 GB/T 6078.1—1998	1	
7	麻花钻	ϕ18mm	1	
8	千分尺	25～50mm	1	
9	游标卡尺	0.02mm/0～150mm	1	
10	内径百分表	0.01mm/18～35mm	1	
11	薄铜皮	0.05～0.10mm	若干	
12	磁性表座		1	

（续）

序号	名　称	型　号	数量	要求
13	百分表	0.01mm/10mm	1	
14	垫刀片		若干	
15	毛刷		自定	考生自备
16	铁屑钩		自定	
17	其他	草稿纸、计算机、劳保装备等	自定	

4. 说明

1）出现危及考生或他人安全的状况应终止考试，如果是由于考生操作失误所致，考生该题成绩记零分。

2）因考生操作失误所致，导致设备故障且当场无法排除应终止考试，考生该题成绩记零分。

3）因刀具、工具损坏而无法继续应终止考试。

三、考核实施

本题主要考核对套类零件的加工，要求考生通过对套类零件的图样分析，合理制订出加工方案，熟练掌握加工前的准备，刀具与工件的安装，程序的编制、输入与校验，零件的加工、检测等各项操作方法。

1. 图样分析

如图 7-1 所示，该套类零件主要由外圆、圆弧、端面、内孔、内螺纹、内沟槽、内锥体等轮廓组成。零件大外圆为 $\phi48^{\ 0}_{-0.03}$mm，宽为 15mm ±0.05mm，两边有 C1 倒角。中间外圆直径为 $\phi36^{\ 0}_{-0.03}$mm，宽由总长 55mm ±0.05mm、长度 25mm 和 15 ±0.05mm 以及 R3mm 确定。小外圆直径为 $\phi30^{\ 0}_{-0.03}$mm，宽为 5mm，右端有 C1 倒角。小外圆与中间外圆通过 R20mm 圆弧连接，圆弧 Z 向长度由长度 25mm 和 5mm 确定。中间外圆与大外圆之间有一个 R3mm 圆弧。

M24 ×1.5 -6H 内螺纹的长度为 18mm。内沟槽直径为 $\phi26$mm，宽为 5mm，位置由尺寸 18mm 确定。内锥大端直径为 $\phi24$mm，小端直径为 $\phi20^{+0.03}_{\ 0}$mm，锥度为 1:5。内孔直径为 $\phi20^{+0.03}_{\ 0}$mm，长度由总长 55mm ±0.05mm、螺纹尺寸 18mm、内沟槽宽度 5mm 以及内锥长度确定。外轮廓表面粗糙度值要求为 Ra1.6μm，其余加工表面为 Ra3.2μm。该零件尺寸标注完整，轮廓描述清楚，零件材料为 45 钢，无热处理和硬度要求，适合在数控车床上加工。

2. 难点分析

图 7-1 所示套类零件结构比较复杂，内外尺寸精度及表面加工质量要求比较高。如何保证这些加工要求是该零件的加工难点，也是制订加工工艺需要重点考虑的问题。

3. 工艺分析

通过对图样和难点分析可知，为了保证零件的尺寸精度和表面加工质量，在编制工艺时，应按粗精加工分开原则进行编制。精加工时，零件的内外圆表面及端面应尽量在一次安装中加工出来，由此可制订以下加工步骤：

1）夹住毛坯 ϕ50mm 外圆，伸出长度大于40mm，车平端面，粗加工右端外圆至 ϕ42mm×40mm。

2）调头装夹 ϕ42mm 外圆，粗精车端面，保证总长56mm，粗精车外圆至尺寸。手动钻中心孔进行引钻，用 ϕ18mm 麻花钻钻孔，粗精镗内孔至尺寸。车内沟槽及M24×1.5mm 螺纹。

3）调头装夹 ϕ48mm 外圆（包铜皮）、并用百分表找正，精车右端面及外圆。粗精镗内锥和 $\phi20^{+0.03}_{0}$mm 内孔。

4. 相关工艺卡片的填写

1）数控加工刀具卡见表7-7。

表7-7 套类零件数控加工刀具卡

产品名称或代号		×××	零件名称	×××	零件图号	××
序号	刀具号	刀具规格名称	数量	加工表面	刀尖半径/mm	备注
1	T1	中心钻	1	钻中心孔		A3.15
2	T2	ϕ18mm 麻花钻	1	钻孔		
3	T01	90°粗车刀	1	工件外轮廓粗车	0.4	20×20
4	T02	93°精车刀	1	工件外轮廓精车	0.2	20×20
5	T03	内孔镗刀	1	粗精车内孔	0.2	20×20
6	T04	内沟槽刀	1	加工内沟槽		20×20
7	T05	60°内螺纹刀	1	加工内螺纹		0×20
编制		审核	批准	年 月 日	共 页	第 页

2）数控加工工艺卡见表7-8。

表7-8 套类零件数控加工工艺卡

单位名称	×××	产品名称或代号		零件名称		零件图号	
		×××		×××		××	
工序号	程序编号	夹具名称		使用设备		车间	
001	×××	自定心卡盘		CK6140		数控	
工步号	工步内容	刀具号	刀具规格/mm	主轴转速/r·min⁻¹	进给速度/mm·min⁻¹	背吃刀量/mm	备注
1	粗车右端面及轮廓	T01	20×20	600	150	2.0	自动
2	粗车左端面及轮廓	T01	20×20	600	150	1.5	自动
3	精车左端面及轮廓	T02	20×20	800	100	0.5	自动
4	手动钻 ϕ18mm 通孔	T1、T2		200			手动
5	粗精镗内孔	T03	20×20	600	60	0.5	自动
6	车内沟槽	T04	20×20	300	50	3.0	自动
7	车内螺纹	T05	20×20	600	900		自动
8	精车右端面及轮廓	T02	20×20	800	100	0.5	自动
9	粗精镗内锥及内孔	T03	20×20	600	60	0.5	自动
编制		审核		批准	年 月 日	共 页	第 页

5. 程序编制

(1) 粗加工右端面及轮廓

1) 建立工件坐标系。夹住毛坯外圆，加工右端面及轮廓，工件伸出长度大于40mm。工件坐标系设在工件右端面轴线上，如图7-2所示。

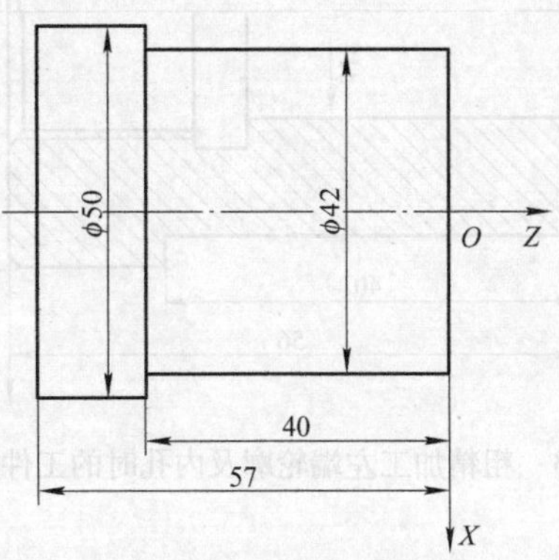

图7-2　粗加工右端面及轮廓时的工件坐标系

2) 参考程序见表7-9。

表7-9　FANUC 0i与SIEMENS 802D参考程序（粗加工右端面及轮廓）

FANUC 0i系统数控程序	SIEMENS 802D系统数控程序	注释
O701;	SKC701. MPF;	程序名
N1 G40 G98 G97 G21;	N1 G40 G98 G97 G21;	设置初始化
N2 T0101 S600 M03;	N2 T01D1 S600 M03;	设置刀具及主轴转速
N3 G00 X52. 0 Z0. 0;	N3 G00 X52. 0 Z0. 0;	快速到达循环起点
N4 G01 X0 F60;	N4 G01 X0 F60;	车端面
N5 G00 X46. 0 Z2. 0;	N5 G00 X46. 0 Z2. 0;	退刀
N6 G01 Z-40. 0 F150;	N6 G01 Z-40. 0 F150;	粗车ϕ46mm外圆
N7 X52. 0;	N7 X52. 0;	车端面
N8 G00 Z2. 0;	N8 G00 Z2. 0;	Z向退刀
N9 G01 X42. 0 F150;	N9 G01 X42. 0 F150;	X向进刀
N10 Z-40. 0;	N10 Z-40. 0;	粗车ϕ42mm外圆
N11 X52. 0	N11 X52. 0	车端面
N12 G00 X100. 0 Z100. 0;	N12 G00 X100. 0 Z100. 0;	快速退至换刀点
N13 M30;	N13 M30;	程序结束

(2) 粗精加工左端轮廓及内孔

1) 建立工件坐标系。夹住ϕ42mm外圆，加工左端面及轮廓，粗精加工内孔，车内沟槽及内螺纹，工件坐标系如图7-3所示。

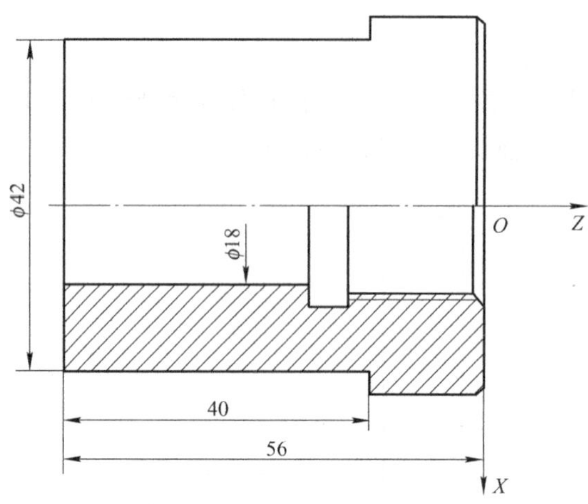

图 7-3　粗精加工左端轮廓及内孔时的工件坐标系

2）参考程序见表 7-10。

M24 内螺纹的牙深 $H=0.6495\times1.5\text{mm}=0.974\text{mm}$

表 7-10　FANUC 0i 与 SIEMENS 802D 参考程序（粗精加工左端轮廓及内孔）

FANUC 0i 系统数控程序	SIEMENS 802D 系统数控程序	注释
O702;	SKC702. MPF;	程序名
N1 G40 G98 G97 G21;	N1 G40 G95 G97 G21;	设置初始化
N2 T0101 S600 M03;	N2 T01D1 S600 M03;	设置刀具及主轴转速
N3 G00 X52.0 Z0.5;	N3 G00 X52.0 Z0.5;	快速到达循环起点
N4 G01 X0 F60;	N4 G01 X0 F60;	齐端面
N5 G00 X48.5 Z2.0;	N5 G00 X48.5 Z2.0;	退刀
N6 G01 Z-17.0 F150;	N6 G01 Z-17.0 F150;	粗车 φ48mm 外圆
N7 G00 X150.0;	N7 G00 X150.0;	*X* 向退刀
N8 Z100.0;	N8 Z100.0;	*Z* 向退刀
N9 M05;	N9 M05;	主轴停
N10 M00;	N10 M00;	程序暂停
N11 T0202 S800 M03;	N11 T02D1 S800 M03;	换 T02 刀具，设置主轴转速
N12 G00 X52.0 Z0.0;	N12 G00 X52.0 Z0.0;	快速靠近工件
N13 G01 X0 F60;	N13 G01 X0 F60;	精车端面
N14 G00 X46.0 Z2.0;	N14 G00 X46.0 Z2.0;	退刀
N15 G01 Z0 F100;	N15 G01 Z0 F100;	靠近端面
N16 X48.0 Z-1.0;	N16 X48.0 Z-1.0;	倒角 *C*1
N17 Z-17.0;	N17 Z-17.0;	精车 φ48mm 外圆
N18 G00 X150.0 Z100.0;	N18 G00 X150.0 Z100.0;	快速退至换刀点
N19 M05;	N19 M05;	主轴停
N20 M00;	N20 M00;	程序暂停

（续）

FANUC 0i 系统数控程序	SIEMENS 802D 系统数控程序	注释
手动钻 ϕ18mm 通孔		
N21 T0303 S600 M03；	N21 T03D1 S600 M03；	换内孔刀，设置主轴转速
N22 G00 X16.0；	N22 G00 X16.0；	*X* 向靠近工件
N23 Z2.0；	N23 Z2.0；	*Z* 向靠近工件
N24 G71 U0.5 R0.5； N25 G71 P26 Q30 U-0.2 W0 F60；	CYCLE95（LZC72，0.5，0，0.2，，60，，，11，，，0.5）；	调用循环，设置加工参数
N26 G01 X26.38；		FANUC 0i 系统含义：轮廓精加工程序段；SIEMENS 802D 轮廓精加工子程序见表 7-11
N27 Z0.0；		
N28 X22.38 Z-2.0；		
N29 Z-23.0；		
N30 X16.0；		
N31 G70 P26 Q30；		
N32 G00 X150.0 Z100.0；	N32 G00 X150.0 Z100.0；	退至换刀点
N33 M05；	N32 M05；	主轴停
N34 M00；	N33 M00；	程序暂停
N35 T0404 S300 M03；	N34 T04D1 S300 M03；	换内沟槽刀
N36 G00 X16.0 Z5.0；	N35 G00 X16.0 Z5.0；	快速靠近工件
N37 Z-23.0；	N36 Z-23.0；	*Z* 向进刀
N38 X26.0 F60；	N37 X26.0 F60；	切槽
N39 X16.0；	N38 X16.0；	*X* 向退刀
N40 Z-21.0；	N39 Z-21.0；	*Z* 向移动
N41 X26.0；	N40 X26.0；	切槽
N42 X16.0；	N41 X16.0；	*X* 向退刀
N43 G00 Z5.0；	N42 G00 Z5.0；	*Z* 向退刀
N44 X100.0 Z50.0；	N43 X100.0 Z50.0；	退至换刀点
N45 M05；	N44 M05；	主轴停
N46 M00；	N45 M00；	程序暂停
N47 T0505 S600 M03；	N46 T05D1 S600 M03；	换内螺纹刀
N48 G00 X18.0 Z3.0；	N47 G00 X18.0 Z3.0；	快速靠近工件
N49 G92 X22.8 Z-20.0 F1.5；	CYCLE97（1.5，，0，-18.0，22.052，22.052，3.0，2.0，0.974，0.05，，，5，1，4，1）；	FANUC0i 采用 G92 指令加工内螺纹，SIEMENS 802D 采用 CYCLE97 加工内螺纹
N50 X23.3；		
N51 X23.6；		
N52 X23.9；		
N53 X24.0；		
N54 X24.0；		
N55 G00 X100.0 Z100.0；	N54 G00 X100.0 Z100.0；	刀具快速退至换刀点
N56 M05；	N55 M05；	主轴停
N57 M30；	N56 M30；	程序结束

表 7-11　SIEMENS 802D 轮廓精加工子程序

程序内容	注　释
LZC72. SPF;	子程序名
N1 G01 X26. 38;	X 向进刀
N2 Z0. 0;	到达 Z 向起点
N3 X22. 38 Z – 2. 0;	倒角 C2
N4 Z – 23. 0;	精车内孔
N5 X16. 0;	X 向退刀
N6 M17;	子程序结束

（3）精加工右端轮廓

1）建立工件坐标系。夹住 ϕ48mm 外圆（用铜皮包住），用百分表找正，精加工右端面及轮廓。工件坐标系设在工件右端面轴线上，如图 7-4 所示。

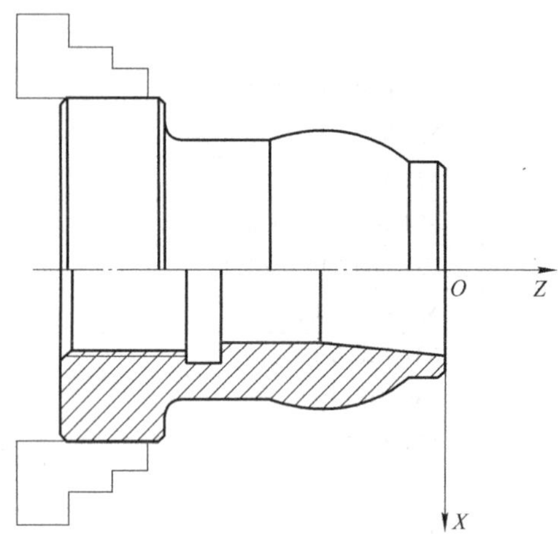

图 7-4　精加工右端轮廓时的工件坐标系

2）参考程序见表 7-12。

表 7-12　FANUC 0i 与 SIEMENS 802D 参考程序（精加工右端轮廓）

FANUC 0i 系统数控程序	SIEMENS 802D 系统数控程序	注　释
O703;	SKC703. MPF;	程序名
N1 G40 G98 G97 G21;	N1 G40 G95 G97 G21;	设置初始化
N2 T0202 S800 M03;	N2 T02D1 S800 M03;	设置刀具及主轴转速
N3 G00 X44. 0 Z0. 0;	N3 G00 X44. 0 Z0. 0;	快速到达循环起点
N4 G01 X16. 0 F60;	N4 G01 X16. 0 F60;	精车端面
N5 G00 X50. 0 Z2. 0;	N5 G00 X50. 0 Z2. 0;	退刀
N6 G73 U7. 0 W2. 0 R5;	CYCLE95 (LZC73, 1. 5, 0, 0. 5, , 100, , , 11, , , 0. 5);	调用循环，设置加工参数
N7 G73 P8 Q16 U0. 5 W0 F100;		
N8 G01 G42 X28. 0 Z0. 0;		FANUC 0i 系统含义：轮廓精加工程序段；SIEMENS 802D 右端轮廓精加工子程序见表 7-13
N9 X30. 0 Z – 1. 0;		

（续）

FANUC 0i 系统数控程序	SIEMENS 802D 系统数控程序	注　　释
N10 Z－5.0；		
N11 G03 X36.0 Z－25.0 R20.0；		
N12 G01Z－37.0；		
N13 G02 X42.0 Z－40.0 R3.0；		FANUC 0i 系统含义：轮廓精加工程序段；SIEMENS 802D 右端轮廓精加工子程序见表 7-13
N14 G01 X46.0；		
N15 X48.0 Z－41.0；		
N16 X50.0；		
N17 G70 P8 Q16 F100；		
N18 G00 G40 X100.0 Z100.0；	N18 G00 G40 X100.0 Z100.0；	快速退至换刀点，取消刀尖圆弧半径补偿
N19 M05；	N19 M05；	主轴停
N20 M00；	N20 M00；	程序暂停
N21 T0303 S600 M03；	N21 T03D1 S600 M03；	X 向退刀
N22 G00 X16.0 Z2.0；	N22 G00 X16.0 Z2.0；	快速靠近工件
N23 G71 U0.5 R0.5； N24 G71 P25 Q29 U-0.2 W0 F60；	CYCLE95(LZC74,0.5,0,0.2,,60,,,11,,,0.5)；	调用循环，设置加工参数
N25 G00 G42 X24.0；		
N26 G01 Z0；		
N27 X20.0 Z－20.0；		FANUC 0i 系统含义：轮廓精加工程序段；SIEMENS 802D 右端内孔精加工子程序见表 7-14
N28 Z－33.0；		
N29 X16.0；		
N30 G70 P25 Q29；		
N31 G00 G40 X100.0 Z100.0；	N31 G00 G40 X100.0 Z100.0；	快速退至换刀点
N32 M05；	N32 M05；	主轴停
N33 M30	N33 M30	程序结束

表 7-13　SIEMENS 802D 右端轮廓精加工子程序

程 序 内 容	注　　释
LZC73.SPF；	子程序名
N1 G01 G42 X28.0 Z0.0；	快速靠近工件
N2 X30.0 Z－1.0；	倒角 $C1$
N3 Z－5.0；	精车 $\phi30$mm 外圆
N4 G03 X36.0 Z－25.0 R20.0；	精车 $R20$mm 圆弧
N5 G01 Z－37.0；	精车 $\phi36$mm 外圆
N6 G02 X42.0 Z－40.0 R3.0；	精车 $R3$mm 圆弧
N7 G01 X46.0；	精车端面
N8 X48.0 Z－41.0；	倒角 $C1$
N9 X50.0；	X 向退刀
N10 M17；	子程序结束

表 7-14　SIEMENS 802D 右端内孔精加工子程序

程序内容	注　释
LZC74. SPF;	子程序名
N1 G00 G42 X24.0;	快速靠近工件
N2 G01 Z0;	到达锥体加工起点
N3 X20.0 Z－20.0;	精加工锥体
N4 Z－33.0;	精车 ϕ20mm 圆弧
N5 X16.0;	X 向退刀
N6 M17;	子程序结束

6. 工件加工

（1）加工准备

1）检查毛坯尺寸。

2）开机，回参考点。

3）输入程序并校验。把编制好的加工程序输入到数控系统中，并应用空运行或图形模拟校验所编制的加工程序，验证程序合格后方能进行以下步骤。

4）装夹工件。夹住毛坯 ϕ50mm 外圆，伸出长度大于 40mm，车平端面，粗加工右端外圆至 $\phi42\times40$mm。调头装夹 ϕ42mm 外圆，粗精车端面、外圆及内孔。再调头装夹 ϕ48mm 外圆（包铜皮），并用百分表找正，精车右端面，外圆及内孔。

5）装夹刀具。把外圆粗车刀、外圆精车刀、内孔镗刀、内沟槽刀、内螺纹刀按要求依次装入 T01、T02、T03、T04 及 T05 号刀位。

6）对刀。粗加工右端时，只对 T01 刀具即可；调头后，将 T01、T02、T03 、T04、T05 五把刀具依次对好；再次调头，将 T02、T03、T04 三把刀具对好即可。

（2）零件的自动加工　将数控车床置于自动加工模式，首先将加工程序调入数控系统，调好进给倍率进行自动加工，在加工过程中要进行精度控制，具体方法如下：

1）外圆及长度尺寸控制。左右两端轮廓均通过调整外圆精车刀（T02）X 及 Z 向刀具磨损量，运行精加工程序。程序结束后停机测量，根据测量结果再修调刀具磨损量，重新执行外圆精加工程序，直到达到尺寸要求为止。

2）内孔精度控制。加工内孔前，把内孔镗刀（T03）刀具磨损量设置为 －0.1 ~ －0.2mm，精加工结束后停机测量，根据测量结果调整刀具磨损量，重新运行精加工程序指令，直至符合尺寸要求为止。

3）螺纹精度控制。加工螺纹前，把螺纹刀（T05）刀具磨损量设置为 －0.1 ~ －0.2mm，螺纹循环运行后停机测量，根据测量结果调整刀具磨损量，重新运行螺纹循环指令，直至符合尺寸要求为止。

（3）加工结束　加工结束后应清理机床。

7. 操作注意事项

1）装夹刀具时，外圆车刀刀尖必须与主轴轴线等高，内孔镗刀可略高于主轴轴线。

2）调头时，必须重新对刀。

3）程序中设置的换刀点不一定适合实际加工，应根据具体情况设置最佳换刀点。

4）在加工过程中，应尽量采用试切、试测方法控制尺寸精度。

5）钻孔前应先用中心钻钻中心孔，进行引钻。

试题八　双线螺纹轴的加工

一、考核目标

1）掌握双线螺纹轴零件图的识读方法。
2）掌握双线螺纹轴加工工艺的制订方法。
3）掌握螺纹加工指令的应用方法。
4）掌握双线螺纹轴加工程序的编制方法。
5）掌握数控车床的操作方法。

二、考核要求

1. 总体要求

1）试题名称：双线螺纹轴（图 8-1）。
2）本题分值：100 分。
3）考核时间：180min。
4）考核形式：操作。

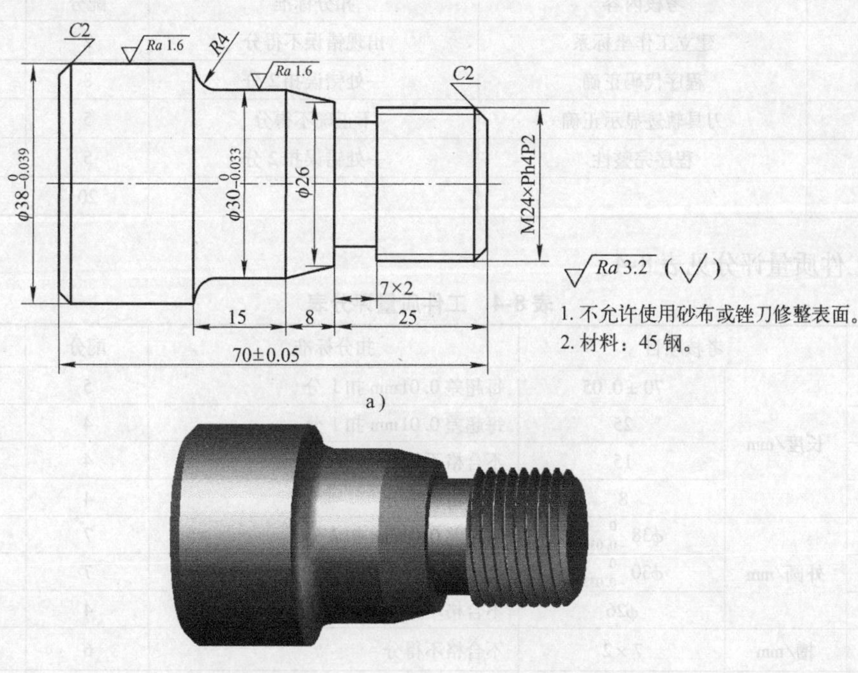

图 8-1　双线螺纹轴零件图

2. 配分及评分标准

1）操作技能考核总成绩见表8-1。

表8-1 操作技能考核总成绩表

序号	项目名称	配分	得分	备注
1	现场操作	10		
2	程序编制	20		
3	工件质量	70		
合计		100		

2）现场操作规范评分见表8-2。

表8-2 现场操作规范评分表

序号	项目	考核内容	配分	考场表现	得分
1	现场操作规范	正确使用机床	2		
2		正确使用量具	2		
3		合理使用刃具	2		
4		设备维护保养	4		
合计			10		

3）程序编制评分见表8-3。

表8-3 程序编制评分表

序号	考核内容	扣分标准	配分	得分
1	建立工作坐标系	出现错误不得分	2	
2	程序代码正确	一处错误扣2分	8	
3	刀具轨迹显示正确	不正确不得分	5	
4	程序完整性	一处错误扣2分	5	
合计			20	

4）工件质量评分见表8-4。

表8-4 工件质量评分表

序号	考核项目		扣分标准	配分	得分
1	长度/mm	70±0.05	每超差0.01mm扣1分	5	
2		25	每超差0.01mm扣1分	4	
3		15	不合格不得分	4	
4		8	不合格不得分	4	
5	外圆/mm	$\phi38_{-0.039}^{\ 0}$	每超差0.01mm扣2分	7	
6		$\phi30_{-0.033}^{\ 0}$	每超差0.01mm扣2分	7	
7		$\phi26$	不合格不得分	4	
8	槽/mm	7×2	不合格不得分	6	
9	双线螺纹/mm	头数2	不合格不得分	2	
		M24	不合格不得分	6	
		螺距2	不合格不得分	2	

（续）

序号	考核项目		扣分标准	配分	得分
10	圆弧/mm	R4	不合格不得分	6	
11	倒角	C2(二处)	不合格不得分	4	
12	表面粗糙度值/μm	Ra1.6(二处)	降级不得分	4	
13		Ra3.2(五处)	降级不得分	5	
合计				70	
评分人		年 月 日	核分人	年 月 日	

3. 准备清单

(1) 考场准备

1）材料准备见表8-5。

表8-5 材料准备

名 称	规 格	数 量	要 求
45钢	ϕ40mm×75mm	1件/考生	考场准备

2）设备准备见表8-6。

表8-6 设备准备

名 称	规 格	数 量	要 求
数控车床	根据考点情况选择	1台/考生	考场准备
自定心卡盘	对应工件	1副/台	
自定心卡盘扳手	对应机床	1副/台	
刀架扳手	对应机床	1副/台	

(2) 考生准备 考生主要准备工具、量具、刀具及其他，见表8-7。

表8-7 工具、量具、刀具及其他准备

序号	名 称	型 号	数量	要求
1	外圆粗车刀	90°粗车刀	1	考生自备
2	外圆精车刀	93°精车刀	1	
3	切槽刀	4mm宽	1	
4	螺纹刀	60°	1	
5	千分尺	25~50mm	1	
6	游标卡尺	0.02mm/0~150mm	1	
7	游标深度卡尺	0.02mm/0~150mm	1	
8	圆弧样板	R4mm	1	
9	薄铜皮	0.05~0.10mm	若干	
10	磁性表座		1	
11	百分表	分度值为0.01mm	1	
12	垫刀片		若干	
13	毛刷		自定	
14	铁屑钩		自定	
15	其他	草稿纸、计算机、劳保装备等	自定	

4. 说明

1）出现危及考生或他人安全的状况应终止考试，如果是由于考生操作失误所致，考生该题成绩记零分。

2）因考生操作失误所致，导致设备故障且当场无法排除应终止考试，考生该题成绩记零分。

3）因刀具、工具损坏而无法继续应终止考试。

三、考核实施

本题通过对双线螺纹轴的加工，考核学生对外圆、圆弧、锥体、槽与双线螺纹等内容的综合掌握。要求考生通过图样分析，合理制订出加工方案，熟练掌握加工前的准备，刀具与工件的安装，程序的编制、输入与校验，零件的加工、检测等各项操作方法。

1. 图样分析

如图 8-1 所示，该零件主要由外圆、圆弧、锥体、槽、双线螺纹等轮廓组成。零件右端为 M24×Ph4P2mm 双线螺纹，其长度为 18mm，螺纹右端倒角为 $C2$。螺纹退刀槽宽为 7mm，槽深 2mm。锥体小端直径为 $\phi26$mm，大端直径为 $\phi30_{-0.033}^{\ 0}$mm，长度为 8mm。凹弧半径为 $R4$mm，起点直径为 $\phi30_{-0.033}^{\ 0}$mm，终点直径为 $\phi38_{-0.039}^{\ 0}$mm。$\phi38_{-0.039}^{\ 0}$mm 外圆的长度由总长及其他长度尺寸确定。该零件尺寸标注完整，轮廓描述清楚，零件材料为 45 钢，无热处理和硬度要求，适合在数控车床上加工。

2. 难点分析

通过分析可知，双线螺纹的加工是该零件的加工难点，不仅要保证双线螺纹的尺寸精度和形状精度（每条螺纹的小径要相等，每条螺纹的牙型角也要相等），而且还要保证两条螺纹的相互位置精度（分线精度）。

3. 工艺分析

双线螺纹的加工不能像加工普通单头螺纹一样，利用数控车床提供螺纹加工指令编程一次加工成形，必须要经过粗车和精车两个工艺过程，并且要在这两个工艺过程之间加上测量环节，根据测量值进行数控车床的磨耗调整后再进行精加工，这样才能够保证双线螺纹的尺寸精度和形状精度。加工双线螺纹时，当第一条螺旋线加工完成后，第二条螺旋线的加工起始位置在 Z 方向偏移一个螺距即可。

根据上述分析，可制订以下加工步骤：

1）夹住毛坯外圆，伸出长度大于 30mm，粗精加工零件左端面及轮廓。

2）调头装夹，齐端面，保证总长，粗精加工右端轮廓。

3）用切槽刀加工螺纹退刀槽。

4）加工 M24×Ph4P2mm 双线螺纹。

4. 相关工艺卡片的填写

1）数控加工刀具卡见表 8-8。

表 8-8　双线螺纹轴数控加工刀具卡

产品名称或代号		×××	零件名称	双线螺纹轴	零件图号	××
序号	刀具号	刀具规格名称	数量	加工表面	刀尖半径/mm	备注
1	T01	90°粗车刀	1	工件外轮廓粗车	0.4	20×20
2	T02	93°精车刀	1	工件外轮廓精车	0.2	20×20
3	T03	4mm 宽切槽刀	1	槽与切断		20×20
4	T04	60°外螺纹刀	1	螺纹		20×20
编制		审核	批准		年　月　日　共　页	第　页

2）数控加工工艺卡见表 8-9。

表 8-9 双线螺纹轴数控加工工艺卡

单位名称	×××	产品名称或代号		零件名称		零件图号	
		×××		×××		××	
工序号	程序编号	夹具名称		使用设备		车间	
001	×××	自定心卡盘		CK6140		数控	
工步号	工步内容	刀具号	刀具规格/mm	主轴转速/r·min⁻¹	进给速度/mm·min⁻¹	背吃刀量/mm	备注
1	粗精车左端面及轮廓	T01	20×20	600	150	1.5	自动
2	粗车右端外轮廓	T01	20×20	600	150	1.5	自动
3	精车右端外轮廓	T02	20×20	G96 S200	100	0.5	自动
4	切槽	T03	20×20	300	60	4.0	自动
5	粗车螺纹	T04	20×20	800			自动
6	精车螺纹	T04	20×20	800			自动
编制	审核	批准		年 月 日		共 页	第 页

5. 程序编制

(1) 加工左端面及轮廓

1）建立工件坐标系。夹住毛坯外圆，加工左端面及轮廓，工件伸出长度大于 30mm。工件坐标系设在工件左端面轴线上，如图 8-2 所示。

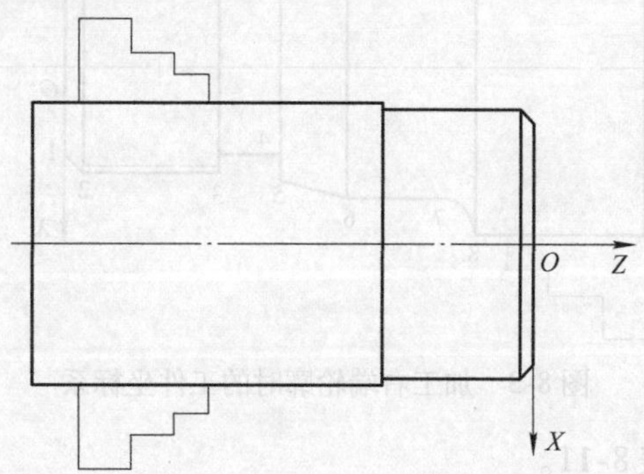

图 8-2 加工左端面及轮廓时的工件坐标系

2）参考程序见表 8-10。

表 8-10 左端加工程序

FANUC 0i 系统数控程序	SIEMENS 802D 系统数控程序	注 释
O801;	SKC801. MPF;	程序名
N1 G40 G98 G97 G21;	N1 G40 G95 G97 G21;	设置初始化
N2 T0101 S600 M03;	N2 T01D1 S600 M03;	设置刀具及主轴转速
N3 G00 X42.0 Z0.0;	N3 G00 X42.0 Z0.0;	快速到达循环起点
N4 G01 X0 F60;	N4 G01 X0 F60;	齐端面
N5 G00 X38.5 Z2.0;	N5 G00 X38.5 Z2.0;	退刀

（续）

FANUC 0i 系统数控程序	SIEMENS 802D 系统数控程序	注　　释
N6 G01 Z－25.0 F100；	N6 G01 Z－25.0 F100；	粗车 ϕ38mm 外圆
N7 X42.0；	N7 X42.0；	X 向退刀
N8 G00 X100.0 Z50.0；	N8 G00 X100.0 Z50.0；	快速退至换刀点
N9 M05；	N9 M05；	主轴停
N10 M00；	N10 M00；	程序暂停，测量工件
N11 T0101 S800 M03；	N11 T0101 S800 M03；	主轴正转，转速为 800r/min
N12 G00 X38.0 Z2.0；	N12 G00 X38.0 Z2.0；	快速靠近工件
N13 G01 G01 Z－25.0 F80；	N13 G01 G01 Z－25.0 F80；	精车 ϕ38mm 外圆
N14 X42.0；	N14 X42.0；	X 向退刀
N15 G00 X100.0 Z50.0；	N15 G00 X100.0 Z50.0；	快速退至换刀点
N16 M30；	N16 M30；	程序结束

（2）加工右端面及轮廓

1）建立工件坐标系。用自定心卡盘夹住 ϕ38mm 外圆（用铜皮包住），粗精车右端面及轮廓。工件坐标系设在工件右端面轴线上，如图 8-3 所示。

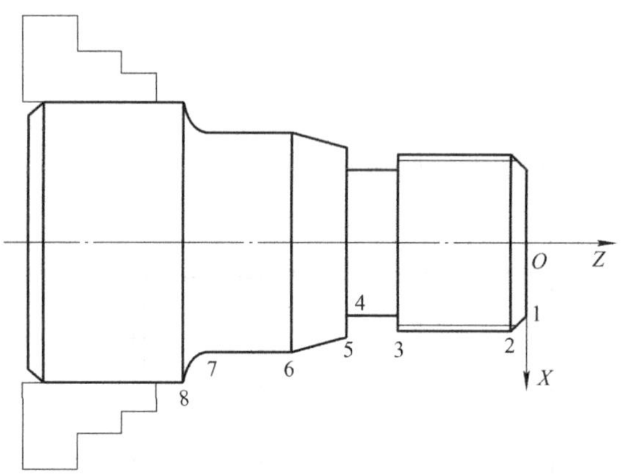

图 8-3　加工右端轮廓时的工件坐标系

2）基点的坐标值见表 8-11。

表 8-11　基点的坐标值

基点	坐标值(X,Z)	基点	坐标值(X,Z)
O	(0,0)	5	(26.0，－25.0)
1	(20.0,0)	6	(30.0，－33.0)
2	(24.0，－2.0)	7	(30.0，－44.0)
3	(24.0，－18.0)	8	(38.0，－48.0)
4	(20.0，－25.0)		

3）参考程序见表 8-12。

螺纹牙高　　$h=0.6495P=0.6495\times2\text{mm}=1.299\text{mm}$

螺纹小径　　$d=D-1.299\times2\text{mm}=24-1.299\times2\text{mm}=21.4\text{mm}$

表 8-12　FANUC 0i 与 SIEMENS 802D 参考程序

FANUC 0i 系统数控程序	SIEMENS 802D 系统数控程序	注　释
O802;	SKC802. MPF;	程序名
N1 G40 G98 G97 G21;	N1 G40 G95 G97 G21;	设置初始化
N2 T0101 S600 M03;	N2 T01D1 S600 M03;	设置刀具及主轴转速
N3 G00 X42. 0 Z0. 0;	N3 G00 X42. 0 Z0. 0;	快速到达循环起点
N4 G01 X0 F50;	N4 G01 X0 F50;	
N5 G00 X42. 0 Z2. 0;	N5 G00 X42. 0 Z2. 0;	
N6 G71 U1. 5 R0. 5;	CYCLE95 (LZC82, 1. 5, 0, 0. 5, , 150, , , 1, , , 0. 5);	调用毛坯外圆循环,设置加工参数
N7 G71 P8 Q16 U1. 0 W0 F150;		
N8 G00 X19. 74;		FANUC 0i 系统含义:轮廓精加工程序段 SIEMENS 802D 轮廓精加工子程序见表 8-13
N9 G01 Z0;		
N10 X23. 74 Z－2. 0;		
N11 Z－25. 0;		
N12 X26. 0;		
N13 X30. 0 Z－33. 0;		
N14 Z－44. 0;		
N15 G02 X38. 0 Z－48. 0 R4. 0;		
N16 G01 X42. 0;		
N17 G00 X100. 0 Z50. 0;	N6 G00 X100. 0 Z50. 0;	刀具快速退至换刀点
N18 M05;	N7 M05;	主轴停
N19 M00;	N8 M00;	程序暂停
N20 T0202 G96 S200 M03;	N9 T02D1 G96 S200 M03;	调用精车刀,恒线速度切削
N21 G50 S2000;	N10 LIMS＝2000;	限制主轴最高转速
N22 G00 G42 X42. 0 Z2. 0;	N11 G00 G42 X42. 0 Z2. 0;	刀具快速靠近工件
N23 G70 P8 Q16 F100;	N12 LZC82;	FANUC0i 系统采用 G70 进行精加工,SIEMENS 802D 采用子程序进行精加工
N24 G00 G40 X100. 0 Z50. 0;	N13 G00 G40 X100. 0 Z50. 0;	刀具退至换刀点,取消刀具半径补偿
N25 M05;	N14 M05;	主轴停
N26 G97 T0303 S300 M03;	N15 G97 T03D1 S300 M03;	换切槽刀(左刀尖对刀)
N27 G00 X30. 0 Z－25. 0;	N15 G00 X30. 0 Z－25. 0;	快速到达切槽起点
N28 G01 X20. 2 F50;	N16 G01 X20. 2 F50;	切第一刀,*X* 向留 0. 2mm 余量
N29 X30. 0;	N17 X30. 0;	*X* 向退刀
N30 Z－22;	N18 Z－22;	*Z* 向移动
N31 X20. 0;	N19 X20. 0;	切第二刀
N32 Z－25. 0;	N20 Z－25. 0;	精车槽底
N33 X30. 0;	N21 X30. 0;	*X* 向退刀

（续）

FANUC 0i 系统数控程序	SIEMENS 802D 系统数控程序	注　释
N34 G00 X100.0 Z50.0;	N22 G00 X100.0 Z50.0;	快速退至换刀点
N35 M05;	N23 M05;	主轴停
N36 T0404 S600 M03;	N24 T04D1 S600 M03;	换4号刀，设置主轴转速
N37 G00 X26.0 Z5.0;	N25 G00 X26.0 Z5.0; CYCLE97(4,,0,-18.0,21.4,21.4,5,3,1.299,0.05,0,0,5,1,1,2);	FANUC 采用 G76 加工双线螺纹，SIEMENS 采用 CYCLE97 加工双线螺纹
N38 G76 P011060 Q100 R50;		
N39 G76 X21.4 Z-21.0 R0 P1299 Q350 F4;		
N40 G00 X26.0 Z3.0;		
N41 G76 P011060 Q100 R50;		
N42 G76 X21.4 Z-21.0 R0 P1299 Q350 F4;		
N43 G00 X100.0 Z50.0;	N26 G00 X100.0 Z50.0;	刀具退回换刀点
N44 M05;	N27 M05;	主轴停
N45 M30;	N28 M30;	程序结束

表 8-13　SIEMENS 802D 轮廓精加工子程序

程序内容	注　释
LZC82.SPF;	子程序名
N1 G00 X19.74;	*X* 向进刀
N2 G01 Z0;	*Z* 向进刀
N3 X23.74 Z-2.0;	倒角 *C*2
N4 Z-25.0;	车 M24 螺纹大径
N5 X26.0;	车端面
N6 X30.0 Z-33.0;	车锥体
N7 Z-44.0;	车 ϕ30mm 外圆
N8 G02 X38.0 Z-48.0 R4.0;	车 *R*4mm 凹弧
N9 G01 X42.0	*X* 向退刀
N10 M17;	子程序结束

6. 工件加工

（1）加工准备

1）检查毛坯尺寸。

2）开机，回参考点。

3）输入程序并校验。把编制好的加工程序输入到数控系统中，并应用空运行或图形模拟校验所编制的加工程序，验证程序合格后方能进行以下步骤。

4）装夹工件。用自定心卡盘夹住毛坯外圆，伸出大于 30mm，找正并夹紧，加工左端面及外轮廓。用自定心卡盘夹住 ϕ38mm 外圆（用铜皮包住），粗精车右端面及轮廓。

5）装夹刀具。把外圆粗车刀、外圆精车刀、切槽刀、螺纹刀按要求依次装入 T01、T02、T03 及 T04 号刀位。

6）对刀。加工左端时，只对 T01 刀具即可；调头后将四把刀具依次对好，并将有关数值输入到刀具参数中，如刀尖圆弧半径、刀尖方位等。

（2）零件的自动加工　将数控车床置于自动加工模式，首先将加工程序调入数控系统，调好进给倍率进行自动加工，在加工过程中要进行精度控制，具体方法如下：

1）外圆及长度尺寸控制。左端调整 T01 的 *X* 及 *Z* 向刀具磨损量，右端调整 T02 的 *X* 及 *Z* 向刀具磨损量，然后运行精加工程序。程序结束后停机测量，根据测量结果再修调刀具磨损量，重新执行外圆精加工程序，直到达到尺寸要求为止。

2）螺纹精度控制。加工螺纹前，把螺纹刀（T04）刀具磨损量设置为 0.1～0.2mm，螺纹循环运行后停机测量，根据测量结果调整刀具磨损量，重新运行螺纹循环指令，直至符合尺寸要求为止。

（3）加工结束　加工结束后应清理机床。

7. 操作注意事项

1）装夹刀具时，车刀刀尖必须与主轴轴线等高。

2）所使用的精车刀有刀尖圆弧半径，精加工时必须进行刀具半径补偿，否则加工的圆弧存在加工误差。精加工时，采用恒线速度切削来保证凹弧和锥体外表面的质量要求。

3）加工螺纹时，除了应用参考程序中的螺纹循环指令外，FANUC 0i 系统也可采用 G32、G92 指令编制，SIEMENS 系统也可采用 G33 指令编制。

4）在加工过程中，应尽量采用试切、试测方法控制尺寸精度。

5）程序中设置的换刀点不一定是最佳位置，应根据所用刀具及机床情况重新设置。

试题九　梯形螺纹轴的加工

一、考核目标

1）掌握中等复杂梯形螺纹轴零件图的识读方法。
2）掌握中等复杂梯形螺纹轴加工工艺的制订方法。
3）掌握梯形螺纹加工指令的应用方法。
4）掌握双线螺纹的分头方法。
5）掌握中等复杂梯形螺纹轴加工程序的编制方法。
6）掌握中等复杂梯形螺纹轴加工刀具的选择方法。
7）掌握数控车床的操作方法。

二、考核要求

1. 总体要求

1）试题名称：梯形螺纹轴（图9-1）。
2）本题分值：100分。
3）考核时间：240min。
4）考核形式：操作。

2. 配分及评分标准

1）操作技能考核总成绩见表9-1。

表9-1　操作技能考核总成绩表

序号	项目名称	配分	得分	备注
1	现场操作	10		
2	工件质量	90		
合计		100		

2）现场操作规范评分见表9-2。

表9-2　现场操作规范评分表

序号	项目	考核内容	配分	考场表现	得分
1	现场操作规范	正确使用机床	2		
2		正确使用量具	2		
3		合理使用刃具	2		
4		设备维护保养	4		
合计			10		

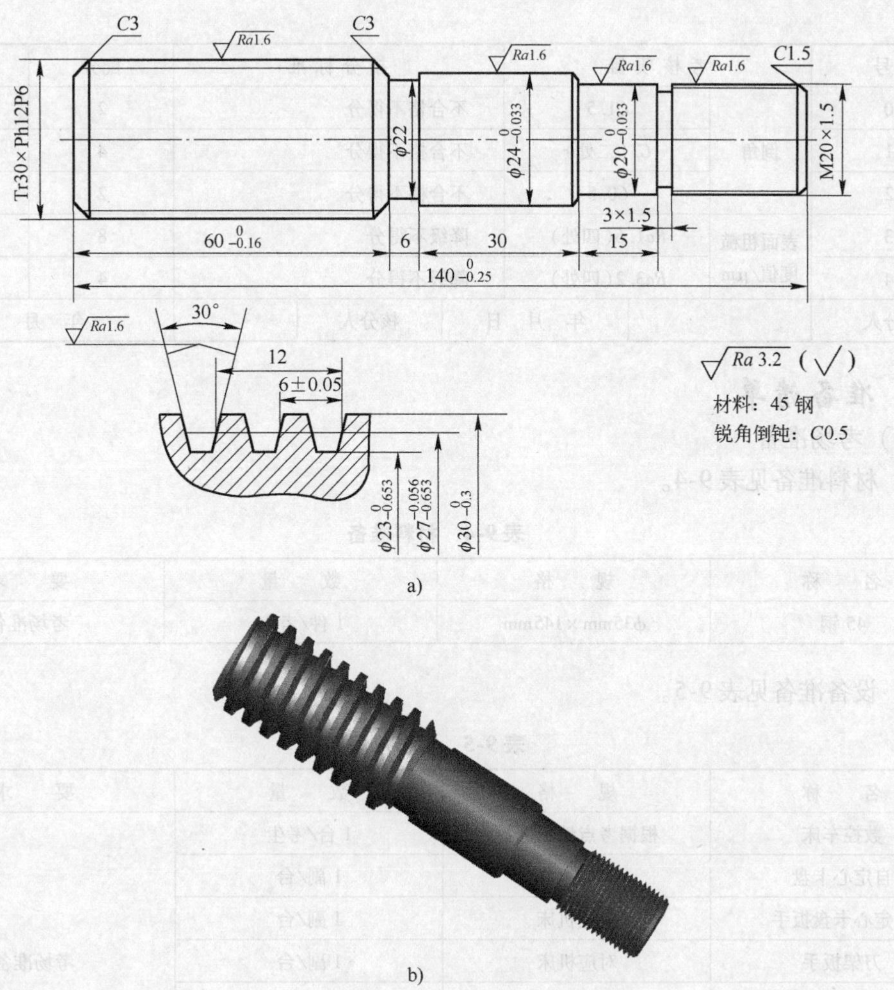

图 9-1　梯形螺纹轴零件图

3）工件质量评分见表 9-3。

表 9-3　工件质量评分表

序号	考核项目		扣分标准	配分	得分
1	长度/mm	$140^{\ 0}_{-0.25}$	每超差 0.01mm 扣 1 分	8	
2		$60^{\ 0}_{-0.16}$	每超差 0.01mm 扣 1 分	6	
3		30	不合格不得分	4	
4		15	不合格不得分	4	
5	外圆/mm	$\phi20^{\ 0}_{-0.033}$	每超差 0.01mm 扣 2 分	8	
6		$\phi24^{\ 0}_{-0.033}$	每超差 0.01mm 扣 2 分	8	
7	槽/mm	6×φ22	不合格不得分	8	
8		3×1.5	不合格不得分	6	
9	螺纹/mm	M20×1.5	不合格不得分	8	
		Tr30×Ph12P6	不合格不得分	10	

（续）

序号	考核项目		扣分标准	配分	得分
10	倒角	C1.5	不合格不得分	2	
11		C3(二处)	不合格不得分	4	
12		C0.5	不合格不得分	2	
13	表面粗糙度值/μm	Ra1.6(四处)	降级不得分	8	
14		Ra3.2(四处)	降级不得分	4	
评分人		年　月　日	核分人		年　月　日

3. 准备清单

（1）考场准备

1）材料准备见表9-4。

表9-4　材料准备

名　称	规　格	数　量	要　求
45钢	φ35mm×145mm	1件/考生	考场准备

2）设备准备见表9-5。

表9-5　设备准备

名　称	规　格	数　量	要　求
数控车床	根据考点情况选择	1台/考生	
自定心卡盘	对应工件	1副/台	
自定心卡盘扳手	对应机床	1副/台	
刀架扳手	对应机床	1副/台	考场准备
钻夹头	对应机床	1副/台	
回转顶尖	对应机床	1副/台	
螺纹环规	M20×1.5mm	1套	

（2）考生准备　考生主要准备工具、量具、刀具及其他，见表9-6。

表9-6　工具、量具、刀具及其他准备

序号	名　称	型　号	数　量	要　求
1	外圆粗车刀	90°粗车刀	1	
2	外圆精车刀	93°精车刀	1	
3	切槽刀	3mm宽	1	
4	三角形螺纹刀	60°	1	考生自备
5	梯形螺纹刀	30°	1	
6	中心钻	A3.5	1	
7	千分尺	0~25mm、25~50mm	各1	
8	游标卡尺	0.02mm/0~200mm	1	

（续）

序号	名称	型号	数量	要求
9	游标深度卡尺	0.02mm/0～200mm	1	考生自备
10	薄铜皮	0.05～0.10mm	若干	
11	磁性表座		1	
12	百分表	0.01mm/10mm	1	
13	垫刀片		若干	
14	毛刷		自定	
15	铁屑钩		自定	
16	其他	草稿纸、计算机、劳保装备等	自定	

4. 说明

1）出现危及考生或他人安全的状况应终止考试，如果是由于考生操作失误所致，考生该题成绩记零分。

2）因考生操作失误所致，导致设备故障且当场无法排除应终止考试，考生该题成绩记零分。

3）因刀具、工具损坏而无法继续应终止考试。

三、考核实施

本题通过对中等复杂梯形螺纹轴的加工，考核学生对外圆、槽、三角形螺纹与梯形螺纹等加工内容的综合掌握。要求考生通过图样分析，合理制订出加工方案，熟练掌握加工前的准备，刀具与工件的安装，程序的编制、输入与校验，零件的加工、检测等各项操作方法。

1. 图样分析

如图 9-1 所示，该零件主要由外圆、槽、三角形螺纹、梯形螺纹等轮廓组成。零件右端为 M20×1.5mm 螺纹，其长度由总长 $140_{-0.25}^{\ 0}$mm、长 $60_{-0.16}^{\ 0}$mm、槽宽 6mm、长 30mm、长 15mm 及槽宽 3mm 等尺寸确定，螺纹右端倒角为 $C1.5$。螺纹退刀槽宽为 3mm，槽深 1.5mm。$\phi20_{-0.033}^{\ 0}$mm 外圆的长度为 15mm。$\phi24_{-0.033}^{\ 0}$mm 外圆的长度为 30mm，其右端为 $C0.5$ 倒角。零件左端为 Tr30×Ph12P6 的双线梯形螺纹，导程为 12mm，螺距为 6mm，梯形螺纹的长度为 $60_{-0.16}^{\ 0}$mm，两端有 $C3$ 倒角，梯形螺纹的尺寸由局部视图表示。梯形螺纹退刀槽宽为 6mm，槽底直径为 $\phi22$mm。梯形螺纹、三角形螺纹、$\phi20_{-0.033}^{\ 0}$mm 及 $\phi24_{-0.033}^{\ 0}$mm 外圆的表面粗糙度值要求为 $Ra1.6\mu m$，其余加工表面为 $Ra3.2\mu m$。该零件尺寸标注完整，轮廓描述清楚，零件材料为 45 钢，无热处理和硬度要求，适合在数控车床上加工。

2. 难点分析

图 9-1 所示零件需要加工外圆、槽、三角形螺纹、梯形螺纹等轮廓。该零件的加工难点在于双线梯形螺纹的加工，要求考生能够正确地刃磨与装夹梯形螺纹刀，确定双线梯形螺纹的分线加工方法。

3. 工艺分析

通过对图 9-1 分析可知，该零件对尺寸精度及表面质量要求都比较高，同时，切削梯形螺纹时，切削抗力比较大，因此制订以下加工措施：

1）加工零件时，采用一夹一顶的装夹方式。

2）制订加工工序时，应按粗精加工分开、先近后远等原则编制工序。

3）由于外圆尺寸公差一致，编程时可按基本尺寸编制，其公差可由刀具磨损量来控制。

根据上述分析，可制订以下加工步骤：

1）夹住毛坯外圆，伸出长度大于85mm，手动车右端面，钻中心孔。

2）采用一夹一顶的装夹方式，粗精加工右端轮廓，切槽，车三角形螺纹。

3）调头装夹 ϕ24mm 外圆，手动车左端面，控制总长，钻中心孔。

4）采用一夹一顶的装夹方式，粗精加工左端轮廓，粗精加工梯形螺纹。

4. 相关工艺卡片的填写

1）数控加工刀具卡见表9-7。

表9-7　梯形螺纹轴数控加工刀具卡

产品名称或代号		×××	零件名称	梯形螺纹轴	零件图号	××
序号	刀具号	刀具规格名称	数量	加工表面	刀尖半径/mm	备注
1	T00	中心钻	1	钻中心孔		A3.5
2	T01	93°车刀	1	粗精加工轮廓	0.4	20×20
3	T02	3mm宽切槽刀	1	槽	0.2	20×20
4	T03	60°外螺纹刀	1	三角形螺纹		20×20
5	T04	30°梯形外螺纹刀	1	梯形螺纹		20×20
编制		审核	批准		年　月　日　共　页	第　页

2）数控加工工艺卡见表9-8。

表9-8　梯形螺纹轴数控加工工艺卡

单位名称	×××		产品名称或代号		零件名称	零件图号	
			×××		×××	××	
工序号	程序编号		夹具名称		使用设备	车间	
001	×××		自定心卡盘		CK6140	数控	
工步号	工步内容	刀具号	刀具规格/mm	主轴转速/r·min⁻¹	进给速度/mm·min⁻¹	背吃刀量/mm	备注
1	车左端面	T01	20×20	600	150	1.5	自动
2	打右中心孔	T00	A3.5	600			手动
3	粗加工右端外轮廓	T01	20×20	600	150	1.5	自动
4	精车右端外轮廓	T01	20×20	S1000	100	0.5	自动
5	切槽	T02	20×20	300	60	4.0	自动
6	粗精加工三角形螺纹	T03	20×20	800	1200		自动
7	调头装夹，车左端面	T01	20×20	600	150	1.5	自动
8	打左中心孔	T00	A3.5	600			手动
9	粗加工左端外轮廓	T01	20×20	600	150	1.5	自动
10	精车左端外轮廓	T01	20×20	S1000	100	0.5	自动
11	粗精加工梯形螺纹	T04	20×20	800	1200		自动
编制		审核	批准		年　月　日	共　页	第　页

5. 程序编制

(1) 加工右端面及轮廓

1) 建立工件坐标系。夹住毛坯外圆，加工右端面及轮廓，工件伸出长度大于 85mm，手动车端面，钻中心孔。然后采用一夹一顶的装夹方式，加工右端轮廓、槽及三角形螺纹，工件坐标系设在工件右端面轴线上，如图 9-2 所示。

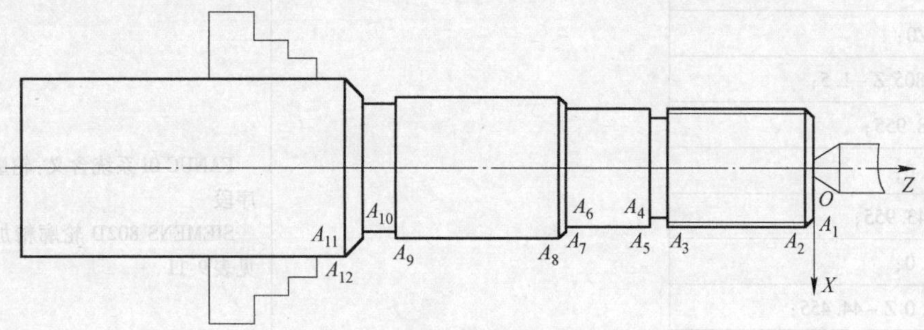

图 9-2　加工右端面及轮廓时的工件坐标系

2) 右端基点的坐标值见表 9-9。

三角螺纹的长度为

基本尺寸　　$L = 140\text{mm} - 60\text{mm} - 6\text{mm} - 30\text{mm} - 15\text{mm} - 3\text{mm} = 26\text{mm}$

$$上偏差 = 0 - (-0.16\text{mm}) = 0.16\text{mm}$$

$$下偏差 = -0.25\text{mm} - 0 = -0.25\text{mm}$$

$$三角形螺纹长度的中值 = 26\text{mm} + 0.16\text{mm} - 0.25\text{mm} = 25.955\text{mm}$$

表 9-9　右端基点的坐标值

基　点	坐标值(X,Z)	基　点	坐标值(X,Z)
O	(0,0)	A_7	(23.0, -43.955)
A_1	(16.805,0)	A_8	(24.0, -44.455)
A_2	(19.805, -1.5)	A_9	(24.0, -73.955)
A_3	(19.805, -25.955)	A_{10}	(22.0, -73.955)
A_4	(17.0, -28.955)	A_{11}	(24.0, -79.955)
A_5	(20.0, -28.955)	A_{12}	(30.0, -82.955)
A_6	(20.0, -43.955)		

3) 参考程序见表 9-10。

$$三角形螺纹大径\ d_{大} = D - 0.13P = 20\text{mm} - 0.13 \times 1.5\text{mm} = 19.805\text{mm}$$

$$三角形螺纹小径\ d_{小} = D - 1.08P = 20\text{mm} - 1.08 \times 1.5\text{mm} = 18.380\text{mm}$$

表 9-10　FANUC 0i 与 SIEMENS 802D 参考程序

FANUC 0i 系统数控程序	SIEMENS 802D 系统数控程序	注　释
O901;	SKC901. MPF;	程序名
N1 G40 G98 G97 G21;	N1 G40 G95 G97 G21;	设置初始化
N2 T0101 S600 M03;	N2 T01D1 S600 M03;	设置刀具及主轴转速

（续）

FANUC 0i 系统数控程序	SIEMENS 802D 系统数控程序	注　释
N3 G00 X36.0 Z2.0;	N3 G00 X36.0 Z2.0;	快速到达循环起点
N4 G71 U1.5 R0.5; N5 G71 P6 Q16 U1.0 W0 F150;	CYCLE95 (LZC91, 1.5, 0, 0.5,, 150,,,1,,,0.5);	调用毛坯外圆循环,设置加工参数
N6 G00 X16.805;		FANUC 0i 系统含义:轮廓精加工程序段 SIEMENS 802D 轮廓精加工子程序见表 9-11
N7 G01 Z0;		
N8 X19.805 Z-1.5;		
N9 Z-28.955;		
N10 X20.0;		
N11 Z-43.955;		
N12 X23.0;		
N13 X24.0 Z-44.455;		
N14 Z-79.955;		
N15 X30.0 Z82.955;		
N16 X36.0;		
N17 G00 X100.0 Z50.;	N4 G00 X100.0 Z50.0;	刀具快速退至换刀点
N18 M05;	N5 M05;	主轴停
N19 M00;	N6 M00;	程序暂停
N20 S800 M03;	N7 S800 M03;	主轴正转,转速为 800r/min
N21 G00 X36.0 Z2.0;	N8 G00 X36.0 Z2.0;	靠近工件
N22 G70 P6 Q16 F100;	N10 LZC91;	FANUC0i 系统采用 G70 进行精加工, SIEMENS 802D 采用子程序进行精加工
N23 G00 X100.0 Z50.0;	N11 G00 X100.0 Z50.0;	刀具退至换刀点
N24 M05;	N12 M05;	主轴停
N25 M00;	N13 M00;	程序暂停
N26 T0202 S300 M03;	N14 T02D1 S300 M03;	换切槽刀
N27 G00 X24.0 Z-28.955;	N15 G00 X24.0 Z-28.955;	快速到达切槽起点
N28 G01 X17.0 F50;	N16 G01 X17.0 F50;	切 3mm×1.5mm 槽
N29 X30.0;	N17 X30.0;	X 向退刀
N30 G00 Z-76.955;	N18 G00 Z-76.955;	Z 向快速进刀
N31 G01 X22.1;	N19 G01 X22.1;	排切法切槽,留 0.1mm 余量
N32 X26.0;	N20 X26.0;	
N33 Z-78.955;	N21 Z-78.955;	
N34 X22.1;	N22 X22.1;	
N35 X26.0;	N23 X26.0;	
N36 Z-79.955;	N24 Z-79.955;	
N37 X22.1;	N25 X22.1;	
N38 X26.0;	N26 X26.0;	

（续）

FANUC 0i 系统数控程序	SIEMENS 802D 系统数控程序	注　释
N39 Z-76.955;	N27 Z-76.955;	精车槽底
N40 X22.0;	N28 X22.0;	
N41 Z-79.955;	N29 Z-79.955;	
N42 X26.0;	N30 X26.0;	
N43 G00 X100.0 Z50.0;	N31 G00 X100.0 Z50.0;	退至换刀点
N44 M00;	N32 M00;	程序暂停
N45 T0303 S600 M03;	N33 T03D1 S600 M03;	换三角形螺纹刀
N46 G00 X22.0 Z3.0;	N34 G00 X22.0 Z3.0;	快速移至循环起点
N47 G76 P011060 Q100 R50; N48 G76 X18.38 Z-26.955 R0 P810 Q350 F1.5;	CYCLE97(1.5,,0,-25.955,18.38,18.38,3,2,0.81,0.05,0,0,5,1,1,1);	调用螺纹加工循环，设置螺纹加工参数
N49 G00 X100.0 Z50.0;	N35 G00 X100.0 Z50.0;	刀具退回换刀点
N50 M05;	N36 M05;	主轴停
N51 M30;	N37 M30;	程序结束

表 9-11　SIEMENS 802D 轮廓精加工子程序

程序内容	注　释
LZC91.SPF;	子程序名
N1 G00 X16.805;	*X* 向进刀
N2 G01 Z0 F100;	*Z* 向进刀
N3 X19.805 Z-1.5;	倒角 *C*1.5
N4 Z-28.955;	车 M20 螺纹大径
N5 X20.0;	车端面
N6 Z-43.955;	车 ϕ20mm 外圆
N7 X23.0;	车端面
N8 X24.0 Z-44.455;	倒角 *C*0.5
N9 Z-79.955;	车 ϕ24mm 外圆
N10 X30.0 Z82.955;	倒角 *C*3
N11 X36.0;	*X* 向退刀
N12 M17;	子程序结束

（2）加工左端面及轮廓

1）建立工件坐标系。夹住 ϕ24mm 外圆（用铜皮包住），手动加工左端面，保证总长，钻中心孔，采用一夹一顶方式加工左端轮廓。工件坐标系设在工件左端面轴线上，如图 9-3 所示。

2）左端基点的坐标值见表 9-12。由零件图可得

$$梯形螺纹的顶径=\frac{30mm+29.7mm}{2}=29.85mm$$

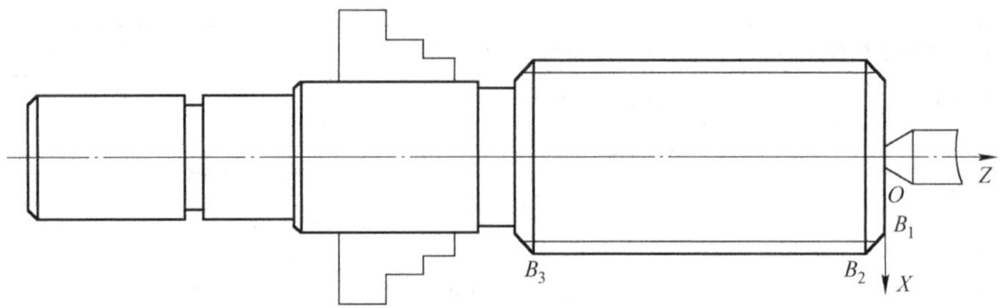

图 9-3　加工左端面及轮廓时的工件坐标系

$$梯形螺纹的底径 = \frac{23mm + 22.347mm}{2} = 22.6735mm$$

$$梯形螺纹的牙高 = \frac{29.85mm - 22.6735mm}{2} = 3.588mm$$

表 9-12　左端基点的坐标值

基　　点	坐标值(X,Z)	基　　点	坐标值(X,Z)
O	(0,0)	B_2	(29.85, -3.0)
B_1	(23.85,0)	B_3	(29.85, -57.0)

3）参考程序见表 9-13。

表 9-13　FANUC 0i 与 SIEMENS 802D 参考程序

FANUC 0i 系统数控程序	SIEMENS 802D 系统数控程序	注　　释
O902;	SKC902. MPF;	程序名
N1 G40 G98 G97 G21;	N1 G40 G95 G97 G21;	设置初始化
N2 T0101 S600 M03;	N2 T01D1 S600 M03;	设置刀具及主轴转速
N3 G00 X36.0 Z2.0;	N3 G00 X36.0 Z2.0;	快速到达循环起点
N4 X31.0;	N4 X31.0;	X 向进刀
N5 G01 Z-60.0 F150;	N5 G01 Z-60.0 F150;	粗车梯形螺纹大径
N6 X36.0;	N6 X36.0;	X 向退刀
N7 G00 X100.0 Z50.0;	N7 G00 X100.0 Z50.0;	快速退至换刀点
N8 M05;	N8 M05;	主轴停
N9 M00;	N9 M00;	程序暂停
N10 S800 M03;	N10 S800 M03;	主轴正转，转速为 800r/min
N11 G00 X36.0 Z2.0;	N11 G00 X36.0 Z2.0;	快速靠近工件
N12 X23.85;	N12 X23.85;	X 向进刀
N13 G01 Z0 F100;	N13 G01 Z0 F100;	Z 向进刀
N14 X29.85 Z-3.0;	N14 X29.85 Z-3.0;	倒角 C3
N15 Z-60.0;	N15 Z-60.0;	精车梯形螺纹大径

（续）

FANUC 0i 系统数控程序	SIEMENS 802D 系统数控程序	注　释
N16 G00 X100.0 Z50.0；	N16 G00 X100.0 Z50.0；	快速退至换刀点
N17 M05；	N17 M05；	主轴停
N18 M00；	N18 M00；	程序暂停
N19 T0404 S600 M03；	N19 T04D1 S600 M03；	换 4 号刀，设置主轴转速
N20 G00 X32.0 Z3.0；	N20 G00 X22.0 Z3.0；	快速移至循环起点
N21 G76 P020530 Q100 R50； N22 G76 X22.674 Z－62.0 R0 P3588 Q350 F12.0； N23 G00 X32.0　Z9.0； N24 G76 P020530 Q100 R50； N25 G76 X22.674 Z－62.0 R0 P3588 Q350 F12.0；	N21CYCLE97(12,,0,－60.0,29.85,29.85,6,3,3.588,0.05,15.0,0,20,3,1,2)；	调用螺纹加工循环，设置螺纹加工参数
N26 G00 X100.0 Z50.0；	N22 G00 X100.0 Z50.0；	快速退至换刀点
N27 M05；	N23 M05；	主轴停止
N28 M30；	N24 M30；	程序结束

6. 工件加工

（1）加工准备

1）检查毛坯尺寸。

2）开机，回参考点。

3）输入程序并校验。把编制好的加工程序输入到数控系统中，并应用空运行或图形模拟校验所编制的加工程序，验证程序合格后方能进行以下步骤。

4）装夹工件。用自定心卡盘夹住毛坯外圆，伸出大于 85mm，找正并夹紧，手动加工右端面，钻中心孔，采用一夹一顶的装夹方式，粗精加工右端轮廓、槽及三角形螺纹。调头装夹，手动车端面，钻中心孔，采用一夹一顶方式，加工左端轮廓及梯形螺纹。

5）装夹刀具。把外圆车刀、切槽刀、三角形螺纹刀及梯形螺纹刀按要求依次装入 T01、T02、T03 及 T04 号刀位。

6）对刀。加工右端时，将 T01、T02、T03 刀具依次对好，并将有关数值输入到刀具参数中，如刀尖圆弧半径、刀尖方位等。调头加工时，将 T01、T04 刀具依次对好。

（2）零件的自动加工　将数控车床置于自动加工模式，首先将加工程序调入数控系统，调好进给倍率进行自动加工，在加工过程中要进行精度控制，具体方法如下：

1）外圆及长度尺寸控制。左右两侧轮廓均通过调整外圆精车刀（T01）X 及 Z 向刀具磨损量，运行精加工程序。程序结束后停机测量，根据测量结果再修调刀具磨损量，重新执行外圆精加工程序，直到达到尺寸要求为止。

2）螺纹精度控制。加工螺纹前，把螺纹刀（T03、T04）的刀具磨损量设置为 0.1～0.2mm，螺纹循环运行后停机测量，根据测量结果调整刀具磨损量，重新运行螺纹循环指令，直至符合尺寸要求为止。

（3）加工结束　加工结束后应清理机床。

7. 操作注意事项

1）装夹刀具时，车刀刀尖必须与主轴轴线等高。

2）加工螺纹时，除了应用参考程序中的螺纹循环指令外，FANUC0i 系统也可采用 G32、G92 指令编制，SIEMENS 系统也可采用 G33 指令编制。

3）程序中设置的换刀点不一定是最佳位置，应根据所用刀具及机床情况重新设置。

4）在加工过程中，应尽量采用试切、试测方法控制尺寸精度。

试题十　球头螺纹轴的加工

一、考核目标

1）掌握球头螺纹轴零件图的识读方法。
2）掌握球头螺纹轴加工工艺的制订方法。
3）掌握圆弧和螺纹加工指令的应用方法。
4）掌握球头螺纹轴加工程序的编制方法。
5）掌握球头螺纹轴加工刀具的选择方法。
6）掌握数控车床的操作方法。

二、考核要求

1. 总体要求

1）试题名称：球头螺纹轴（图 10-1）。
2）本题分值：100 分。
3）考核时间：180min。
4）考核形式：操作。

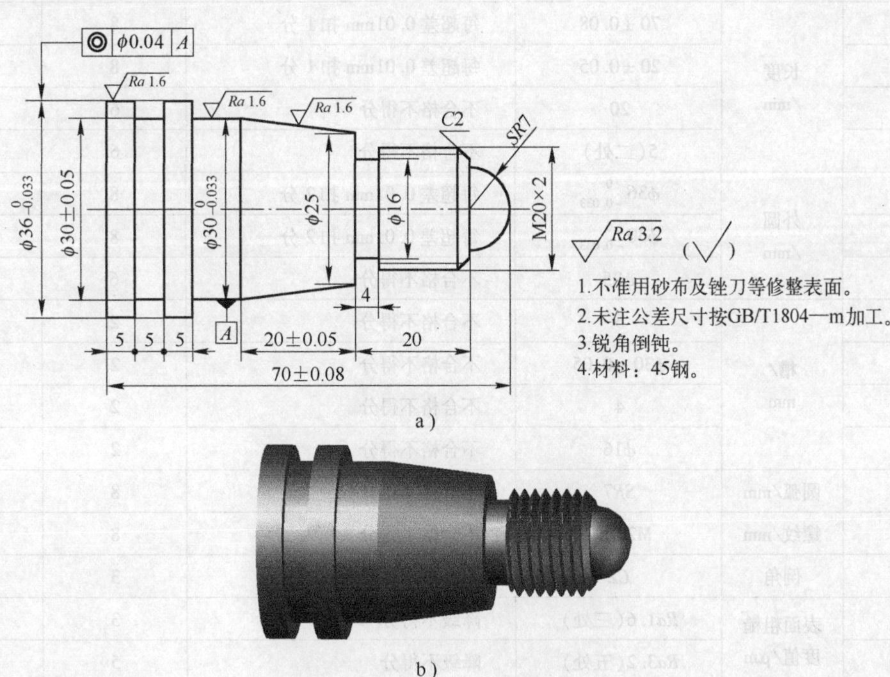

图 10-1　球头螺纹轴零件图

2. 配分及评分标准

1）操作技能考核总成绩见表 10-1。

表 10-1　操作技能考核总成绩表

序号	项目名称	配分	得分	备注
1	现场操作	10		
2	工件质量	90		
合计		100		

2）现场操作规范评分见表 10-2。

表 10-2　现场操作规范评分表

序号	项目	考核内容	配分	考场表现	得分
1	现场操作规范	正确使用机床	2		
2		正确使用量具	2		
3		合理使用刃具	2		
4		设备维护保养	4		
合计			10		

3）工件质量评分见表 10-3。

表 10-3　工件质量评分表

序号	考 核 项 目		扣 分 标 准	配分	得分
1	长度/mm	70 ±0.08	每超差 0.01mm 扣 1 分	8	
2		20 ±0.05	每超差 0.01mm 扣 1 分	8	
3		20	不合格不得分	6	
4		5(二处)	不合格不得分	6	
5	外圆/mm	$\phi36_{-0.033}^{0}$	每超差 0.01mm 扣 2 分	8	
6		$\phi30_{-0.033}^{0}$	每超差 0.01mm 扣 2 分	8	
7		$\phi25$	不合格不得分	6	
8	槽/mm	5	不合格不得分	2	
9		$\phi30$ ±0.05	不合格不得分	2	
10		4	不合格不得分	2	
11		$\phi16$	不合格不得分	2	
12	圆弧/mm	*SR*7	不合格不得分	8	
13	螺纹/mm	M20 ×2	不合格不得分	8	
14	倒角	*C*2	不合格不得分	3	
15	表面粗糙度值/μm	*Ra*1.6(三处)	降级不得分	3	
16		*Ra*3.2(五处)	降级不得分	5	
17	圆柱度/mm	$\phi0.04$	不合格不得分	5	
评分人		年　月　日	核分人		年　月　日

3. 准备要求

（1）考场准备

1）材料准备见表10-4。

表10-4　材料准备

名　称	规　格	数　量	要　求
45钢	ϕ40mm×150mm	1件/考生	考场准备

2）设备准备见表10-5。

表10-5　设备准备

名　称	规　格	数　量	要　求
数控车床	根据考点情况选择	1台/考生	
自定心卡盘	对应工件	1副/台	
自定心卡盘扳手	对应机床	1副/台	考场准备
刀架扳手	对应机床	1副/台	
螺纹环规	M20×2mm	1套	

（2）考生准备　考生主要准备工具、量具、刀具及其他，见表10-6。

表10-6　工具、量具、刀具及其他准备

序　号	名　称	型　号	数　量	要　求
1	外圆粗车刀	90°粗车刀	1	
2	外圆精车刀	93°精车刀	1	
3	切槽刀	4mm宽	1	
4	螺纹刀	60°	1	
5	千分尺	25～50mm	1	
6	游标卡尺	0.02mm/0～150mm	1	
7	游标深度卡尺	0.02mm/0～150mm	1	
8	半径样板	$R7$～$R14.5$mm	1套	考生自备
9	薄铜皮	0.05～0.10mm	若干	
10	磁性表座		1	
11	百分表	分度值为0.01mm	1	
12	垫刀片		若干	
13	毛刷		自定	
14	铁屑钩		自定	
15	其他	草稿纸、计算机、劳保装备等	自定	

4. 说明

1）出现危及考生或他人安全的状况应终止考试，如果是由于考生操作失误所致，考生该题成绩记零分。

2）因考生操作失误所致，导致设备故障且当场无法排除应终止考试，考生该题成绩记零分。

3）因刀具、工具损坏而无法继续应终止考试。

三、考核实施

本题通过对中等复杂球头螺纹轴的加工，考核学生对外圆、圆弧、锥体、槽与螺纹等内容的综合掌握。要求考生通过图样分析，合理制订出加工方案，熟练掌握加工前的准备，刀具与工件的安装，程序的编制、输入与校验，零件的加工、检测等各项操作方法。

1. 图样分析

如图 10-1 所示，该零件主要由外圆、圆弧、锥体、槽、螺纹等轮廓组成。零件右端为一半球体，其半径为 *SR*7。M20 ×2mm 螺纹长度为 16mm，螺纹右端倒角为 *C*2。螺纹退刀槽宽为 4mm，槽底直径为 ϕ16mm。锥体小端直径为 ϕ25mm，大端直径为 $\phi30_{-0.033}^{0}$mm，锥体长度为 20 ±0.05mm。$\phi30_{-0.033}^{0}$mm 外圆的长度由总长及其他长度尺寸确定。最大外圆直径为 $\phi36_{-0.033}^{0}$mm，共有两处，长度均为 5mm。两最大外圆中间为一窄槽，宽为 5mm，槽底直径为 ϕ30 ±0.05mm。该零件尺寸标注完整，轮廓描述清楚，零件材料为 45 钢，无热处理和硬度要求，适合在数控车床上加工。

2. 难点分析

图 10-1 所示零件形状相对复杂，需要加工球体、螺纹、锥体、槽、外圆等轮廓。加工该零件有两个难点，一是半球体的加工，如何保证半球体的尺寸精度和表面质量；二是如何保证外圆 $\phi36_{-0.033}^{0}$mm 及 $\phi30_{-0.033}^{0}$mm 的尺寸精度和表面加工质量要求，以及 $\phi36_{-0.033}^{0}$mm 对 $\phi30_{-0.033}^{0}$mm 的同轴度要求。

3. 工艺分析

为了解决第一个加工难点，在编制程序时，需要考虑刀尖圆弧半径对尺寸精度的影响，同时为了保证半球体表面质量的一致性，精加工时必须采用恒线速度切削功能，装刀时，刀尖必须与主轴中心等高。为了解决第二个加工难点，可采取以下工艺措施：在编制加工工序时，应按粗精加工分开原则进行编制；为了保证 $\phi36_{-0.033}^{0}$mm 对 $\phi30_{-0.033}^{0}$mm 的同轴度要求，$\phi36_{-0.033}^{0}$mm 和 $\phi30_{-0.033}^{0}$mm 外圆必须在一次装夹时同时进行加工。

根据上述分析，可制订以下加工步骤：

1）夹住毛坯外圆，伸出长度大于 75mm，粗精加工零件轮廓。

2）用切槽刀加工螺纹退刀槽和宽为 5mm 的槽。

3）加工 M20 ×2mm 螺纹。

4）切断，保证总长。

4. 相关工艺卡片的填写

1）数控加工刀具卡见表 10-7。

表 10-7 球头螺纹轴数控加工刀具卡

产品名称或代号		×× ×	零件名称	球头螺纹轴	零件图号	××
序号	刀具号	刀具规格名称	数量	加工表面	刀尖半径/mm	备注
1	T01	93°粗车刀	1	工件外轮廓粗车	0.4	20 ×20
2	T02	93°精车刀	1	工件外轮廓精车	0.2	20 ×20
3	T03	4mm 宽切槽刀	1	槽与切断		20 ×20
4	T04	60°外螺纹刀	1	螺纹		20 ×20
编制		审核	批准		年 月 日	共 页 第 页

2）数控加工工艺卡见表10-8。

表10-8　球头螺纹轴数控加工工艺卡

单位名称	×××	产品名称或代号		零件名称		零件图号	
		×××		×××		××	
工序号	程序编号	夹具名称		使用设备		车间	
001	×××	自定心卡盘		CK6140		数控	
工步号	工步内容	刀具号	刀具规格/mm	主轴转速/r·min^{-1}	进给速度/mm·min^{-1}	背吃刀量/mm	备注
1	粗车外轮廓	T01	20×20	600	150	1.5	自动
2	精车外轮廓	T02	20×20	G96 S200	100	0.5	自动
3	切槽	T03	20×20	300	60	4.0	自动
4	粗精车螺纹	T04	20×20	800			自动
5	切断	T03	20×20	300	60	4.0	自动
编制		审核		批准	年　月　日	共　页	第　页

5. 程序编制

1）建立工件坐标系　加工零件时，夹住毛坯外圆，工件坐标系设在工件右端面轴线上，如图10-2所示。

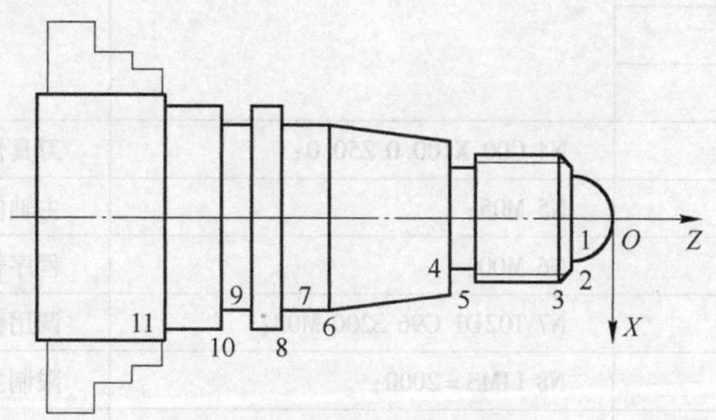

图10-2　工件坐标系及基点

2）基点的坐标值见表10-9。

表10-9　基点的坐标值

基　点	坐标值(X,Z)	基　点	坐标值(X,Z)
O	(0,0)	6	(30.0, -47.0)
1	(14.0, -7.0)	7	(30.0, -55.0)
2	(16.0, -7.0)	8	(38.0, -55.0)
3	(20.0, -9.0)	9	(30.0, -65.0)
4	(16.0, -27.0)	10	(38.0, -65.0)
5	(25.0, -27.0)	11	(38.0, -75.0)

3）轮廓加工参考程序见表10-10。

螺纹牙深 $H = 0.6495P = 0.6495 \times 2\text{mm} = 1.299\text{mm}$

表 10-10　FANUC 0i 与 SIEMENS 802D 参考程序

FANUC 0i 系统数控程序	SIEMENS 802D 系统数控程序	注　释
O1001;	SKC1001. MPF;	程序名
N1 G40 G98 G97 G21;	N1 G40 G95 G97 G21;	设置初始化
N2 T0101 S600 M03;	N2 T01D1 S600 M03;	设置刀具及主轴转速
N3 G00 X42. 0 Z2. 0;	N3 G00 X42. 0 Z2. 0;	快速到达循环起点
N4 G71 U1. 5 R0. 5; N5 G71 P6 Q17 U1. 0 W0 F150;	CYCLE95 (LZC101, 1. 5, 0, 0. 5,, 150,,,1,,,0. 5);	调用毛坯外圆循环,设置加工参数
N6 G00 X0. 0;		FANUC 0i 系统含义:轮廓精加工程序段 SIEMENS 802D 轮廓精加工子程序见表 10-11
N7 G01 Z0;		
N8 G03 X14. 0 Z -7. 0 R7. 0;		
N9 G01 X15. 74;		
N10 X19. 74 Z -9. 0;		
N11 Z -27. 0;		
N12 X25. 0;		
N13 X30. 0 Z -47. 0;		
N14 Z -55. 0;		
N15 X36. 0;		
N16 Z -75. 0;		
N17 X42. 0;		
N18 G00 X100. 0 Z50. 0;	N4 G00 X100. 0 Z50. 0;	刀具快速退至换刀点
N19 M05;	N5 M05;	主轴停
N20 M00;	N6 M00;	程序暂停
N21 T0202 G96 S200 M03;	N7 T02D1 G96 S200 M03;	调用精车刀,恒线速度切削
N22 G50 S2000;	N8 LIMS = 2000;	限制主轴最高转速
N23 G00 G42 X42. 0 Z2. 0;	N9 G00 G42 X52. 0 Z2. 0;	刀具快速靠近工件
N24 G70 P6 Q17 F100;	N10 LZC101;	FANUC 0i 系统采用 G70 进行精加工,SIEMENS 802D 采用子程序进行精加工
N25 G00 G40 X100. 0 Z50. 0;	N11 G00 G40 X100. 0 Z50. 0;	刀具退至换刀点,取消刀具半径补偿
N26 M05;	N12 M05;	主轴停
N27 M00;	N13 M00;	程序暂停
N28 G97 T0303 S300 M03;	N14 G97 T03D1 S300 M03;	换切槽刀
N29 G00 X30. 0 Z -27. 0;	N15 G00 X30. 0 Z -27. 0;	快速靠近工件
N30 G01 X16. 0 F50;	N16 G01 X16. 0 F50;	车 4mm 宽槽
N31 X30. 0;	N17 X30. 0;	*X* 向退刀
N32 G00 X38. 0 Z -64. 0;	N18 G00 X38. 0 Z -64. 0;	快速到达 5mm 槽处
N33 G01 X30. 0 F50;	N19 G01 X30. 0 F50;	车槽

（续）

FANUC 0i 系统数控程序	SIEMENS 802D 系统数控程序	注　释
N34 X38.0；	N20 X38.0；	X 向退刀
N35 Z－65.0；	N21 Z－65.0；	Z 向进刀
N36 X30.0；	N22 X30.0；	车槽
N37 X38.0；	N23 X38.0；	X 向退刀
N38 G00 X100.0 Z50.0；	N24 G00 X100.0 Z50.0；	快速退至换刀点
N39 M05；	N25 M05；	主轴停
N40 M00；	N26 M00；	程序暂停
N41 T0404 S600 M03；	N27 T04D1 S600 M03；	换 4 号刀，设置主轴转速
N42 G00 X22.0 Z－3.0；	N28 G00 X22.0 Z－3.0；	快速移至循环起点
N43 G76 P011060 Q100 R50； N44 G76 X17.84 Z－25.0 R0 P1299 Q350 F2；	CYCLE97（2，，－7.0，－23.0，17.84，17.84，4，2，1.299，0.05，0，0，5，1，1，1）；	调用螺纹加工循环，设置螺纹加工参数
N45 G00 X100.0 Z50.0；	N29 G00 X100.0 Z50.0；	刀具退回换刀点
N46 M05；	N30 M05；	主轴停
N47 M30；	N31 M30；	程序结束

表 10-11　SIEMENS 802D 轮廓精加工子程序

程序内容	注　释
LZC101.SPF；	子程序名
N1 G00 X0.0；	X 向进刀
N2 G01 Z0 F100；	Z 向进刀
N3 G03 X14.0 Z－7.0 R7.0；	车 SR7mm 半球体
N4 G01 X15.74；	车端面
N5 X19.74 Z－9.0；	倒角 C2
N6 Z－27.0；	车 M12 螺纹顶径
N7 X25.0；	车端面
N8 X30.0 Z－47.0；	车锥体
N9 Z－55.0；	车 ϕ30mm 外圆
N10 X36.0；	车端面
N11 Z－75.0；	车 ϕ36mm 外圆
N12 X42.0；	X 向退刀
N13 M17；	子程序结束

4）切断参考程序。将工件调头，用铜皮包住 $\phi30_{-0.033}^{\ 0}$ mm 外圆，并用自定心卡盘夹持，进行切断，切断参考程序见表 10-12。

6. 工件加工

（1）加工准备

表 10-12　切断参考程序

FANUC 0i 系统数控程序	SIEMENS 802D 系统数控程序	注释
O1002；	SKC1002. MPF；	程序名
N1 T0303 S300 M03；	N1 T03D1 S300 M03；	换切槽刀
N2 G00 X42.0 Z2.0；	N2 G00 X42.0 Z2.0；	快速靠近工件
N3 Z15.0；	N3 Z15.0；	快速到达切断点（以卡盘端面为对刀点）
N4 G01 X0 F50；	N4 G01 X0 F50；	切断
N5 G00 X100.0；	N5 G00 X100.0；	*X* 向退刀
N6 Z50.0；	N6 Z50.0；	*Z* 向退刀
N7 M05；	N7 M05；	主轴停
N8 M30；	N8 M30；	程序结束

1）检查毛坯尺寸。

2）开机，回参考点。

3）输入程序并校验。把编制好的加工程序输入到数控系统中，并应用空运行或图形模拟校验所编制的加工程序，验证程序合格后方能进行以下步骤。

4）装夹工件。用自定心卡盘夹住毛坯外圆，伸出大于75mm，找正并夹紧。

5）装夹刀具。把外圆粗车刀、外圆精车刀、切槽刀、螺纹刀按要求依次装入 T01、T02、T03 及 T04 号刀位。

6）对刀。将上述四把刀具依次对好，并将有关数值输入到刀具参数中，如刀尖圆弧半径、刀尖方位等。

（2）零件的自动加工　将数控车床置于自动加工模式，首先将加工程序调入数控系统，调好进给倍率进行自动加工，在加工过程中要进行精度控制，具体方法如下：

1）外圆及长度尺寸控制。左右两侧轮廓均通过调整外圆精车刀（T02）*X* 及 *Z* 向刀具磨损量，运行精加工程序。程序结束后停机测量，根据测量结果再修调刀具磨损量，重新执行外圆精加工程序，直到达到尺寸要求为止。

2）螺纹精度控制。在加工螺纹前，把螺纹刀（T04）刀具磨损量设置为0.1～0.2mm，螺纹循环运行后停机测量，根据测量结果调整刀具磨损量，重新运行螺纹循环指令，直至符合尺寸要求为止。

3）位置精度的控制。该零件位置精度是 ϕ38mm 对 ϕ30mm 外圆的同轴度，主要通过工件装夹来控制，即一次装夹来完成两个外圆的加工。

（3）加工结束　加工结束后应清理机床。

7. 操作注意事项

1）装夹刀具时，车刀刀尖必须与主轴轴线等高，否则加工的 *SR*7mm 半球体会产生凸台。

2）所使用的精车刀有刀尖圆弧半径，精加工时必须进行刀具半径补偿，否则加工的圆弧会存在加工误差。精加工时，采用恒线速度切削来保证球体和锥体外表面的质量要求。

3）切槽刀的刃长必须满足切断要求，切断时的长度尺寸要根据切断刀对刀点及毛坯尺寸确定。

4）加工螺纹时，除了应用参考程序中的螺纹循环指令外，FANUC 0i 系统也可采用 G32、G92 指令编制，SIEMENS 系统也可采用 G33 指令编制。

5）在加工过程中，应尽量采用试切、试测方法控制尺寸精度。

6）程序中的换刀点不一定是最佳位置，应根据所用刀具及机床情况重新设置。

试题十一　锥螺纹轴的加工

一、考核目标

1）掌握锥螺纹轴零件图的识读方法。

2）掌握锥螺纹轴加工工艺的制订方法。

3）掌握锥螺纹加工指令的应用方法。

4）掌握锥螺纹轴加工程序的编制方法。

5）掌握锥螺纹轴加工刀具的选择方法。

6）掌握数控车床的操作方法。

二、考核要求

1. 总体要求

1）试题名称：锥螺纹轴（图 11-1）。

2）本题分值：100 分。

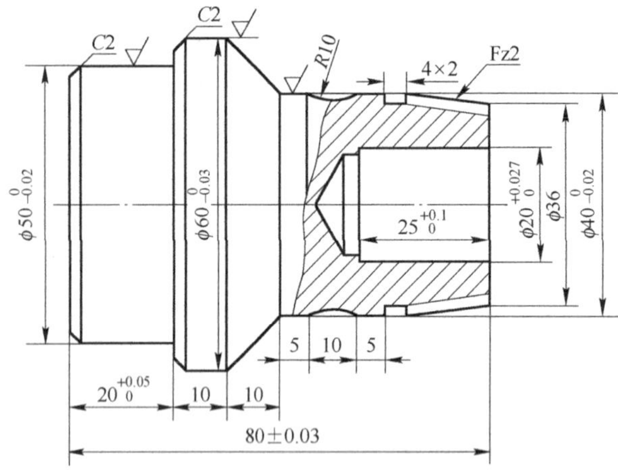

a）

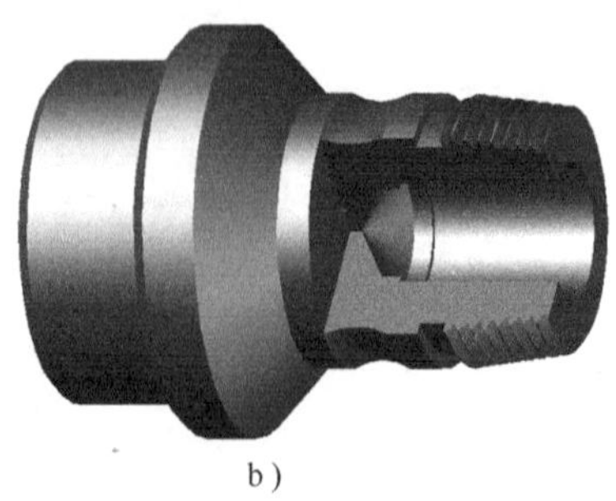

b）

图 11-1　锥螺纹轴零件图

3）考核时间：180min。

4）考核形式：操作。

2. 配分及评分标准

配分及评分标准见表11-1。

表11-1　配分及评分标准

工件编号				总得分		
项目与权重	序号	技术要求	配分	评分标准	检测记录	得分
工件加工（70%）	1	$\phi50_{-0.02}^{0}$mm	5	超0.01mm扣2分		
	2	$\phi60_{-0.03}^{0}$mm	5	超0.01mm扣2分		
	3	$20_{0}^{+0.05}$	5	超0.01mm扣2分		
	4	$\phi40_{-0.02}^{0}$mm	5	超0.01mm扣2分		
	5	R10mm	5	不合格不得分		
	6	80±0.03mm	5	超0.01mm扣2分		
	7	锥度2:1	5	不合格不得分		
	8	4mm×2mm	5	不合格不得分		
	9	$\phi20_{0}^{+0.027}$mm	5	超0.01mm扣2分		
	10	锥螺纹Fz=2mm	5	不合格不得分		
	11	$25_{0}^{+0.1}$mm	5	不合格不得分		
	12	Ra1.6μm(三处)	6	降级不得分		
	13	Ra3.2μm(五处)	5	降级不得分		
	14	一般尺寸	6	不合格不得分		
	15	倒角C2	2	不合格不得分		
程序与加工工艺(30%)	16	程序格式规范	5	每处错误扣2分		
	17	程序正确完整	10	每处错误扣2分		
	18	加工工艺正确	10	每处错误扣2分		
	19	机床操作正确	5	每处错误扣2分		
机床操作与文明生产	20	文明生产 安全操作	倒扣	违反规程一次扣5分		

3. 准备清单

（1）考场准备

1）材料准备见表11-2。

表11-2　材料准备

名　称	规　格	数　量	要　求
45钢	ϕ65mm×85mm	1件/考生	考场准备

2）设备准备见表11-3。

（2）考生准备　考生主要准备工具、量具、刀具及其他，见表11-4。

表 11-3　设备准备

名　称	规　格	数　量	要　求
数控车床	根据考点情况选择	1 台/考生	考场准备
自定心卡盘	对应工件	1 副/台	
自定心卡盘扳手	对应机床	1 副/台	
刀架扳手	对应机床	1 副/台	
钻夹头	对应机床	1 副/台	

表 11-4　工具、量具、刀具及其他准备

序号	名　称	型　号	数　量	要　求
1	外圆粗车刀	90°粗车刀	1	考生自备
2	外圆精车刀	93°精车刀	1	
3	切槽刀	4mm 宽	1	
4	螺纹刀	60°	1	
5	中心钻	A3. 5	1	
6	麻花钻	ϕ18mm	1	
7	内孔镗刀	ϕ18mm 不通孔	1	
8	千分尺	25 ~ 50mm、50 ~ 75mm	各 1	
9	游标卡尺	0. 02mm/0 ~ 150mm	1	
10	游标深度卡尺	0. 02mm/0 ~ 150mm	1	
11	半径样板	7 ~ 14. 5mm	1 套	
12	薄铜皮	0. 05 ~ 0. 10mm	若干	
13	磁性表座		1	
14	百分表	分度值为 0. 01mm	1	
15	垫刀片		若干	
16	毛刷		自定	
17	铁屑钩		自定	
18	其他	草稿纸、计算机、劳保装备等	自定	

4. 说明

1）出现危及考生或他人安全的状况应终止考试，如果是由于考生操作失误所致，考生该题成绩记零分。

2）因考生操作失误所致，导致设备故障且当场无法排除应终止考试，考生该题成绩记零分。

3）因刀具、工具损坏而无法继续应终止考试。

三、考核实施

本题通过对中等复杂锥螺纹轴的加工，考核学生对外圆、圆弧、锥体、槽与锥螺纹等加工内容的综合掌握。要求考生通过图样分析，合理制订出加工方案，熟练掌握加工前的准备，刀具与工件的安装，程序的编制、输入与校验，零件的加工、检测等各项操作方法。

1. 图样分析

如图 11-1 所示，该零件主要由外圆、凹圆弧、锥体、槽、锥螺纹、内孔等轮廓组成。零件右端为锥螺纹，锥螺纹的小端直径为 ϕ36mm，大端直径为 $\phi 40_{-0.02}^{0}$ mm，螺距 Fz 为 2mm，螺纹总长为 16mm。螺纹退刀槽宽为 4mm，深 2mm。$\phi 40_{-0.02}^{0}$ mm 外圆有两处，长度均为 5mm。两个 $\phi 40_{-0.02}^{0}$ mm 外圆的中间为一凹弧，其半径为 R10mm。锥体小端直径为 $\phi 40_{-0.02}^{0}$ mm，大端直径为 $\phi 60_{-0.03}^{0}$ mm，锥体长度为 10mm。$\phi 60_{-0.03}^{0}$ mm 外圆的长度为 10mm，其左端为 C2 倒角。零件左端为 $\phi 50_{-0.02}^{0}$ mm，长度为 $20_{0}^{+0.05}$ mm，其左端为 C2 倒角。零件右端有一内孔，直径为 $\phi 20_{0}^{+0.027}$ mm，长度为 $25_{0}^{+0.1}$ mm。该零件尺寸标注完整，轮廓描述清楚，零件材料为 45 钢，无热处理和硬度要求，适合在数控车床上加工。

2. 难点分析

图 11-1 所示零件形状相对复杂，需要加工内孔、锥螺纹、锥体、槽、外圆等轮廓。加工该零件有两个难点，一是锥螺纹的加工；二是如何保证外圆尺寸精度和表面加工质量要求。

3. 工艺分析

为了解决第一个加工难点，在编制锥螺纹加工程序时，需要正确计算锥螺纹的起刀点坐标和终点坐标，装螺纹刀时，刀具要垂直于主轴。为了解决第二个加工难点，可采用粗精加工分开原则编制加工工艺。根据上述分析，可制订以下加工步骤：

1）以工件右端面毛坯作为装夹基准装夹工件，手动车削外圆与端面进行对刀。

2）粗、精加工外圆轮廓，保证外圆 $\phi 50_{-0.02}^{0}$ mm、$\phi 60_{-0.03}^{0}$ mm 及长度 $20_{0}^{+0.05}$ mm 的尺寸及公差要求。

3）工件掉头装夹后找正，手动车削对刀，同时保证工件总长。

4）粗、精车右端外圆轮廓，保证尺寸精度和表面粗糙度等要求。

5）外切槽加工。

6）加工外三角形锥螺纹。

7）换刀后加工内孔，保证孔的各项加工精度。

8）工件去毛刺、倒棱后对照评分标准进行自检。

4. 相关工艺卡片的填写

1）数控加工刀具卡见表 11-5。

表 11-5　锥螺纹轴数控加工刀具卡

产品名称或代号		×××	零件名称	锥螺纹轴	零件图号	××
序号	刀具号	刀具规格名称	数量	加工表面	刀尖半径/mm	备注
1	T01	93°车刀	1	粗精车工件外轮廓	0.2	20×20
2	T02	4mm 宽切槽刀	1	槽与切断		20×20
3	T03	60°外螺纹刀	1	螺纹		20×20
4	T04	内孔镗刀	1	内孔	0.2	20×20
5	T05	ϕ18mm 麻花钻	1	钻孔		
6	T06	A3.5 中心钻	1	引钻		
编制		审核	批准	年　月　日	共　页	第　页

2）数控加工工艺卡见表11-6。

表11-6 锥螺纹轴数控加工工艺卡

<table>
<tr><td rowspan="2">单位名称</td><td colspan="2" rowspan="2">×××</td><td colspan="2">产品名称或代号</td><td colspan="2">零件名称</td><td colspan="2">零件图号</td></tr>
<tr><td colspan="2">×××</td><td colspan="2">×××</td><td colspan="2">××</td></tr>
<tr><td>工序号</td><td colspan="2">程序编号</td><td colspan="2">夹具名称</td><td colspan="2">使用设备</td><td colspan="2">车间</td></tr>
<tr><td>001</td><td colspan="2">×××</td><td colspan="2">自定心卡盘</td><td colspan="2">CK6140</td><td colspan="2">数控</td></tr>
<tr><td>工步号</td><td colspan="2">工步内容</td><td>刀具号</td><td>刀具规格/mm</td><td>主轴转速/r·min⁻¹</td><td>进给速度/mm·min⁻¹</td><td>背吃刀量/mm</td><td>备注</td></tr>
<tr><td>1</td><td colspan="8">手动车削外圆与端面进行对刀</td></tr>
<tr><td>2</td><td colspan="2">粗车左外轮廓</td><td>T01</td><td>20×20</td><td>600</td><td>150</td><td>1.5</td><td>自动</td></tr>
<tr><td>3</td><td colspan="2">精车左外轮廓</td><td>T01</td><td>20×20</td><td>800</td><td>100</td><td>0.5</td><td>自动</td></tr>
<tr><td>4</td><td colspan="8">工件掉头装夹后找正，手动车削对刀，同时保证工件总长</td></tr>
<tr><td>5</td><td colspan="2">粗车右外轮廓</td><td>T01</td><td>20×20</td><td>600</td><td>150</td><td>1.5</td><td>自动</td></tr>
<tr><td>6</td><td colspan="2">精车右外轮廓</td><td>T01</td><td>20×20</td><td>800</td><td>100</td><td>0.5</td><td>自动</td></tr>
<tr><td>7</td><td colspan="2">切槽</td><td>T02</td><td>20×20</td><td>300</td><td>60</td><td>4.0</td><td>自动</td></tr>
<tr><td>8</td><td colspan="2">粗精车锥螺纹</td><td>T03</td><td>20×20</td><td>800</td><td></td><td></td><td>自动</td></tr>
<tr><td>9</td><td colspan="8">手动钻 ϕ18mm 孔（中心钻，麻花钻）</td></tr>
<tr><td>10</td><td colspan="2">粗精镗内孔</td><td>T04</td><td>20×20</td><td>600</td><td>50</td><td>0.5</td><td>自动</td></tr>
<tr><td>11</td><td colspan="8">去毛刺、倒棱</td></tr>
<tr><td>编制</td><td></td><td>审核</td><td></td><td>批准</td><td></td><td>年 月 日</td><td>共 页</td><td>第 页</td></tr>
</table>

5. 程序编制

（1）加工零件左端

1）建立工件坐标系。加工零件时，夹持毛坯外圆，工件坐标系设在工件左端面轴线上，如图11-2所示。

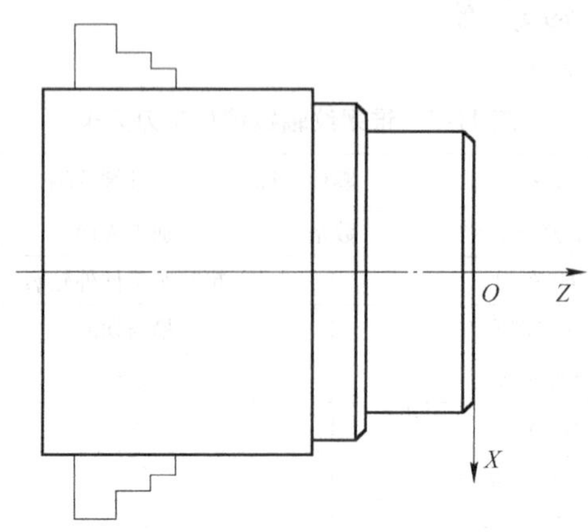

图11-2 工件坐标系及基点

2）参考程序见表11-7。

表11-7 FANUC 0i与SIEMENS 802D参考程序

FANUC 0i系统数控程序	SIEMENS 802D系统数控程序	注释
O1101；	SKC1101. MPF；	程序名
N1 G40 G97 G98 G21；	N1 G40 G95 G98 G21；	设置初始化
N2 T0101 S600 M03；	N2 T01D1 S600 M03；	设置刀具及主轴转速
N3 G00 X66.0 Z2.0；	N3 G00 X66.0 Z2.0；	快速到达循环起点
N4 G71 U1.5 R0.5； N5 G71 P6 Q13 U1.0 W0 F150；	CYCLE95（LZC111，1.5，0，0.5，，150，，，1，，，1.0）；	调用毛坯外圆循环，设置加工参数
N6 G00 X46.0；		FANUC 0i系统含义：轮廓精加工程序段 SIEMENS 802D轮廓精加工子程序见表11-8
N7 G01 Z0；		
N8 X50.0 Z－2.0；		
N9 Z－20.0；		
N10 X56.0；		
N11 X60.0 Z－22.0；		
N12 Z－32.0；		
N13 X66.0；		
N14 G00 X100.0 Z50.0；	N4 G00 X100.0 Z50.0；	刀具快速退至换刀点
N15 M05；	N5 M05；	主轴停
N16 M00；	N6 M00；	程序暂停，检测
N17 T0101 S800 M03；	N7 T01D1 S800 M03；	调用精车刀
N18 G00 X66.0 Z2.0；	N8 G00 X66.0 Z2.0；	刀具快速靠近工件
N19 G70 P6 Q13；	N9 LZC111；	FANUC0i采用精车循环进行精车，SIEMENS 802D采用子程序进行精车
N20 G00 X100.0 Z50.0；	N10 G00 X100.0 Z50.0；	快速退至换刀点
N21 M05；	N11 M05；	主轴停
N22 M30；	N12 M30；	程序结束

表11-8 SIEMENS 802D轮廓精加工子程序

程序内容	注释
LZC111. SPF；	子程序名
N1 G00 X46.0；	*X*向进刀
N2 G01 Z0；	*Z*向进刀
N3 X50.0 Z－2.0；	倒角*C*2
N4 Z－20.0；	精加工ϕ50mm外圆
N5 X56.0；	加工端面
N6 X60.0 Z－22.0；	倒角*C*2
N7 Z－32.0；	加工ϕ60mm外圆
N8 X66.0；	*X*向退刀
N9 M17；	子程序结束

（2）编制右端轮廓加工程序

1）设置工件坐标系。以工件 $\phi 60_{-0.03}^{0}$ mm 左端面定位，用铜皮包住 $\phi 50_{-0.02}^{0}$ mm，并用百分表找正，用自定心卡盘夹持 $\phi 50_{-0.02}^{0}$ mm 外圆，粗精车右端轮廓。工件坐标系设在工件右端面轴线上，如图 11-3 所示。

2）基点的坐标值见表 11-9。

表 11-9　基点的坐标值

基　　点	坐标值(X,Z)	基　　点	坐标值(X,Z)
O	(0,0)	4	(40.0，-25.0)
1	(36.0,0)	5	(40.0，-35.0)
2	(40.0，-16.0)	6	(40.0，-40.0)
3	(40.0，-20.0)	7	(60.0，-50.0)

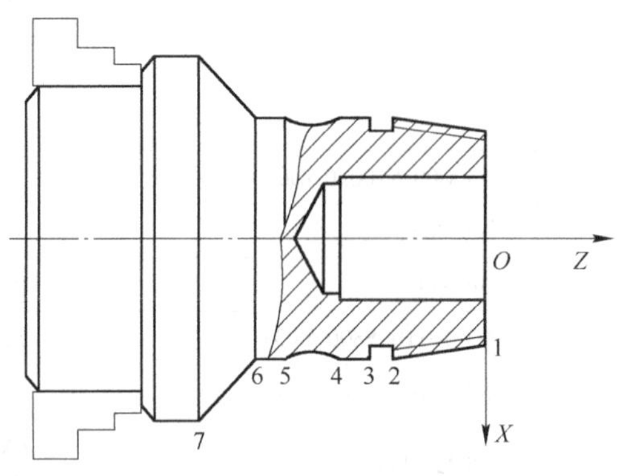

图 11-3　加工右端轮廓时的坐标系及基点

3）锥螺纹相关尺寸计算。

作如图 11-4 所示示意图，直角三角形△ABC 与△EDC 相似，则有

$$\frac{AB}{ED}=\frac{BC}{CD},\ 即\frac{3}{16}=\frac{BC}{40-36}$$

所以有

$$BC=0.75\text{mm}\ （直径值）$$

同理，直角三角形△EGF 与△EDC 相似，则有

$$\frac{GE}{ED}=\frac{FG}{CD},即\frac{2}{16}=\frac{FG}{40-36}$$

所以有

$$FG=0.5\text{mm}\ （直径值）$$

A 点坐标值为（35.25，3），F 点坐标值为（40.5，－18.0）。

$$螺纹牙深\ H=0.6495P=0.6495\times 2\text{mm}=1.299\text{mm}$$

4）参考程序见表 11-10。

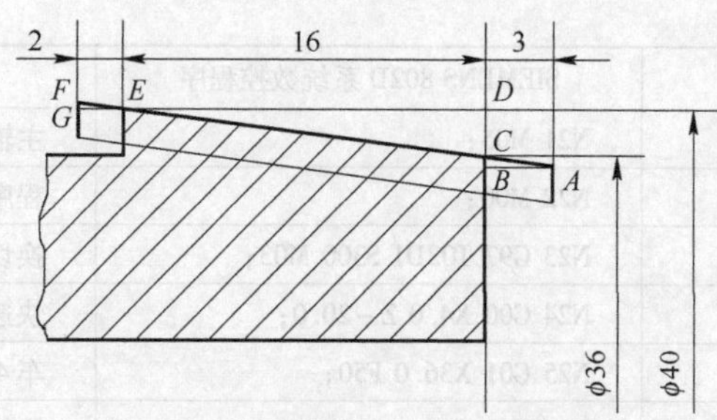

图 11-4　锥螺纹起点与终点示意图

表 11-10　FANUC 0i 与 SIEMENS 802D 参考程序

FANUC 0i 系统数控程序	SIEMENS 802D 系统数控程序	注　释
O1102；	SKC1102. MPF；	程序名
N1 G40 G98 G97 G21；	N1 G40 G95 G97 G21；	设置初始化
N2 T0101 S600 M03；	N2 T01D1 S600 M03；	设置刀具及主轴转速
N3 G00 X66. 0 Z2. 0；	N3 G00 X66. 0 Z2. 0；	快速到达循环起点
N4 G71 U1. 5 R0. 5； N5 G71 P6 Q17 U1. 0 W0 F150；	N4 CYCLE95（LZC112，1. 5，0，0. 5，，150，，，1，，，0. 5）；	调用毛坯外圆循环，设置加工参数
N6 G00 X36. 0；		FANUC 0i 系统含义：轮廓精加工程序段 SIEMENS 802D 轮廓精加工子程序见表 11-11
N7 G01 Z0；		
N8 X40. 0 Z－16. 0；		
N9 Z－40. 0；		
N10 X60. 0 Z－50. 0；		
N11 G00 X100. 0 Z50. 0；	N5 G00 X100. 0 Z50. 0；	刀具快速退至换刀点
N12 M05；	N6 M05；	主轴停
N13 M00；	N7 M00；	程序暂停
N14 T0101 G96 S200 M03；	N8 T01D1 G96 S200 M03；	调用精车刀，恒线速度切削
N15 G50 S2000；	N9 LIMS＝2000；	限制主轴最高转速
N16 G00 G42 X40. 5 Z－25. 0；	N10 G00 G42 X40. 5 Z－25. 0；	刀具快速靠近工件
N17 G02 X40. 5 Z－35. 0 R10. 0；	N11 G02 X40. 5 Z－35. 0 R10. 0；	粗车凹弧
N18 G00 Z2. 0；	N12 G00 Z2. 0；	快速到达精车起点
N19 X36. 0；	N13 X36. 0；	
N20 G01 Z0；	N14 G01 Z0；	
N21 X40. 0 Z－16. 0；	N15 X40. 0 Z－16. 0；	精车锥螺纹外径
N22 Z－25. 0；	N16 Z－25. 0；	精车 ϕ40mm 外圆
N23 G02 X40. 0 Z－35. 0 R10. 0；	N17 G02 X40. 0 Z－35. 0 R10. 0；	精车 R10mm 凹弧
N24 G01 Z－40. 0；	N18 G01 Z－40. 0；	精车 ϕ40mm 外圆
N25 X60. 0 Z－50. 0；	N19 X60. 0 Z－50. 0；	精车锥体
N26 G00 G40 X100. 0 Z50. 0；	N20 G00 G40 X100. 0 Z50. 0；	刀具退至换刀点，取消刀具半径补偿

（续）

FANUC 0i 系统数控程序	SIEMENS 802D 系统数控程序	注　　释
N27 M05;	N21 M05;	主轴停
N28 M00;	N22 M00;	程序暂停
N29 G97 T0202 S300 M03;	N23 G97 T02D1 S300 M03;	换切槽刀
N30 G00 X42.0 Z-20.0;	N24 G00 X4.0 Z-20.0;	快速靠近工件
N31 G01 X36.0 F50;	N25 G01 X36.0 F50;	车 4mm 宽槽
N32 X42.0;	N26 X42.0;	*X* 向退刀
N33 G00 X100.0 Z50.0;	N27 G00 X100.0 Z50.0;	快速退至换刀点
N34 M05;	N28 M05;	主轴停
N35 M00;	N29 M00;	程序暂停
N36 T0303 S600 M03;	N30 T03D1 S600 M03;	换 4 号刀,设置主轴转速
N37 G00 X45.0 Z3.0;	N31 G00 X45.0 Z3.0;	快速移至循环起点
N38 G76 P011060 Q100 R50; N39 G76 X38.34 Z-18.0 R-2.625 P1299 Q350 F2;	N32 CYCLE97(2,,0,-16.0,33.09,38.34,3,2,1.299,0.05,0,0,5,1,1,1);	调用螺纹加工循环,设置螺纹加工参数
N40 G00 X100.0 Z50.0;	N33 G00 X100.0 Z50.0;	刀具退回换刀点
N41 M05;	N34 M05;	主轴停
N42 M00;	N35 M00;	程序暂停,手动钻孔
N43 T0404 S600 M03;	N36 T04D1 S600 M03;	换内孔刀
N44 G00 X16.0 Z5.0;	N37 G00 X16.0 Z5.0;	快速靠近工件
N45 X19.4;	N38 X19.4;	
N46 G01 Z-25.0 F50;	N39 G01 Z-25.0 F50;	粗车内孔
N47 X16.0;	N40 X16.0;	*X* 向退刀
N48 Z2.0;	N41 Z2.0;	*Z* 向退刀
N49 X20.0	N42 X20.0;	*X* 向进刀
N50 Z-25.0;	N43 Z-25.0;	精车内孔
N51 X16.0;	N44 X16.0;	*X* 向退刀
N52 Z5.0;	N45 Z5.0;	*Z* 向退刀
N53 G00 X100.0 Z50.0;	N46 G00 X100.0 Z50.0;	退至换刀点
N54 M05;	N47 M05;	主轴停
N55 M30;	N48 M30;	程序结束

表 11-11　SIEMENS 802D 轮廓精加工子程序

程序内容	注　　释
LZC112.SPF;	子程序名
N1 G00 X36.0;	*X* 向进刀
N2 G01 Z0;	*Z* 向进刀
N3 X40.0 Z-16.0;	车锥螺纹外径
N4 Z-40.0;	车 ϕ40mm 外圆
N5 X60.0 Z-50.0;	车锥体
N6 M17;	子程序结束

6. 工件加工

（1）加工准备

1）检查毛坯尺寸。

2）开机，回参考点。

3）输入程序并校验。把编制好的加工程序输入到数控系统，并应用空运行或图形模拟校验所编制的加工程序，验证程序合格后方能进行以下步骤。

4）装夹工件。用自定心卡盘夹住毛坯外圆，伸出大于40mm，找正并夹紧。调头装夹，以工件 $\phi60_{-0.03}^{\ 0}$ mm 左端面定位，用铜皮包住 $\phi50_{-0.02}^{\ 0}$ mm，并用百分表找正，用自定心卡盘夹持 $\phi50_{-0.02}^{\ 0}$ mm 外圆，粗精车右端轮廓。

5）装夹刀具。把外圆车刀、切槽刀、螺纹刀、内孔刀按要求依次装入 T01、T02、T03 及 T04 号刀位。

6）对刀。将上述四把刀具依次对好，并将有关数值输入到刀具参数中，如刀尖圆弧半径、刀尖方位等，掉头后必须重新对刀。

（2）零件的自动加工　将数控车床置于自动加工模式，首先将加工程序调入数控系统，调好进给倍率进行自动加工，加工过程中要进行精度控制，具体方法如下：

1）外圆及长度尺寸控制。左右两侧轮廓均通过调整外圆精车刀（T01）X 及 Z 向刀具磨损量，运行精加工程序。程序结束后停机测量，根据测量结果再修调刀具磨损量，重新执行外圆精加工程序，直到达到尺寸要求为止。

2）螺纹精度控制。加工螺纹前，把螺纹刀（T03）刀具磨损量设置为0.1～0.2mm，螺纹循环运行后停机测量，根据测量结果调整刀具磨损量，重新运行螺纹循环指令，直至符合尺寸要求为止。

3）内孔精度控制。设置内孔车刀（T04）X 及 Z 向刀具磨损量，然后运行精加工程序。程序结束后停机测量，根据测量结果再修调刀具磨损量，重新执行内孔加工程序，直到达到尺寸要求为止。

（3）加工结束　加工结束后应清理机床。

7. 操作注意事项

1）装夹刀具时，车刀刀尖必须与主轴轴线等高，否则加工的 SR7mm 半球体会产生凸台。

2）所使用的外圆车刀及内孔镗刀有刀尖圆弧半径，加工时必须进行刀具半径补偿，否则加工的圆弧存在加工误差。精加工右侧外轮廓时，采用恒线速度切削来保证凹球面和锥体外表面的质量要求。

3）切槽刀的刃长必须满足切断要求。

4）加工螺纹时，除了应用参考程序中的螺纹循环指令外，FANUC0i 系统也可采用 G32、G92 指令编制，SIEMENS 系统也可采用 G33 指令编制。

5）在加工过程中，应尽量采用试切、试测方法控制尺寸精度。

6）程序中的换刀点不一定是最佳位置，应根据所用刀具及机床情况重新设置。

试题十二　曲面三角形螺纹轴的加工

一、考核目标

1）掌握曲面三角形螺纹轴零件图的识读方法。

2）掌握曲面三角形螺纹轴加工工艺的制订方法。

3）掌握圆弧、螺纹加工指令的应用方法。

4）掌握曲面三角形螺纹轴加工程序的编制方法。

5）掌握数控车床的操作方法。

二、考核要求

1. 总体要求

1）试题名称：曲面三角形螺纹轴（图 12-1）。

2）本题分值：100 分。

3）考核时间：180min。

4）考核形式：操作。

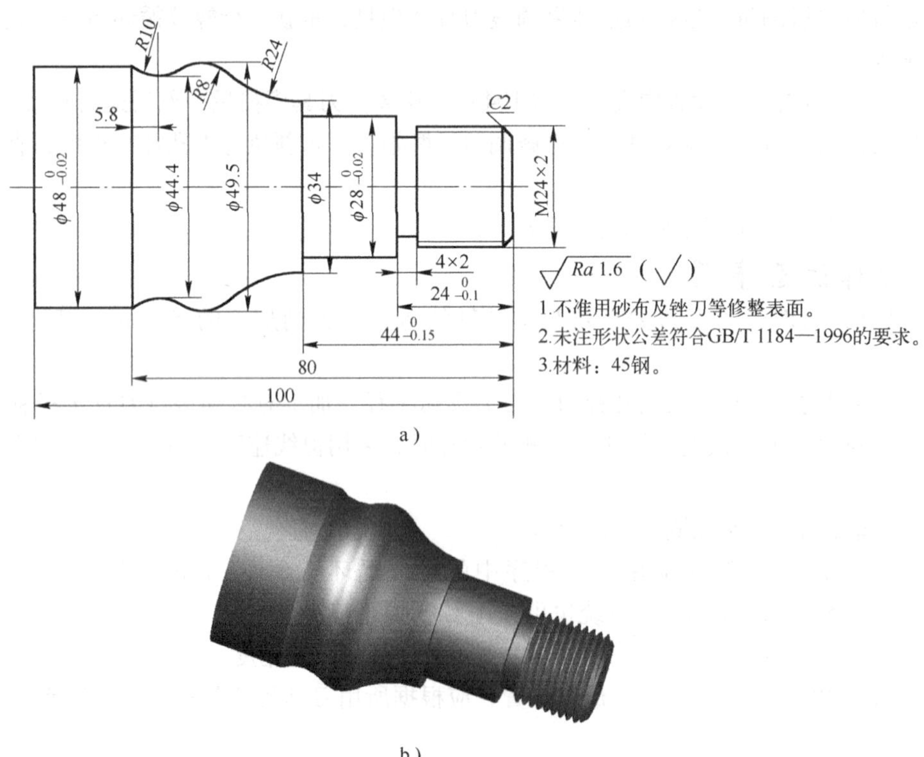

图 12-1　曲面三角形螺纹轴零件图

2. 配分及评分标准

1）操作技能考核总成绩见表 12-1。

表 12-1　操作技能考核总成绩表

序号	项目名称	配分	得分	备注
1	现场操作	15		
2	现场笔试	25		
3	工件质量	60		
合计		100		

2）现场操作规范评分见表 12-2。

表 12-2　现场操作规范评分表

序号	项目	考核内容	配分	考场表现	得分
1	现场操作规范	正确使用机床	5		
2		正确使用量具	2		
3		合理使用刃具	2		
4		设备维护保养	6		
合计			15		

3）现场笔试评分表。现场制订工艺，编制加工程序，并进行评分，程序评分见表 12-3，工艺简卡见表 12-4。

表 12-3　程序编制评分表

序号	考核内容		扣分标准	配分	得分
1	工艺制订		错一处扣 1 分	5	
2	程序编制	建立工件坐标系	出现错误不得分	2	
3		程序代码正确	一处错误扣 2 分	8	
4		刀具轨迹显示正确	不正确不得分	5	
5		程序完整性	一处错误扣 2 分	5	
合计				25	

表 12-4　工艺简卡

<table>
<tr><td>职业</td><td>数控车工</td><td>考核等级</td><td>数控车工中级</td><td>姓名</td><td></td><td>得分</td><td></td></tr>
<tr><td colspan="4" rowspan="2">数控车床工艺简卡</td><td colspan="2">机床编号</td><td colspan="2"></td></tr>
<tr><td colspan="2">准考证号</td><td colspan="2"></td></tr>
<tr><td>工序名称及
加工程序号</td><td colspan="3">工艺简图
（标明定位、装夹位置）
（标明程序原点和对刀点位置）</td><td colspan="3">工步序号及内容</td><td>选用
刀具</td></tr>
<tr><td rowspan="3"></td><td colspan="3" rowspan="3"></td><td colspan="3">1.</td><td></td></tr>
<tr><td colspan="3">2.</td><td></td></tr>
<tr><td colspan="3">3.</td><td></td></tr>
</table>

（续）

		4.	
		5.	
		6.	
		7.	
		8.	
		9.	
		1.	
		2.	
		3.	
		4.	
		5.	
		6.	
		7.	
		8.	
		9.	

监考人		检验员		考评人	
日期					

4）工件质量评分见表 12-5。

表 12-5　工件质量评分表

序号	考核项目		扣分标准	配分	得分
1	长度/mm	100	每超差 0.01mm 扣 1 分	4	
2		80	每超差 0.01mm 扣 1 分	4	
3		$44^{0}_{-0.15}$	不合格不得分	4	
4		$24^{0}_{-0.1}$	不合格不得分	4	
5	外圆/mm	$\phi28^{0}_{-0.02}$	每超差 0.01mm 扣 2 分	4	
6		$\phi48^{0}_{-0.02}$	每超差 0.01mm 扣 2 分	4	
7		$\phi34$	不合格不得分	4	
8		$\phi49.5$	不合格不得分	4	
9		$\phi44.4$	不合格不得分	4	
10	槽/mm	4×2	不合格不得分	4	
11	螺纹/mm	M24	不合格不得分	4	
		螺距 2	不合格不得分	2	
12	圆弧/mm	$R8$	不合格不得分	2	
13		$R10$	不合格不得分	2	

（续）

序号	考核项目		扣分标准	配分	得分
14	圆弧/mm	R24	不合格不得分	2	
15	倒角	C2	不合格不得分	2	
16	表面粗糙度值/μm	Ra1.6（六处）	降级不得分	6	
合计				60	
评分人		年　月　日	核分人	年　月　日	

3. 考场准备

（1）考核场地

1）考场面积：每位选手一般不少于 $10m^2$，每个操作工位不少于 $6m^2$。

2）考核场地应整洁、卫生、明亮，设备完好，应备的工具及原材料齐全，符合规定要求。考场设操作工位 10～20 个，每个工位应标明工位编号。

3）每个工位配有约 $0.6m^2$ 的台面供选手书写并摆放工具、量具及刃具。

4）安全通道宽度不小于 2m。

5）考场电源功率必须能够满足所有设备正常起动工作。

6）考场应配备消防及防护安全设施，并配有相应数量的清洁工具。

7）每个赛场应为本赛场的每个选手提供一套竞赛设备，并有一定数量的备用设备。

8）监考人员数量与考生人数之比为 1∶5。

9）每个考场至少配机修工、电器维修工及医护人员各 1 名。距考场 10m 处设警戒线，考试时有专人负责，无关人员不得随意出入。

（2）场地条件

1）电：三相电源 380V，45kW；二相电源 5kW。

2）水：清洁用水。

3）气：提供压缩空气，每个工作位配 1 把风枪。

4）电缆：电缆应能有效隐藏或处理，确保安全。

5）污染：噪声 60～70dB/（单机，2m 距离），少量的油污和振动。

（3）材料准备　材料准备见表 12-6。

表 12-6　材料准备

名　称	规　格	数　量	要　求
锻钢或 45 钢	ϕ55mm×105mm	1 件/考生	考场准备

（4）设备准备　设备准备见表 12-7。

表 12-7　设备准备

名　称	规　格	数　量	要　求
数控车床	根据考点情况确定	1 台/考生	考场准备
卡盘扳手	相应车床	1 副/台	
刀架扳手	相应车床	1 副/台	

4. 考生准备

考生主要准备工具、刃具、量具及辅具等，见表12-8。

表12-8 工具、刃具、量具及辅具准备

序号	名　称	型　号	数　量	要求
1	90°右偏车刀	90°外圆车刀	自定	
2	外圆精车刀	35°菱形机夹刀	自定	
3	切槽刀	4mm宽切槽刀	自定	
4	外三角形螺纹车刀	P=2mm	自定	
5	游标卡尺	0.02mm/0～300mm	1	
6	游标深度卡尺	0.02mm/0～200mm	1	
7	外径千分尺	0.01mm/50～75mm，0.01mm/25～50mm	各1	
8	钢直尺	150mm	1	
9	圆弧样板	R8mm、R10mm、R24mm	各1	
10	螺纹环规	M24×2-6h	1套	
11	中心钻及钻夹头	A3.5，ϕ1～13mm	各1	
12	回转顶尖	相应车床	1	
13	常用工具		自定	

5. 否定项说明

1）出现危及考生或他人安全的状况应终止考试，如果是由于考生操作失误所致，考生该题成绩记零分。

2）因考生操作失误所致，导致设备故障且当场无法排除应终止考试，考生该题成绩记零分。

3）因刀具、工具损坏而无法继续应终止考试。

三、考核实施

本题通过对曲面三角形螺纹轴的加工，考核学生对外圆、圆弧、槽与螺纹等内容的综合掌握。要求考生通过图样分析，合理制订出加工方案，熟练掌握加工前的准备，安装刀具与装夹工件，程序的编制、输入与校验，零件的加工、检测等各项操作方法。

1. 图样分析

如图12-1所示，该零件右端为M24×2mm螺纹，其长度为20mm，螺纹右端倒角为$C2$。螺纹退刀槽宽为4mm，槽深2mm。$\phi28_{-0.02}^{\ 0}$mm外圆的长度由长度$44_{-0.15}^{\ 0}$mm和$24_{-0.1}^{\ 0}$mm确定。曲面由R24mm、R8mm、R10mm三个圆弧相切连成，R24mm和R10mm为凹弧，R8mm为凸弧。$\phi48_{-0.02}^{\ 0}$mm的外圆长度由总长100mm和长度80mm确定。所有加工轮廓表面的粗糙度值要求为Ra1.6μm。该零件尺寸标注完整，轮廓描述清楚，零件材料为45钢，无热处理和硬度要求，适合在数控车床上加工。

2. 难点分析

图12-1所示零件的加工难点为曲面的加工，一要正确计算出圆弧与圆弧的切点坐标，

二要保证曲面的表面加工质量。对于前者，可借助 CAD 作图求出切点的坐标；对于后者，精加工时可采用恒线速度切削来保证曲面的加工质量。

3. 工艺分析

由于零件外圆尺寸的公差值小、加工表面质量要求高，因此在编制加工工序时，应按粗精加工分开、先近后远等原则进行编制。先夹住毛坯外圆，粗精加工零件的左端轮廓，然后掉头齐端面，钻中心孔，采用一夹一顶装夹方式，粗精加工零件右端轮廓。

根据上述分析，可制订以下加工步骤：

1）夹住毛坯外圆，伸出长度大于 20mm，粗精加工零件的左端面及轮廓。

2）调头装夹，齐端面保证总长，钻中心孔。

3）采用一夹一顶的装夹方式，粗精加工右端轮廓。

4）用切槽刀加工螺纹退刀槽。

5）加工 M24 ×2mm 螺纹。

4. 相关工艺卡片的填写

1）数控加工刀具卡见表 12-9。

表 12-9　数控加工刀具卡

产品名称或代号		×××	零件名称	曲面三角形螺纹轴	零件图号	××
序号	刀具号	刀具规格名称	数量	加工表面	刀尖半径/mm	备注
1	T01	90°右偏车刀	1	工件左轮廓	0.4	20×20
2	T02	35°菱形机夹刀	1	工件右端外轮廓	0.2	20×20
3	T03	4mm 宽切槽刀	1	螺纹退刀槽		20×20
4	T04	60°外螺纹刀	1	螺纹		20×20
编制		审核	批准		年　月　日	共　页　第　页

2）数控加工工艺卡见表 12-10。

表 12-10　数控加工工艺卡

单位名称	×××		产品名称或代号	零件名称	零件图号	
			×××	×××	××	
工序号	程序编号		夹具名称	使用设备	车间	
001	×××		自定心卡盘	CK6140	数控	
工步号	工步内容	刀具号	刀具规格/mm	主轴转速/r·min⁻¹	进给速度/mm·min⁻¹	背吃刀量/mm	备注
1	粗精车左端面及轮廓	T01	20×20	600	150	1.5	自动
2	车右端面，钻中心孔						
3	粗精车右端外轮廓	T02	20×20	G96 S200	100	0.5	自动
4	切槽	T03	20×20	300	60	4	自动
5	粗精车螺纹	T04	20×20	800			自动
编制		审核	批准		年　月　日	共　页	第　页

5. 程序编制

（1）加工左端面及轮廓

1）建立工件坐标系。夹住毛坯外圆，加工左端面及轮廓，工件伸出长度大于20mm。工件坐标系设在工件左端面轴线上，如图12-2所示。

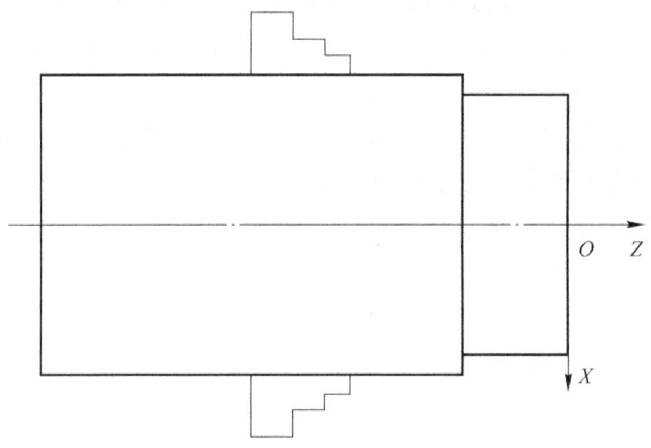

图12-2 加工左端面及轮廓时的工件坐标系

2）参考程序见表12-11。

表12-11 参考程序

FANUC 0i 系统数控程序	SIEMENS 802D 系统数控程序	注 释
O1201;	SKC1201. MPF;	程序名
N1 G40 G98 G97 G21;	N1 G40 G95 G97 G21;	设置初始化
N2 T0101 S600 M03;	N2 T01D1 S600 M03;	设置刀具及主轴转速
N3 G00 X56.0 Z0.0;	N3 G00 X56.0 Z0.0;	快速到达循环起点
N4 G01 X0 F60;	N4 G01 X0 F60;	齐端面
N5 G00 X49.0 Z2.0;	N5 G00 X49.0 Z2.0;	退刀
N6 G01 Z-25.0 F100;	N6 G01 Z-25.0 F100;	粗车 ϕ48mm 外圆
N7 X56.0;	N7 X56.0;	X 向退刀
N8 G00 X100.0 Z50.0;	N8 G00 X100.0 Z50.0;	快速退至换刀点
N9 M05;	N9 M05;	主轴停
N10 M00;	N10 M00;	程序暂停,测量工件,调整刀补值
N11 T0101 S800 M03;	N11 T01D1 S800 M03;	主轴正转,转速为800r/min
N12 G00 X48.0 Z2.0;	N12 G00 X48.0 Z2.0;	快速靠近工件
N13 G01 Z-25.0 F80;	N13 G01 Z-25.0 F80;	精车 ϕ48mm 外圆
N14 X56.0;	N14 X56.0;	X 向退刀
N15 G00 X100.0 Z50.0;	N15 G00 X100.0 Z50.0;	快速退至换刀点
N16 M30;	N16 M30;	程序结束

（2）加工右端面及轮廓

1）建立工件坐标系。

用自定心卡盘夹住 ϕ48mm 外圆（用铜皮包住），粗精车右端面及轮廓。工件坐标系设在工件右端面轴线上，如图 12-3 所示。

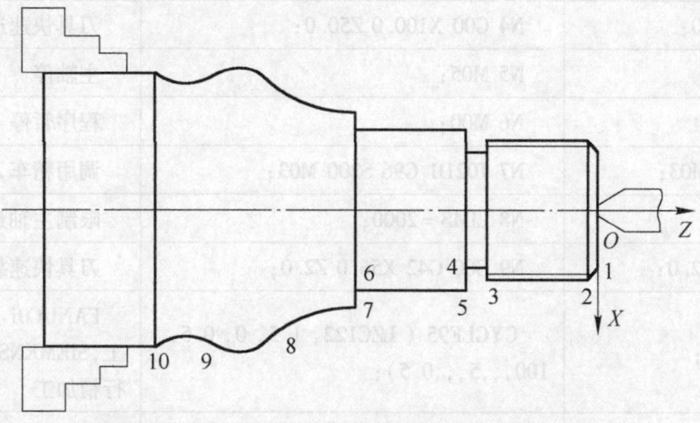

图 12-3　加工右端面及轮廓时的工件坐标系

2）右端基点的坐标值见表 12-12。

表 12-12　基点的坐标值

基　点	坐标值(X,Z)	基　点	坐标值(X,Z)
1	(20.0,0)	6	(28.0, -44.0)
2	(24.0, -2.0)	7	(34.0, -44.0)
3	(24.0, -20.0)	8	(45.63, -59.82)
4	(20.0, -24.0)	9	(47.23, -69.14)
5	(28.0, -24.0)	10	(48.0, -80.0)

3）参考程序见表 12-13。

$$螺纹牙高\ h = 0.6495P = 0.6495 \times 2\text{mm} = 1.299\text{mm}$$

表 12-13　FANUC 0i 与 SIEMENS 802D 参考程序

FANUC 0i 系统数控程序	SIEMENS 802D 系统数控程序	注　释
O1202;	SKC1202. MPF;	程序名
N1 G40 G98 G97 G21;	N1 G40 G95 G97 G21;	设置初始化
N2 T0202 S600 M03;	N2 T02D1 S600 M03;	设置刀具及主轴转速
N3 G00 X56.0 Z2.0;	N3 G00 X56.0 Z2.0;	快速到达循环起点
N4 G73 U17.5 W1.0 R10; N5 G73 P6 Q15 U1.0 W0 F150;	CYCLE95 (LZC122, 1.5, 0, 0.5, , 150, , , 1, , , 0.5);	调用毛坯外圆循环，设置加工参数
N6 G00 X20.0 Z0.0; N7 G01 X24.0 Z -2.0; N8 Z -24.0; N9 X28.0; N10 Z -44.0; N11 X34.0; N12 G02 X45.63 Z -59.82 R24.0; N13 G03 X47.23 Z -69.14 R8.0; N14 G02 X48.0 Z -80.0 R10.0; N15 G01 X56.0;		FANUC 0i 系统含义：轮廓精加工程序段 SIEMENS 802D 轮廓精加工子程序见表 12-14

（续）

FANUC 0i 系统数控程序	SIEMENS 802D 系统数控程序	注　释
N16 G00 X100.0 Z50.0;	N4 G00 X100.0 Z50.0;	刀具快速退至换刀点
N17 M05;	N5 M05;	主轴停
N18 M00;	N6 M00;	程序暂停
N19 T0202 G96 S200 M03;	N7 T02D1 G96 S200 M03;	调用精车刀，恒线速度切削
N20 G50 S2000;	N8 LIMS = 2000;	限制主轴最高转速
N21 G00 G42 X56.0 Z2.0;	N9 G00 G42 X56.0 Z2.0;	刀具快速靠近工件
N22 G70 P6 Q15 F100;	CYCLE95 (LZC122, 1.5, 0, 0.5,, 100,,,5,,,0.5);	FANUC0i 系统采用 G70 进行精加工，SIEMENS 802D 采用 CYCLE95 进行精加工
N23 G00 G40 X100.0 Z50.0;	N10 G00 G40 X100.0 Z50.0;	刀具退至换刀点，取消刀具半径补偿
N24 M05;	N11 M05;	主轴停
N25 G97 T0303 S300 M03;	N12 G97 T03D1 S300 M03;	换切槽刀（左刀尖对刀）
N26 G00 X30.0 Z-24.0;	N13 G00 X30.0 Z-24.0;	快速到达切槽起点
N27 G01 X20.0 F50;	N14 G01 X20.0 F50;	切第一刀，*X* 向留 0.2mm 余量
N28 X30.0;	N15 X30.0;	*X* 向退刀
N29 G00 X100.0 Z50.0;	N16 G00 X100.0 Z50.0;	快速退至换刀点
N30 M05;	N17 M05;	主轴停
N31 T0404 S600 M03;	N18 T04D1 S600 M03;	换 4 号刀，设置主轴转速
N32 G00 X26.0 Z4.0;	N19 G00 X26.0 Z4.0;	快速靠近工件
N33 G76 P011060 Q100 R50; N34 G76 X21.84 Z-22.0 R0 P1299 Q350 F2;	CYCLE97 (2,, 0, -20.0, 21.84, 21.84, 4, 2, 1.299, 0.05, 0, 0, 5, 1, 3,1);	FANUC 采用 G76 加工螺纹，SIEMENS 采用 CYCLE97 加工螺纹
N35 G00 X100.0 Z50.0;	N20 G00 X100.0 Z50.0;	刀具退回换刀点
N36 M05;	N21 M05;	主轴停
N37 M30;	N22 M30;	程序结束

表 12-14　SIEMENS 802D 轮廓精加工子程序

程序内容	注　释
LZC122.SPF;	子程序名
N1 G00 X20.0 Z0.0;	快速靠近工件
N2 G01 X24.0 Z-2.0;	倒角 *C*2
N3 Z-24.0;	车 M24 螺纹大径
N4 X28.0;	车端面
N5 Z-44.0;	车 ϕ28mm 外圆
N6 X34.0;	车端面
N7 G02 X45.63 Z-59.82 R24.0;	车 *R*24mm 凹弧
N8 G03 X47.23 Z-69.14 R8.0;	车 *R*8mm 凸弧

（续）

程序内容	注　释
N9 G02 X48.0 Z-80.0 R10.0；	车 *R*10mm 凹弧
N10 G01 X56.0；	*X* 向退刀
N11 M17；	子程序结束

6. 工件加工

（1）加工准备

1）检查毛坯尺寸。

2）开机，回参考点。

3）输入程序并校验。把编制好的加工程序输入到数控系统中，并应用空运行或图形模拟校验所编制的加工程序，验证程序合格后方能进行以下步骤。

4）装夹工件。用自定心卡盘夹住毛坯外圆，伸出长度大于20mm，找正并夹紧，加工左端面及外轮廓。用自定心卡盘夹住 ϕ48mm 外圆（用铜皮包住），粗精车右端面及轮廓。

5）装夹刀具。把90°右偏车刀、35°菱形机夹车刀、切槽刀、螺纹刀按要求依次装入T01、T02、T03 及 T04 号刀位。

6）对刀。加工左端时，只对 T01 刀具即可；调头后将四把刀具依次对好，并将有关数值输入到刀具参数中，如刀尖圆弧半径、刀尖方位等。

（2）零件的自动加工　将数控车床置于自动加工模式，首先将加工程序调入数控系统，调好进给倍率进行自动加工，在加工过程中要进行精度控制，具体方法如下：

1）外圆及长度尺寸控制。左端调整 T01 的 *X* 及 *Z* 向刀具磨损量，右端调整 T02 的 *X* 及 *Z* 向刀具磨损量，然后运行粗加工程序。程序结束后停机测量，根据测量结果再修调刀具磨损量，重新执行外圆精加工程序，直到达到尺寸要求为止。

2）螺纹精度控制。加工螺纹前，把螺纹刀（T04）刀具磨损量设置为0.1～0.2mm，螺纹循环运行后停机测量，根据测量结果调整刀具磨损量，重新运行螺纹循环指令，直至符合尺寸要求为止。

（3）加工结束　加工结束后应清理机床。

7. 操作注意事项

1）装夹刀具时，车刀刀尖必须与主轴轴线等高。

2）所使用的精车刀有刀尖圆弧半径，精加工时必须进行刀具半径补偿，否则加工的圆弧存在加工误差。精加工时，采用恒线速度切削来保证曲面表面质量要求。

3）加工螺纹时，除了应用参考程序中的螺纹循环指令外，FANUC0i 系统也可采用G32、G92 指令编制，SIEMENS 系统也可采用 G33 指令编制。

4）在加工过程中，应尽量采用试切、试测方法控制尺寸精度。

5）程序中设置的换刀点不一定是最佳位置，应根据所用刀具及机床情况重新设置。

试题十三　球头手柄的加工

一、考核目标

1）掌握球头手柄零件图的识读方法。
2）掌握球头手柄加工工艺的制订方法。
3）掌握圆弧和螺纹加工指令的应用方法。
4）掌握球头手柄加工程序的编制方法。
5）掌握球头手柄加工刀具的选择方法。
6）掌握数控车床的操作方法。

二、考核要求

1. 总体要求

1）试题名称：球头手柄（图 13-1）。
2）本题分值：100 分。
3）考核时间：180min。
4）考核形式：操作。

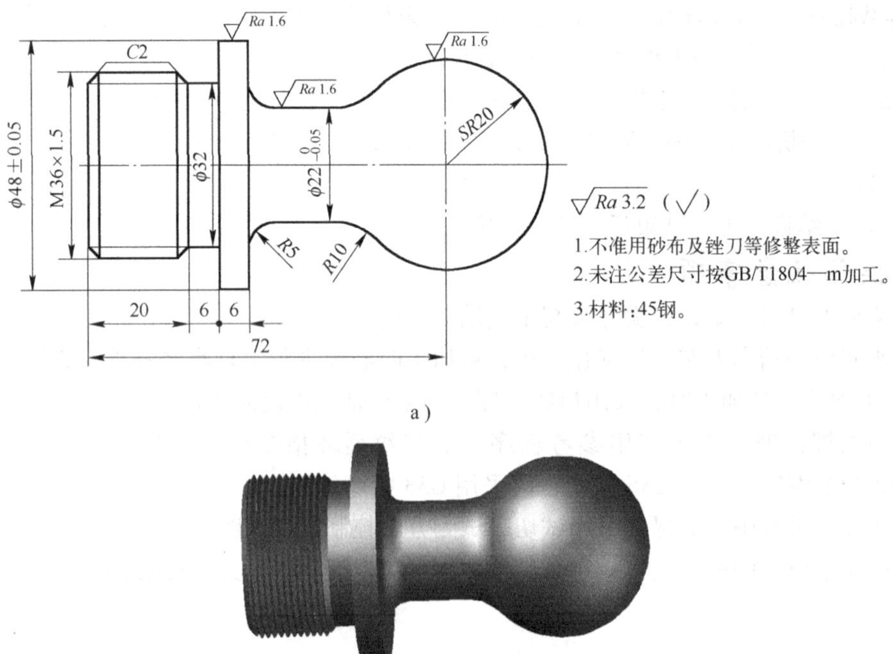

a）

b）

图 13-1　球头手柄零件图

2. 配分及评分标准

1）操作技能考核总成绩见表13-1。

表13-1　操作技能考核总成绩表

序号	项目名称	配分	得分	备注
1	现场操作	10		
2	工件质量	90		
合计		100		

2）现场操作规范评分见表13-2。

表13-2　现场操作规范评分表

序号	项目	考核内容	配分	考场表现	得分
1	现场操作规范	正确使用机床	2		
2		正确使用量具	2		
3		合理使用刃具	2		
4		设备维护保养	4		
合计			10		

3）工件质量评分见表13-3。

表13-3　工件质量评分表

序号	考核项目		扣分标准	配分	得分
1	长度/mm	72	不合格不得分	6	
2		20	不合格不得分	6	
3		6(二处)	不合格不得分	6	
4	外圆/mm	$\phi32$	不合格不得分	6	
5		$\phi22_{-0.05}^{0}$	每超差0.01mm扣2分	6	
6		$\phi48\pm0.05$	每超差0.01mm扣2分	6	
7	圆弧/mm	$R5$	不合格不得分	6	
8		$R10$	不合格不得分	6	
9		$SR20$	不合格不得分	8	
10	螺纹/mm	M36×1.5	不合格不得分	8	
11	倒角	$C2$(二处)	不合格不得分	6	
12	表面粗糙度值/μm	$Ra1.6$(三处)	降级不得分	9	
13		$Ra3.2$(五处)	降级不得分	5	
评分人		年　月　日	核分人		年　月　日

3. 准备清单

（1）考场准备

1）材料准备见表13-4。

表 13-4 材料准备

名称	规格	数量	要求
45 钢	ϕ50mm×95mm	1 件/考生	考场准备

2）设备准备见表 13-5。

表 13-5 设备准备

名称	规格	数量	要求
数控车床	根据考点情况选择	1 台/考生	考场准备
自定心卡盘	对应工件	1 副/台	
自定心卡盘扳手	对应机床	1 副/台	
刀架扳手	对应机床	1 副/台	
螺纹环规	M36×1.5mm	1 套	

（2）考生准备　考生主要准备工具、量具、刀具及其他，见表 13-6。

表 13-6 工具、量具、刀具及其他准备

序号	名称	型号	数量	要求
1	93°外圆车刀(右偏)	相应车床	自定	刀尖角 35°
2	45°端面车刀	相应车床	自定	
3	切槽刀	4mm 宽切槽刀	自定	
4	外三角形螺纹车刀	P=1.5mm	自定	
5	游标卡尺	0.02mm/0～200mm	1	
6	游标深度卡尺	0.02mm/0～200mm	1	
7	外径千分尺	0.01mm/0～25mm，0.01mm/25～50mm	各 1	
8	钢直尺	150mm	1	
9	圆弧样板	R5mm、R10mm、R20mm	各 1	
10	螺纹环规	M36×1.5-6h	1 套	
11	其他常用工具		自定	

4. 说明

1）出现危及考生或他人安全的状况应终止考试，如果是由于考生操作失误所致，考生该题成绩记零分。

2）因考生操作失误所致，导致设备故障且当场无法排除应终止考试，考生该题成绩记零分。

3）因刀具、工具损坏而无法继续应终止考试。

三、考核实施

本题通过对中等复杂球头手柄零件的加工，考核学生对圆弧、外圆、槽与螺纹等内容的

综合掌握。要求考生通过图样分析，合理制订出加工方案，熟练掌握加工前的准备，刀具与工件的安装，程序的编制、输入与校验，零件的加工、检测等各项操作方法。

1. 图样分析

如图 13-1 所示，该零件主要由圆弧、外圆、槽、螺纹等轮廓组成。零件右端为一球体，其半径为 *SR*20mm，球体通过 *R*10mm 的过渡圆弧与 $\phi22_{-0.05}^{\ 0}$ mm 圆柱相连；中间为 $\phi48$mm ±0.05mm 圆柱，长度为 6mm；$\phi22_{-0.05}^{\ 0}$ mm 圆柱与 $\phi48$mm ±0.05mm 圆柱通过 *R*5 过渡圆弧相连；零件左端为 M36 ×1.5mm 螺纹，长度为 20mm，螺纹两端倒角为 *C*2。螺纹退刀槽宽为 6mm，槽底直径为 $\phi32$mm。零件总长由尺寸 72mm 和 *SR*20mm 保证。该零件尺寸标注完整，轮廓描述清楚，零件材料为 45 钢，无热处理和硬度要求，适合在数控车床上加工。

2. 难点分析

图 13-1 所示零件形状相对复杂，需要加工球体、过渡圆弧、外圆、螺纹、槽等轮廓。加工该零件的难点在于，一是如何保证球体和过渡圆弧的尺寸精度和表面质量，二是如何避免加工球体时出现凸台。

3. 工艺分析

为了解决上述加工难点，在编制程序时，需要考虑刀尖圆弧半径对尺寸精度的影响，同时为了球体和过渡圆弧表面质量的一致性，精加工时必须采用恒线速度切削。为了避免加工球体时出现凸台，装刀时，刀尖必须与主轴中心等高。根据上述分析，可制订以下加工步骤：

1）夹住毛坯外圆，伸出长度大于 35mm，粗精加工零件左端轮廓。

2）用切槽刀加工螺纹退刀槽。

3）加工 M36 ×1.5mm 螺纹。

4）调头装夹，夹住螺纹（用厚铜片包住），粗精加工零件右端轮廓。

4. 相关工艺卡片的填写

1）数控加工刀具卡见表 13-7。

表 13-7　球头手柄数控加工刀具卡

产品名称或代号		×××	零件名称	球头手柄		零件图号	××
序号	刀具号	刀具规格名称	数量	加工表面		刀尖半径/mm	备注
1	T01	93°外圆车刀	1	工件左右轮廓		0.2	20×20
2	T02	4mm 宽切槽刀	1	槽与切断			20×20
3	T03	60°外螺纹刀	1	M36×1.5 螺纹			20×20
编制		审核	批准		年　月　日	共　页	第　页

2）数控加工工艺卡见表 13-8。

5. 程序编制

（1）编制左端轮廓加工程序

1）建立工件坐标系。加工零件时，夹住毛坯外圆，工件坐标系设在工件左端面轴线上，如图 13-2 所示。

表 13-8　球头手柄数控加工工艺卡

单位名称	×××	产品名称或代号	零件名称	零件图号
		×××	×××	××
工序号	程序编号	夹具名称	使用设备	车间
001	×××	自定心卡盘	CK6140	数控

工步号	工步内容	刀具号	刀具规格/mm	主轴转速/r·min⁻¹	进给速度/mm·min⁻¹	背吃刀量/mm	备注
1	粗精车左端轮廓	T01	20×20	800	150		自动
2	切槽	T02	20×20	300	60		自动
3	粗精加工螺纹	T03	20×20	800			自动
4	粗精车右端轮廓	T01	20×20	G96 S200	100		自动
编制		审核		批准	年　月　日	共　页	第　页

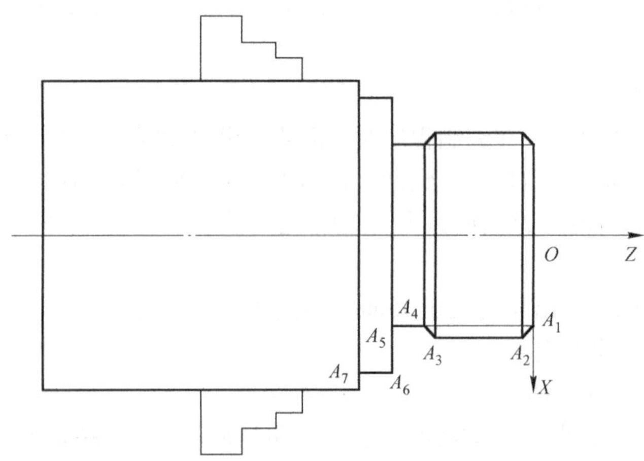

图 13-2　加工左端轮廓时的工件坐标系及基点

2）基点的坐标值见表 13-9。

表 13-9　基点的坐标值

基　　点	坐标值(X,Z)	基　　点	坐标值(X,Z)
O	(0,0)	A_4	(32.0，-20.0)
A_1	(32.0,0.0)	A_5	(32.0，-26.0)
A_2	(36.0，-2.0)	A_6	(48.0，-26.0)
A_3	(36.0，-18.0)	A_7	(48.0，-32.0)

3）参考程序见表 13-10。

$$螺纹牙深\ H = 0.6495P = 0.6495 \times 1.5\text{mm} = 0.974\text{mm}$$

表 13-10　FANUC 0i 与 SIEMENS 802D 参考程序

FANUC 0i 系统数控程序	SIEMENS 802D 系统数控程序	注　　释
O1301；	SKC1301. MPF；	程序名

（续）

FANUC 0i 系统数控程序	SIEMENS 802D 系统数控程序	注　释
N1 G40 G98 G97 G21；	N1 G40 G95 G97 G21；	设置初始化
N2 T0101 S800 M03；	N2 T01D1 S800 M03；	设置刀具及主轴转速
N3 G00 X52.0 Z2.0；	N3 G00 X52.0 Z2.0；	快速到达循环起点
N4 G71 U1.5 R0.5； N5 G71 P6 Q11 U1.0 W0 F150；	CYCLE95（LZC131，1.5，0，0.5，，150，，，9，，，0.5）；	调用毛坯外圆循环，设置加工参数
N6 G00 X32.0；		FANUC 0i 系统含义：轮廓精加工程序段 SIEMENS 802D 轮廓精加工子程序见表 13-11
N7 G01 Z0；		
N8 X36.0 Z－2.0；		
N9 Z－26.0；		
N10 X48.0；		
N11 Z－35.0；		
N12 G70 P6 Q11 F100；		
N13 G00 X100.0 Z50.0；	N4 G00 X100.0 Z50.0；	刀具退至换刀点，取消刀具半径补偿
N14 T0202 S300 M03；	N5 T02D1 S300 M03；	换切槽刀，左刀尖对刀
N15 G00 X50.0 Z－26.0；	N6 G00 X50.0 Z－26.0；	快速靠近工件
N16 G01 X32.2 F50；	N7 G01 X32.2 F50；	车 6mm 槽第一刀，槽底留 0.2mm 余量
N17 X38.0；	N8 X38.0；	*X* 向退刀
N18 Z－22.0；	N9 Z－22.0；	刀具向右移动 4mm
N19 X36.0；	N10 X36.0；	到达倒角起点
N20 X32.0 Z－24.0；	N11 X32.0 Z－24.0；	倒角至槽底
N21 Z－26.0；	N12 Z－26.0；	精车槽底
N22 X50.0；	N13 X50.0；	*X* 向退刀
N23 G00 X100.0 Z50.0；	N14 G00 X100.0 Z50.0；	快速退至换刀点
N24 T0303 S800 M03；	N15 T03D1 S800 M03；	换螺纹刀
N25 G00 X38.0 Z3.0；	N16 G00 X38.0 Z3.0；	快速移至循环起点
N26 G76 P011060 Q100 R50； N27 G76 X34.38 Z－22.0 R0 P974 Q350 F1.5；	CYCLE97（1.5，，0，－20.0，35.805，35.805，3.0，2.0，0.974，0.05，0，0，5，1，3，1）；	调用螺纹加工循环，设置螺纹加工参数
N28 G00 X100.0 Z50.0；	N17 G00 X100.0 Z50.0；	刀具退回换刀点
N29 M05；	N18 M05；	主轴停
N30 M30；	N19 M30；	程序结束

表 13-11　SIEMENS 802D 轮廓精加工子程序

程 序 内 容	注　释
LZC131.SPF；	子程序名
N1 G00 X32.0；	*X* 向进刀

（续）

程序内容	注　释
N2 G01 Z0；	Z 向进刀
N3 X36.0 Z-2.0；	倒角
N4 Z-26.0；	车 ϕ36mm 外圆
N5 X48.0；	车端面
N6 Z-35.0；	车 ϕ48mm 外圆
N7 M17；	子程序结束

（2）编制右端轮廓加工程序

1）建立工件坐标系。加工右端轮廓时，夹住螺纹外圆（用厚铜片包住，并找正），工件坐标系设在工件右端面轴线上，如图 13-3 所示。

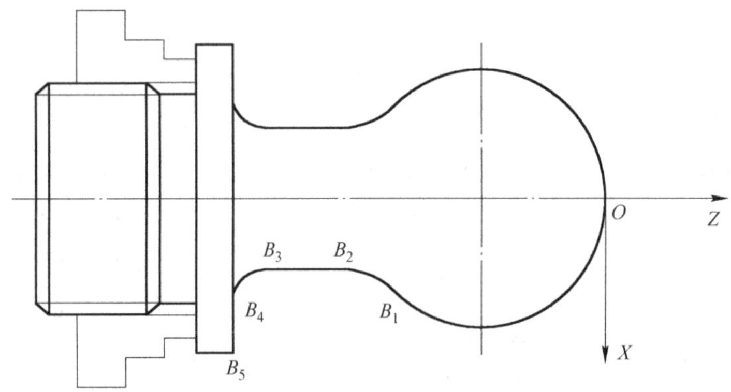

图 13-3　加工右端轮廓时的工件坐标系及基点

2）基点坐标值见表 13-12。

表 13-12　基点坐标值

基　点	坐标值(X,Z)	基　点	坐标值(X,Z)
O	(0,0)	B_3	(22.0，-55.0)
B_1	(28.0，-34.28)	B_4	(32.0，-60.0)
B_2	(22.0，-41.42)	B_5	(48.0，-60.0)

3）参考程序见表 13-13。

表 13-13　FANUC 0i 与 SIEMENS 802D 参考程序

FANUC 0i 系统数控程序	SIEMENS 802D 系统数控程序	注　释
O1302；	SKC1302. MPF；	程序名
N1 G40 G98 G97 G21；	N1 G40 G95 G97 G21；	设置初始化
N2 T0101 S800 M03；	N2 T01D1 S800 M03；	设置刀具及主轴转速
N3 G00 X52.0 Z2.0；	N3 G00 X52.0 Z2.0；	快速到达循环起点
N4 G73 U25.0 W5.0 R15； N5 G73 P6 Q13 U1.0 W0 F150；	CYCLE95（ZC132，1.5，0，0.5，，150，，，1，，，0.5）；	调用毛坯外圆循环，设置加工参数

（续）

FANUC 0i 系统数控程序	SIEMENS 802D 系统数控程序	注　释
N6 G00 X0；		FANUC 0i 系统含义：轮廓精加工程序段 SIEMENS 802D 轮廓精加工子程序见表 13-14
N7 G01 Z0；		
N8 G03 X28.0 Z－34.28 R20；		
N9 G02 X22.0 Z－41.42 R10；		
N10 G01 Z－55.0；		
N11 G02 X32.0 Z－60.0 R5.0；		
N12 G01 X47.0；		
N13 X49.0 Z－61.0；		
N14 G00 X100.0 Z50.0；	N4 G00 X100.0 Z50.0；	刀具快速退至换刀点
N15 G96 S200 M03；	N5 G96 S200 M03；	采用恒线速度精车
N16 G50 S2000；	N6 LIMS＝2000；	限制主轴最高转速
N17 G00 G42 X52.0 Z2.0；	N7 G00 G42 X52.0 Z2.0；	刀具快速靠近工件
N18 G70 P6 Q13 F100；	N8 LZC132；	FANUC0i 系统采用 G70 进行精加工，SIEMENS 802D 采用子程序进行精加工
N19 G00 G40 X100.0 Z50.0；	N9 G00 G40 X100.0 Z50.0；	快速退至换刀点
N20 M05；	N10 M05；	主轴停
N21 M30；	N11 M30；	程序结束

表 13-14　SIEMENS 802D 轮廓精加工子程序

程 序 内 容	注　释
ZC132.SPF；	子程序名
N1 G00 X0；	*X* 向进刀
N2 G01 Z0；	*Z* 向进刀
N3 G03 X28.0 Z－34.28 R20；	精加工 *SR*20mm 球体
N4 G02 X22.0 Z－41.42 R10；	精加工 *R*10mm 圆弧
N5 G01 Z－55.0；	加工 ϕ22mm 外圆
N6 G02 X32.0 Z－60.0 R5.0；	精加工 *R*5mm 圆弧
N7 G01 X47.0；	加工端面
N8 X49.0 Z－61.0；	倒角 *C*0.5
N9 M17；	子程序结束

6. 工件加工

（1）加工准备

1）检查毛坯尺寸。

2）开机，回参考点。

3）输入程序并校验。把编制好的加工程序输入到数控系统中，并应用空运行或图形模拟校验所编制的加工程序，验证程序合格后方能进行以下步骤。

4）装夹工件。用自定心卡盘夹住毛坯外圆，伸出长度大于35mm，找正并夹紧。

5）装夹刀具。把93°外圆车刀、切槽刀、螺纹刀按要求依次装入T01、T02及T03号刀位。

6）对刀。加工左端轮廓时，将T01、T02、T03三把刀具依次对好，并将有关数值输入到刀具参数中，如刀尖圆弧半径、刀尖方位等。加工右端轮廓时，将T01刀对好。

（2）零件的自动加工　将数控车床置于自动加工模式，首先将加工程序调入数控系统，调好进给倍率进行自动加工，加工过程中要进行精度控制，具体方法如下：

1）外圆及长度尺寸控制。左右两侧轮廓均通过调整外圆车刀（T01）X及Z向刀具磨损量，运行精加工程序。程序结束后停机测量，根据测量结果再修调刀具磨损量，重新执行外圆精加工程序，直到达到尺寸要求为止。

2）螺纹精度控制。加工螺纹前，把螺纹刀（T03）刀具磨损量设置为0.1～0.2mm，螺纹循环运行后停机测量，根据测量结果调整刀具磨损量，重新运行螺纹循环指令，直至符合尺寸要求为止。

（3）加工结束　加工结束后应清理机床。

7. 操作注意事项

1）装夹刀具时，车刀刀尖必须与主轴轴线等高，否则加工的SR20mm半球体会产生凸台。

2）所使用的精车刀有刀尖圆弧半径，精加工时必须进行刀具半径补偿，否则加工的圆弧存在加工误差。精加工时，采用恒线速度切削来保证球体外表面质量要求。

3）加工螺纹时，除了应用参考程序中的螺纹循环指令外，FANUC0i系统也可采用G32、G92指令编制，SIEMENS系统也可采用G33指令编制。

4）在加工过程中，应尽量采用试切、试测方法控制尺寸精度。

5）程序中的换刀点不一定是最佳位置，应根据所用刀具及机床情况重新设置。

试题十四　圆弧螺纹轴的加工

一、考核目标

1）掌握圆弧螺纹轴零件图的识读方法。

2）掌握圆弧螺纹轴加工工艺的制订方法。

3）掌握圆弧和螺纹加工指令的应用方法。

4）掌握圆弧螺纹轴加工程序的编制方法。

5）掌握圆弧螺纹轴加工刀具的选择方法。

6）掌握数控车床的操作方法。

二、考核要求

1. 总体要求

1）试题名称：圆弧螺纹轴（图 14-1）。

2）本题分值：100 分。

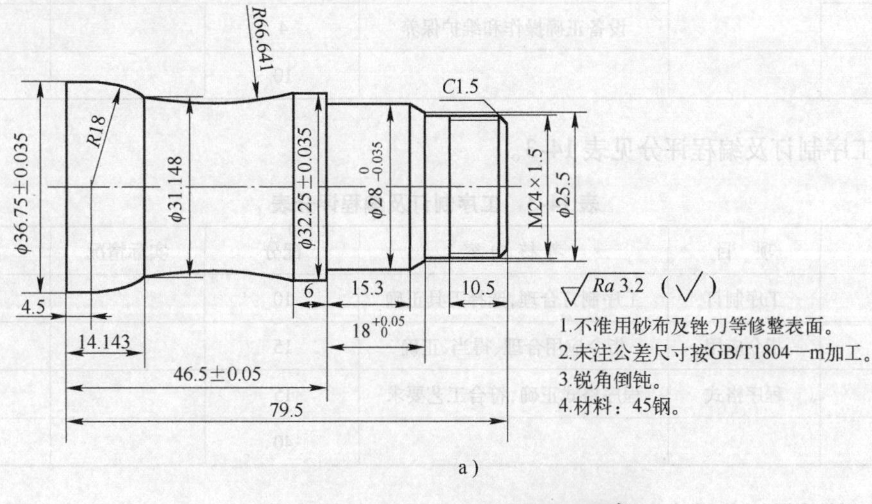

a）

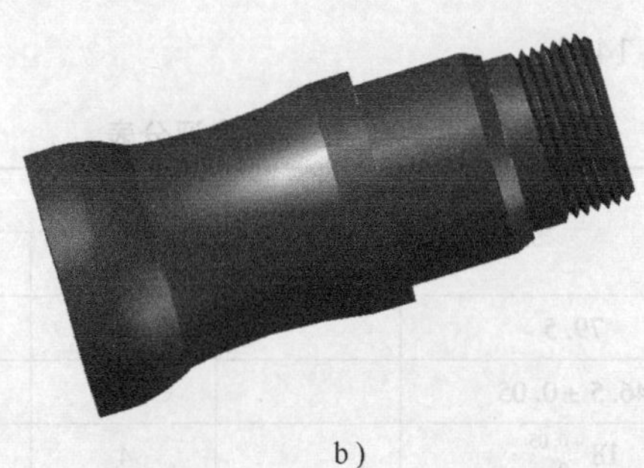

b）

图 14-1　圆弧螺纹轴零件图

3）考核时间：180min。

4）考核形式：操作。

2. 配分及评分标准

1）操作技能考核总成绩见表14-1。

表14-1 操作技能考核总成绩表

序号	项目名称	配分	得分	备注
1	现场操作规范	10		
2	工序制订及编程	40		
3	工件质量	50		
合计		100		

2）现场操作规范评分见表14-2。

表14-2 现场操作规范评分表

序号	项目	考核内容	配分	考场表现	得分
1	现场操作规范	工具的正确使用	2		
2		量具的正确使用	2		
3		刃具的合理使用	2		
4		设备正确操作和维护保养	4		
合计			10		

3）工序制订及编程评分见表14-3。

表14-3 工序制订及编程评分表

序号	项目	考核内容	配分	实际情况	得分
1	工序制订	工序制订合理，选择刀具正确	10		
2	指令应用	指令应用合理、得当、正确	15		
3	程序格式	程序格式正确，符合工艺要求	15		
合计			40		

4）工件质量评分见表14-4。

表14-4 工件质量评分表

序号	项目	考核内容		配分		检测结果	得分
				IT	Ra		
1	长度/mm	79.5		3			
2		46.5±0.05		4			
3		$18^{+0.05}_{0}$		4			
4		15.3		4			

（续）

序号	项目	考核内容		配分		检测结果	得分
				IT	*Ra*		
5	直径/mm	$\phi36.75\pm0.035$	*Ra*3.2μm	3	1		
6		$\phi32.25\pm0.035$	*Ra*3.2μm	3	1		
7		$\phi28^{\ 0}_{-0.035}$	*Ra*3.2μm	5	1		
8		$\phi25.5$		4	1		
9	轮廓圆弧/mm	*R*66.641	*Ra*3.2μm	5	1		
10		*R*18	*Ra*3.2μm	5	1		
11	螺纹/mm	M24×1.5	*Ra*3.2μm	4	1		
合计				44	7		

3. 准备清单

（1）考场准备

1）材料准备见表14-5。

表14-5　材料准备

名　称	规　格	数　量	要　求
45钢	ϕ40mm×83mm	1件/考生	材料调质

2）设备准备见表14-6。

表14-6　设备准备

名　称	规　格	数　量	要　求
数控车床	根据考点情况选择		
卡盘扳手	相应车床	1副/台	
刀架扳手	相应车床	1副/台	
软爪	相应车床	1副/台	

3）考场要求见表14-7。

表14-7　考场要求

考场要求	准备内容
工位要求	考场面积每位考生一般不少于8m²
	每个操作工位不少于4m²，过道宽度不少于2m
	每个工位应配有一个0.5m²的台面，供考生摆放工量刃具
	每个工位应配有课桌、椅，供考生编写程序
	考场电源功率必须能够满足所有设备的正常起动工作
	考场应配有相应数量的清扫工具、油壶、棉丝
	考场需配有电刻笔，机床应有明显的工位编号
人员要求	监考人员数量与考生人数之比为1:10
	每个考场至少应配机修工、电器维修工、医护人员各1名
	监考人员、考试服务人员必须于考前30min到考场

4）考场安全见表14-8。

表14-8　考场安全

项　目	准备内容
场地安全	场地及通道必须符合国家对教学实训场所的规定
	场地及通道内必须配备符合国家法令的消防设施
	所有电气设施必须符合国家标准
	必须保证考核使用设备的安全装置完好
人员安全	监考人员发现考生有违反安全生产规定的行为要立即制止，对于不服从指挥者，监考人员有权终止其考试，并认真做好记录
	考生及监考人员必须穿戴好安全防护服装
	在开始考试前必须对考生进行必要的安全教育
	考场应准备一定的急救用品

（2）考生准备　考生主要准备工具、量具、刀具及其他，见表14-9。

表14-9　工具、量具、刀具及其他准备

序号	名　称	型　号	数量	要　求
1	93°外圆车刀（右偏）	相应车床	自定	刀尖角35°
2	93°外圆车刀（左偏）	相应车床	自定	刀尖角35°
3	45°端面车刀	相应车床	自定	
4	常用工具和铜皮	自选	自定	
5	外螺纹车刀	60°	1	$P=1.5$mm
6	外径千分尺	0.01mm/25～50mm，75～100mm	各1	
7	游标卡尺	0.02mm/0～200mm	1	
8	数显卡尺	0.01mm/0～150mm	1	
9	螺纹环规	M24×1.5mm	1	
10	计算器		1	
11	草稿纸		自定	

三、考核实施

本题通过对圆弧螺纹轴零件的加工，考核学生对圆弧、外圆、螺纹等加工内容的综合掌握。要求考生通过图样分析，合理制订出加工方案，熟练进行加工前的准备，刀具与工件的安装，程序的编制、输入与校验，零件的加工、检测等各项操作。

1. 图样分析

如图14-1所示，该零件主要由圆弧、外圆、螺纹等轮廓组成。零件左端由$\phi 36.75$mm±0.035mm外圆、$R18$mm圆弧和$R66.641$mm圆弧三个轮廓组成。$\phi 36.75$mm±0.035mm外圆的长度为4.5mm；$R18$mm圆弧与$\phi 36.75$mm±0.035mm外圆相切，并且与$R66.641$mm圆弧相交，其交点处直径为$\phi 31.148$mm，长度尺寸由14.143mm确定；$R66.641$mm圆弧右端与

ϕ32.55mm ±0.035mm 外圆相交，长度尺寸由 46.5mm ±0.05mm 和 6mm 确定。零件右端为 M24 ×1.5mm 螺纹，螺纹有效长度为 10.5mm，螺纹右端倒角为 *C*1.5。零件中间为 ϕ32.55mm ±0.035mm 和 $\phi 28_{-0.035}^{\ 0}$ mm 台阶，长度分别为 6mm 和 15.3mm。$\phi 28_{-0.035}^{\ 0}$ mm 台阶的右端为一小锥体，锥体长度尺寸由 $18_{\ 0}^{+0.05}$ mm 和 15.3mm 确定，大端直径为 $\phi 28_{-0.035}^{\ 0}$ mm，小端直径为 ϕ25.5mm。零件总长为 79.5mm，加工表面粗糙度值全部要求为 *Ra*3.2μm。该零件尺寸标注完整，轮廓描述清楚，零件材料为 45 钢，无热处理和硬度要求，适合在数控车床上加工。

2. 难点分析

图 14-1 所示零件形状相对复杂，需要加工外圆、圆弧、螺纹等轮廓。加工该零件的难点在于如何保证 *R*18mm 圆弧和 *R*66.641mm 圆弧不产生过切。

3. 工艺分析

为了解决上述加工难点，加工 *R*18mm 圆弧和 *R*66.641mm 圆弧可选用左偏刀，其刀尖角为 35°。在编制程序时，需要考虑刀尖圆弧半径对尺寸精度的影响，同时为了保证 *R*18mm 圆弧和 *R*66.641mm 圆弧表面质量的一致性，精加工时必须采用恒线速度切削。根据上述分析，可制订以下加工步骤：

1）夹住毛坯外圆，伸出长度大于 40mm，手动齐端面，保证总长 79.5mm，并粗精加工零件右端轮廓。

2）加工 M24 ×1.5mm 螺纹。

3）调头装夹，夹住 $\phi 28_{-0.035}^{\ 0}$ mm 外圆（用厚铜片包住），并采用左偏刀粗精加工零件左端轮廓。

4. 相关工艺卡片的填写

1）数控加工刀具卡见表 14-10。

表 14-10　圆弧螺纹轴数控加工刀具卡

产品名称或代号		×××	零件名称	圆弧螺纹轴	零件图号	××
序号	刀具号	刀具规格名称	数量	加工表面	刀尖半径/mm	备注
1	T01	93°外圆车刀(右偏)	1	工件右轮廓	0.2	20×20
2	T02	60°外螺纹刀	1	M24×1.5 螺纹		20×20
3	T03	93°外圆车刀(左偏)	1	工件左轮廓	0.2	20×20
4	T04	45°端面车刀	1	端面	0.2	20×20
编制		审核		批准	年 月 日 共 页	第 页

2）数控加工工艺卡见表 14-11。

5. 程序编制

（1）编制右端轮廓加工程序

1）建立工件坐标系。夹住毛坯外圆，手动齐端面，保证总长。加工右端轮廓时，伸出长度大于 40mm，并找正。工件坐标系设在工件右端面轴线上，如图 14-2 所示。

2）基点的坐标值见表 14-12。

表 14-11 圆弧螺纹轴数控加工工艺卡

单位名称	×××	产品名称或代号		零件名称		零件图号	
		×××		×××		××	
工序号	程序编号	夹具名称		使用设备		车间	
001	×××	自定心卡盘		CK6140		数控	
工步号	工步内容	刀具号	刀具规格 /mm	主轴转速 /r · min^{-1}	进给速度 /mm · min^{-1}	背吃刀量 /mm	备注
1	手动齐端面	T04	20×20	600			
2	粗精车右端轮廓	T01	20×20	800	150		自动
3	粗精加工螺纹	T02	20×20	800			自动
4	粗车左端轮廓	T03	20×20	800	150	1.5	自动
5	精车左端轮廓	T03	20×20	G96 S200	100		自动
编制		审核		批准	年 月 日	共 页	第 页

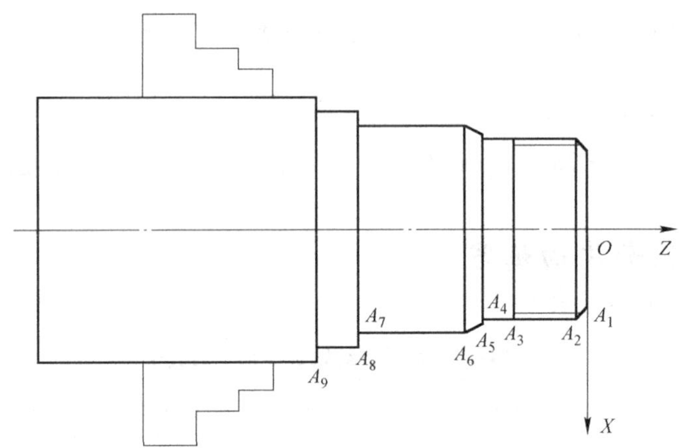

图 14-2 加工右端轮廓时的工件坐标系及基点

表 14-12 基点的坐标值

基 点	坐标值(X,Z)	基 点	坐标值(X,Z)
O	(0,0)	A_5	(25.5.0, −15.0)
A_1	(21.0,0.0)	A_6	(28.0, −17.7)
A_2	(24.0, −1.5)	A_7	(28.0, −33.0)
A_3	(24.0, −10.5)	A_8	(32.25, −33.0)
A_4	(24.0, −15.0)	A_9	(32.25, −39.0)

3）参考程序见表 14-13。

螺纹牙深 H = 0.6495P = 0.6495 × 1.5mm = 0.974mm

（2）编制左端轮廓加工程序

1）建立工件坐标系。加工左端轮廓时，夹住 ϕ28mm 外圆（用厚铜片包住，并找正），工件坐标系设在工件左端面轴线上，如图 14-3 所示。

表 14-13　FANUC 0i 与 SIEMENS 802D 参考程序

FANUC 0i 系统数控程序	SIEMENS 802D 系统数控程序	注　释
O1401;	SKC1401. MPF;	程序名
N1 G40 G98 G97 G21;	N1 G40 G95 G97 G21;	设置初始化
N2 T0101 S800 M03;	N2 T01D1 S800 M03;	设置刀具及主轴转速
N3 G00 X42.0 Z2.0;	N3 G00 X42.0 Z2.0;	快速到达循环起点
N4 G71 U1.5 R0.5; N5 G71 P6 Q15 U1.0 W0 F150;	CYCLE95 (LZC141, 1.5, 0, 0.5,, 150,,,9,,,0.5);	调用毛坯外圆循环,设置加工参数
N6 G00 X21.0; N7 G01 Z0; N8 X24.0 Z-1.5; N9 Z-15.0; N10 X25.5; N11 X28.0 Z-17.7; N12 Z-33.0; N13 X32.25; N14 Z-40.0; N15 X42.0; N16 G70 P6 Q15 F100;		FANUC 0i 系统含义:轮廓精加工程序段 SIEMENS 802D 轮廓精加工子程序见表 14-14
N17 G00 X100.0 Z50.0;	N4 G00 X100.0 Z50.0;	刀具退至换刀点,取消刀具半径补偿
N18 T0303 S800 M03;	N5 T03D1 S800 M03;	换螺纹刀
N19 G00 X26.0 Z3.0;	N6 G00 X26.0 Z3.0;	快速移至循环起点
N20 G76 P011060 Q100 R50; N21 G76 X22.38 Z-10.5 R0 P974 Q350 F1.5;	CYCLE97 (1.5,, 0, -10.5, 24.0, 24.0, 3.0, 2.0, 0.974, 0.05, 0, 0, 5, 1, 3, 1);	调用螺纹加工循环,设置螺纹加工参数
N22 G00 X100.0 Z50.0;	N7 G00 X100.0 Z50.0;	刀具退回换刀点
N23 M05;	N8 M05;	主轴停
N24 M30;	N9 M30;	程序结束

表 14-14　SIEMENS 802D 轮廓精加工子程序

程序内容	注　释
LZC141. SPF;	子程序名
N1 G00 X21.0;	X 向进刀
N2 G01 Z0;	Z 向进刀
N3 X24.0 Z-1.5;	倒角 $C1.5$
N4 Z-15.0;	车 $\phi24$mm 外圆
N5 X25.5;	车端面
N6 X28.0 Z-17.7;	车小锥体

（续）

程序内容	注　释
N7 Z-33.0;	车 ϕ28mm 外圆
N8 X32.25;	车端面
N9 Z-40.0;	车 ϕ32.25mm 外圆
N10 X42.0;	X 向退刀
N11 M17;	子程序结束

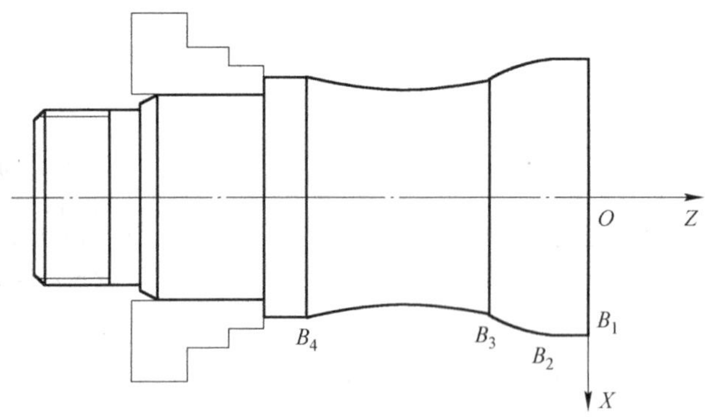

图 14-3　加工左端轮廓时的工件坐标系及基点

2）基点的坐标值见表 14-15。

表 14-15　基点的坐标值

基　点	坐标值(X,Z)	基　点	坐标值(X,Z)
O	(0,0)	B_3	(31.148, -14.143)
B_1	(36.75,0)	B_4	(32.25, -40.5)
B_2	(36.75, -4.5)	B_5(R66.641 延伸线上一点)	(32.714, -41.5)

3）参考程序见表 14-16。

表 14-16　FANUC 0i 与 SIEMENS 802D 参考程序

FANUC 0i 系统数控程序	SIEMENS 802D 系统数控程序	注　释
O1402;	SKC1302.MPF;	程序名
N1 G40 G98 G97 G21;	N1 G40 G95 G97 G21;	设置初始化
N2 T0303 S800 M03;	N2 T03D1 S800 M03;	设置刀具及主轴转速
N3 G00 X52.0 Z-41.5;	N3 G00 X52.0 Z-41.5;	快速到达循环起点
N4 G73 U5.4 W1.0 R6; N5 G73 P6 Q10 U0.5 W0 F150;	CYCLE95 (ZC142, 1.5, 0, 0.5,, 150,,,1,,,0.5);	调用毛坯外圆循环，设置加工参数

（续）

FANUC 0i 系统数控程序	SIEMENS 802D 系统数控程序	注　释
N6 G00 X32.714 Z-41.5;		FANUC 0i 系统含义：轮廓精加工程序段 SIEMENS 802D 轮廓精加工子程序见表 14-17
N7 G03 X31.148 Z-14.143 R66.641;		
N8 G02 X36.75 Z-4.5 R18.0;		
N9 G01 Z2.0;		
N10 G01 X42.0;		
N11 G00 X100.0 Z50.0;	N4 G00 X100.0 Z50.0;	刀具快速退至换刀点
N12 G96 S200 M03;	N5 G96 S200 M03;	采用恒线速度精车
N13 G50 S2000;	N6 LIMS=2000;	限制主轴最高转速
N14 G00 G42 X52.0 Z-41.5;	N7 G00 G42 X52.0 Z-41.5;	刀具快速到达起刀点
N15 G70 P6 Q10 F100;	N8 LZC142;	FANUC0i 系统采用 G70 进行精加工，SIEMENS 802D 采用子程序进行精加工
N16 G00 G40 X100.0 Z50.0;	N9 G00 G40 X100.0 Z50.0;	快速退至换刀点
N17 M05;	N10 M05;	主轴停
N18 M30;	N11 M30;	程序结束

表 14-17　SIEMENS 802D 轮廓精加工子程序

程序内容	注　释
ZC132.SPF;	子程序名
N1 G00 X32.714 Z-41.5;	快速到达循环起点
N2 G03 X31.148 Z-14.143 R66.641;	精加工 $R66.641$mm 圆弧
N3 G02 X36.75 Z-4.5 R18.0;	精加工 $R18.0$mm 圆弧
N4 G01 Z2.0;	精加工 $\phi36.75$mm 外圆
N5 G01 X42.0;	X 向退刀
N6 M17;	子程序结束

6. 工件加工

（1）加工准备

1）检查毛坯尺寸。

2）开机，回参考点。

3）输入程序并校验。把编制好的加工程序输入到数控系统中，并应用空运行或图形模拟校验所编制的加工程序，验证程序合格后方能进行以下步骤。

4）装夹工件。用自定心卡盘夹住毛坯外圆，伸出大于40mm，找正并夹紧。

5）装夹刀具。把93°外圆车刀（右偏）、螺纹刀、93°外圆车刀（左偏）按要求依次装入T01、T02及T03号刀位。

6）对刀。加工右端轮廓时，将T01、T02两把刀具依次对好，并将有关数值输入到刀具参数中，如刀尖圆弧半径、刀尖方位等。加工左端轮廓时，将T03刀对好，注意其刀尖方位。

（2）零件的自动加工　将数控车床置于自动加工模式，首先将加工程序调入数控系统，调好进给倍率进行自动加工，在加工过程中要进行精度控制，具体方法如下：

1）外圆及长度尺寸控制。左右两侧轮廓均通过调整外圆车刀（T01 和 T03）*X* 及 *Z* 向刀具磨损量，运行精加工程序。程序结束后停机测量，根据测量结果再修调刀具磨损量，重新执行外圆精加工程序，直到达到尺寸要求为止。

2）螺纹精度控制。加工螺纹前，把螺纹刀（T02）刀具磨损量设置为 0.1 ~ 0.2mm，螺纹循环运行后停机测量，根据测量结果调整刀具磨损量，重新运行螺纹循环指令，直至符合尺寸要求为止。

（3）加工结束　加工结束后应清理机床。

7. 操作注意事项

1）装夹刀具时，车刀刀尖必须与主轴轴线等高。

2）所使用的 93°外圆车刀（左偏）有刀尖圆弧半径，精加工时必须进行刀具半径补偿，否则加工的圆弧存在加工误差。精加工时，采用恒线速度切削来保证球体外表面的质量要求。

3）加工螺纹时，除了应用参考程序中的螺纹循环指令外，FANUC0i 系统也可采用 G32、G92 指令编制，SIEMENS 系统也可采用 G33 指令编制。

4）在加工过程中，应尽量采用试切、试测方法控制尺寸精度。

5）参考程序中的换刀点不一定是最佳位置，应根据所用刀具及机床情况重新设置。

试题十五　圆头螺纹轴的加工

一、考核目标

1）掌握中等复杂圆头螺纹轴零件图的识读方法。

2）掌握中等复杂圆头螺纹轴零件加工工艺的制订方法。

3）掌握中等复杂圆头螺纹轴零件加工程序的编制方法。

4）掌握中等复杂圆头螺纹轴零件加工刀具的选择及确定合理的切削用量方法。

5）熟练掌握数控车床的操作方法。

二、考核要求

1. 总体要求

1）试题名称：圆头螺纹轴（图 15-1）。

2）本题分值：100 分。

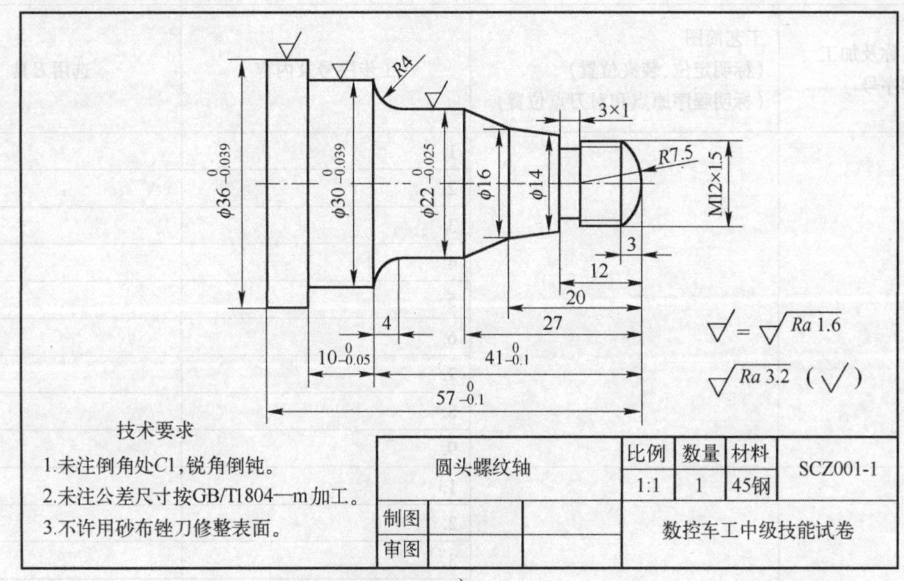

a）

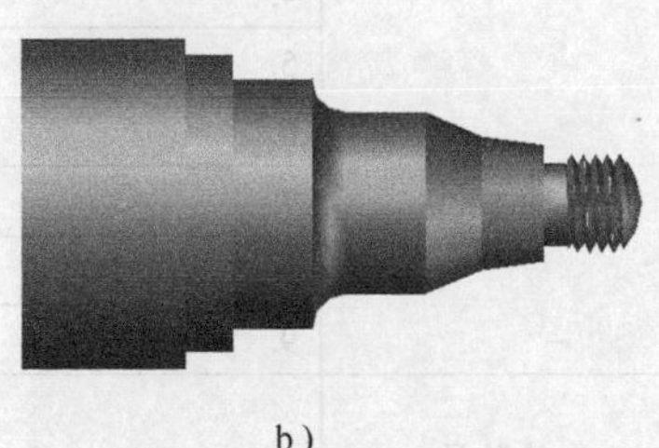

b）

图 15-1　圆头螺纹轴零件图

3）考核时间：240min。

4）考核形式：①现场笔试；②现场操作。

2. 配分及评分标准

1）操作技能考核总成绩见表15-1。

表15-1　操作技能考核总成绩表

<table>
<tr><th>序号</th><th>项 目 名 称</th><th>配　　分</th><th>得　　分</th><th>备　　注</th></tr>
<tr><td>1</td><td>现场笔试</td><td>25</td><td></td><td rowspan="4"></td></tr>
<tr><td>2</td><td>现场操作</td><td>10</td><td></td></tr>
<tr><td>3</td><td>工件质量</td><td>65</td><td></td></tr>
<tr><td colspan="2">合　　计</td><td>100</td><td></td></tr>
</table>

2）现场笔试（操作技能考核试卷见表15-2）。

表15-2　制订工艺及编程

<table>
<tr><td>职业</td><td>数控车工</td><td>考核等级</td><td>中级</td><td>姓名</td><td></td><td>得分</td><td></td></tr>
<tr><td colspan="4" rowspan="2">数控车床工艺简卡</td><td colspan="2">准考证号</td><td colspan="2"></td></tr>
<tr><td colspan="2">机床编号</td><td colspan="2"></td></tr>
<tr><td colspan="2">工序名称及加工程序号</td><td colspan="2">工艺简图
（标明定位、装夹位置）
（标明程序原点和对刀点位置）</td><td colspan="2">工步序号及内容</td><td colspan="2">选用刀具</td></tr>
<tr><td colspan="2" rowspan="9"></td><td colspan="2" rowspan="9"></td><td colspan="2">1.</td><td colspan="2"></td></tr>
<tr><td colspan="2">2.</td><td colspan="2"></td></tr>
<tr><td colspan="2">3.</td><td colspan="2"></td></tr>
<tr><td colspan="2">4.</td><td colspan="2"></td></tr>
<tr><td colspan="2">5.</td><td colspan="2"></td></tr>
<tr><td colspan="2">6.</td><td colspan="2"></td></tr>
<tr><td colspan="2">7.</td><td colspan="2"></td></tr>
<tr><td colspan="2">8.</td><td colspan="2"></td></tr>
<tr><td colspan="2">9.</td><td colspan="2"></td></tr>
<tr><td colspan="2" rowspan="9"></td><td colspan="2" rowspan="9"></td><td colspan="2">1.</td><td colspan="2"></td></tr>
<tr><td colspan="2">2.</td><td colspan="2"></td></tr>
<tr><td colspan="2">3.</td><td colspan="2"></td></tr>
<tr><td colspan="2">4.</td><td colspan="2"></td></tr>
<tr><td colspan="2">5.</td><td colspan="2"></td></tr>
<tr><td colspan="2">6.</td><td colspan="2"></td></tr>
<tr><td colspan="2">7.</td><td colspan="2"></td></tr>
<tr><td colspan="2">8.</td><td colspan="2"></td></tr>
<tr><td colspan="2">9.</td><td colspan="2"></td></tr>
<tr><td>监考人</td><td colspan="2"></td><td rowspan="2">检验员</td><td colspan="2"></td><td rowspan="2">考评人</td><td></td></tr>
<tr><td>日期</td><td colspan="2"></td><td colspan="2"></td><td></td></tr>
</table>

3）现场操作规范评分见表 15-3。

表 15-3　现场操作规范评分表

序号	项目	考核内容	配分	考场表现	得分
1	现场操作规范	正确使用刀具	2		
2		正确使用量具	2		
3		数控车床规范操作	2		
4		设备维护保养	4		
合计			10		

4）工件质量评分见表 15-4。

表 15-4　工件质量评分表

序号	考核项目			扣分标准	配分	得分
1	外圆/mm	$\phi36_{-0.039}^{0}$	IT	超差 0.01mm 扣 2 分	6	
			Ra	降一级扣 2 分	2	
2		$\phi30_{-0.039}^{0}$	IT	超差 0.01mm 扣 2 分	6	
			Ra	降一级扣 2 分	2	
3		$\phi22_{-0.025}^{0}$	IT	超差 0.01mm 扣 2 分	6	
			Ra	降一级扣 2 分	2	
4	锥面	两处	IT	超差不得分	3	
			Ra	降级不得分	2	
5	外螺纹/mm	M12 ×1.5	IT	不合格不得分	6	
			Ra	降一级扣 2 分	3	
6	长度/mm	12,4，20,27	IT	超差不得分	6	
7		$10_{-0.05}^{0}$	IT	超差 0.01mm 扣 1 分	6	
8		$41_{-0.1}^{0}$	IT	超差不得分	6	
9		$57_{-0.1}^{0}$	IT	不得分	6	
10	槽宽/mm	3 ×1	IT	超差 0.01mm 扣 1 分	6	
合　计					65	
评分人		年　月　日	核分人		年　月　日	

3. 准备清单

（1）考场准备

1）材料准备见表 15-5。

表 15-5　材料准备

名　称	规　格	数　量	要　求
45 钢	ϕ40mm ×80mm	1 件/考生	

2）设备准备见表 15-6。

（2）考生准备　考生主要准备工具、量具、刀具及其他，见表 15-7。

表 15-6　设备准备

名　称	规　格	数　量	要　求
数控车床	根据考点情况选择	1 台/考生	
自定心卡盘	对应工件	1 副/台	
自定心卡盘扳手	相应车床	1 副/台	
刀架扳手	相应车床	1 副/台	

表 15-7　工具、量具、刀具及其他准备

序号	名　　称	型　　号	数量	要　　求
1	外圆车刀	相应车床	自定	
2	切槽刀	3mm 宽	自定	长度大于 20mm
3	外三角形螺纹车刀	$P=1.5$mm	自定	
4	圆头车刀		自定	
5	游标卡尺	0.02mm/0 ~ 300mm	1	
6	游标深度卡尺	0.02mm/0 ~ 200mm	1	
7	外径千分尺	0.01mm/0 ~ 25mm，0.01mm/25 ~ 50mm	各 1	
8	螺纹环规或螺纹千分尺	M12 × 1.5mm	1 套	
9	圆弧样板（或半径样板）	R4mm、R7.5mm	各 1	
10	游标万能角度尺	2′/0° ~ 320°	1	
11	垫刀片		若干	
12	草稿纸		若干	

4. 说明

1）出现危及考生或他人安全的状况应终止考试，如果是由于考生操作失误所致，考生该题成绩记零分。

2）因考生操作失误所致，导致设备故障且当场无法排除应终止考试，考生该题成绩记零分。

3）考生在操作过程中出现严重违反工艺原则或情节严重的野蛮操作等，取消其考试资格，成绩记零分。

4）因刀具、工具损坏而无法继续应终止考试。

三、考核实施

本题主要针对中等复杂程度圆头螺纹轴的加工进行考核，要求学生通过零件图样分析，合理制订出加工方案，确定合理的加工工序，正确选择刀具，选择合适的切削用量，编制加工程序，熟练掌握刀具与工件的安装，程序的输入与校验，零件的加工、检测等各项操作方法。

1. 图样分析

如图 15-1 所示，该零件为典型的轴类零件，包括阶台、锥面、槽以及螺纹等加工轮廓。右端为 M12 × 1.5mm 螺纹，退刀槽宽度为 3mm，深度为 1mm；中间有两段锥体相连，长度由大径端和小径端到右端面的距离控制给出；中间为 $\phi22_{-0.025}^{\ 0}$ mm 外圆轮廓，长度由 41mm、27mm 和 4mm 给出，左侧与 R4mm 圆弧面光滑连接；左端为阶台轴，分别为直径 $\phi30_{-0.039}^{\ 0}$mm、长 $10_{-0.05}^{\ 0}$mm 的外轮廓，以及直径 $\phi36_{-0.039}^{\ 0}$mm 的外轮廓，其长度由总长和

$10_{-0.05}^{\ 0}$mm、$41_{-0.1}^{\ 0}$mm 间接给出。零件外圆轮廓的表面粗糙度值要求为 $Ra1.6\mu m$，其余部分为 $Ra3.2\mu m$。该零件图尺寸标注完整，轮廓描述清楚，零件材料为45钢，无热处理和硬度要求，适合在数控车床上加工。

2. 难点分析

由图15-1分析可知，该零件轮廓较多，但计算量比较少，程序编制比较容易，难点在于如何确保 $\phi36_{-0.039}^{\ 0}$mm、$\phi30_{-0.039}^{\ 0}$mm 及 $\phi22_{-0.025}^{\ 0}$mm 外圆的尺寸精度和表面质量要求，还有两锥面以及螺纹的加工要求。

3. 工艺分析

由于毛坯足够长，采用一次装夹完成加工。在编制加工工序时，按粗精加工分开、先近后远等原则进行编制。通过上述分析，可制订以下加工路线：

1）用自定心卡盘夹持毛坯面（找正），粗精车工件外轮廓（圆弧面、外圆面、锥面等轮廓）至要求的尺寸。

2）加工退刀槽。

3）加工螺纹。

4）切断。

4. 相关工艺卡片的填写

1）数控加工刀具卡见表15-8。

表15-8 圆头螺纹轴数控加工刀具卡

产品名称或代号		×××	零件名称	圆头螺纹轴	零件图号	××
序号	刀具号	刀具规格名称	数量	加工表面	刀尖半径/mm	备注
1	T01	93°硬质合金偏刀	1	工件外轮廓粗车	0.2	25×25
2	T02	3mm切槽刀	1	槽与切断		25×25
3	T03	60°外螺纹车刀	1	M12×1.5螺纹	0.1	25×25
编制	审核		批准	年 月 日	共 页	第 页

2）数控加工工艺卡见表15-9。

表15-9 圆头螺纹轴数控加工工艺卡

单位名称	×××		产品名称或代号		零件名称		零件图号
			×××		×××		××
工序号	程序编号		夹具名称		使用设备		车间
001	×××		自定心卡盘		CKA6150		数控
工步号	工步内容	刀具号	刀具规格/mm	主轴转速/r·min^{-1}	进给速度/mm·r^{-1}	背吃刀量/mm	备注
用自定心卡盘夹持毛坯面，粗精车工件左端轮廓							
1	粗精车外轮廓	T01	25×25	600/900	0.20	1.5/0.5	自动
2	车3mm×1mm退刀槽	T02	25×25	300	0.05	4	自动
3	车螺纹M12×1.5mm	T03	25×25	800			自动
4	切断	T02	25×25	300	0.05	20	自动
编制	审核		批准		年 月 日	共 页	第 页

5. 程序编制

1）建立工件坐标系。夹住毛坯外圆，工件外伸65mm，手动平端面，工件坐标系设在工件右端面轴线上，如图15-2所示。

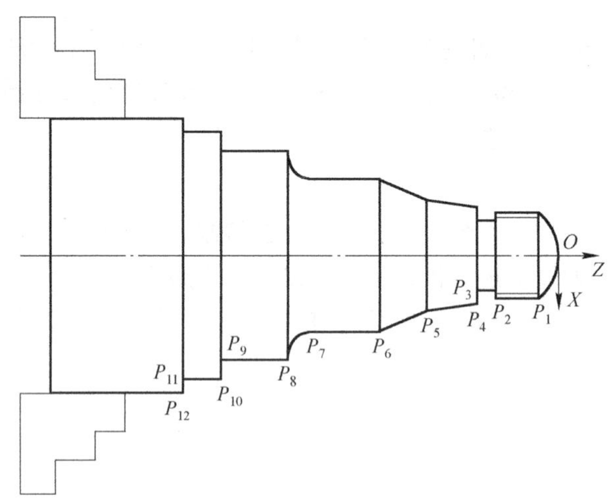

图15-2　加工左端轮廓时的工件坐标系及基点

2）基点的坐标值见表15-10。

表15-10　基点的坐标值

基　　点	坐标值(X,Z)	基　　点	坐标值(X,Z)
P_1	(11.85, -3.0)	P_7	(21.988, -36.95)
P_2	(11.85, -9.4)	P_8	(29.981, -40.95)
P_3	(10.0, -12.4)	P_9	(29.981, -50.925)
P_4	(14.0, -12.4)	P_{10}	(35.981, -50.925)
P_5	(16.0, -20.0)	P_{11}	(35.981, -56.95)
P_6	(21.988, -27.0)	P_{12}	(40.0, -56.95)

3）参考程序见表15-11。

螺纹牙深 $H=0.6495P=0.6495\times1.5\text{mm}=0.974\text{mm}$

螺纹小径 $d_{小}=D-2\times H=12\text{mm}-0.974\times2\text{mm}=10.052\text{mm}$

表15-11　FANUC 0i与华中HNC参考程序

FANUC 0i系统数控程序	华中HNC系统数控程序	注　　释
O1501;	%1501	程序名
N1 G40 G99 G97 G21;	N1 G40 G90 G97 G95 G21	设置初始化
N2 T0101 S600 M03;	N2 T0101 S600 M03	调用刀具，设置主轴转速
N3 G00 X40.0 Z2.0;	N3 G00 X40.0 Z2.0	快速到达循环起点
N4 G71 U1.5 R0.5; N5 G71 P6 Q18 X0.5 Z0.0 F0.2	N4 G71 U1.5 R0.5 P6 Q18 X0.5 Z0.0 F0.2;	调用毛坯外圆粗车循环，设置加工参数

（续）

FANUC 0i 系统数控程序	华中 HNC 系统数控程序	注　释
N6 G42 G00 X0.0；	N6 G42 G00 X0.0	
N7 G01 Z0.0 F0.1；	N7 G01 Z0.0 F0.1	
N8 G03 X11.85 Z-3.0 R7.5；	N8 G03 X11.85 Z-3.0 R7.5	
N9 G01 Z-12.4；	N9 G01 Z-12.4	
N10 X14；	N10 X14	
N11 X16.0 Z-20.0；	N11 X16.0 Z-20.0	
N12 X21.988 Z-27.0；	N12 X21.988 Z-27.0	轮廓精加工程序段
N13 Z-36.95；	N13 Z-36.95	
N14 G02 X29.98 Z-40.95 R4.0；	N14 G02 X29.98 Z-40.95 R4	
N15 G01 Z-50.925；	N15 G01 Z-50.925	
N16 X35.981；	N16 X35.981	
N17 Z-60.0；	N17 Z-60.0	
N18 X40.0；	N18 X40.0	
N19 G40 G00 X100.0 Z50.0；	N19 G40 G00 X100.0 Z50.0	刀具快速退至换刀点
N20 M05；	N20 M05	主轴停
N21 M00；	N21 M00	程序暂停，修调刀补
N22 T0101 S900 M03；	N22 T0101 S900 M03	调用1号车刀，设置主轴转速
N23 G70 P6 Q18；	N23 G70 P6 Q18	精车外轮廓
N24 G00 X100.0 Z50.0；	N24 G00 X100.0 Z50.0	刀具退回换刀点
N25 T0202 S300 M03；	N25 T0202 S300 M03	调用2号车刀，设置主轴转速
N26 G00 X15.0 Z-12.4；	N26 G00 X15.0 Z-12.4	快速定位
N27 G01 X10.0 F0.05；	N27 G01 X10.0 F0.05	切槽
N28 G00 X100.0；	N28 G00 X100.0	刀具 *X* 向退刀
N29 Z50.0；	N29 Z50.0	刀具 *Z* 向退刀
N30 T0303 S800 M03；	N34 T0303 S800 M03	调用4号车刀，设置主轴转速
N31 G00 X12.0 Z5.0；	N31 G00 X12.0 Z5.0	刀具快速定位
N32 G92 X11.2 Z-10.9 F1.5；	N32 G82 X11.2 Z-10.9 F1.5	
N33 X10.7；	N33 G82 X10.7 Z-10.9 F1.5	
N34 X10.4；	N34 G82 X10.4 Z-10.9 F1.5	车螺纹
N35 X10.2；	N35 G82 X10.2 Z-10.9 F1.5	
N36 X10.05；	N36 G82 X10.05 Z-10.9 F1.5	
N37 G00 X100.0 Z50.0；	N37 G00 X100.0 Z50.0	刀具快速退至换刀点
N38 M05；	N38 M05	主轴停
N39 M30；	N39 M30	程序停止

4）切断。工件调头，用铜皮包住 $\phi30_{-0.039}^{\ 0}$ mm 外圆，并用自定心卡盘夹持，进行切断，切断参考程序见表 15-12。

表 15-12 切断参考程序

FANUC 0i 系统数控程序	华中 HNC 系统数控程序	注 释
O1502;	%1502	程序名
N1 T0202 S300 M03;	N1 T0202 S300 M03	换切槽刀(以左刀尖对刀)
N2 G00 X42.0 Z2.0;	N2 G00 X42.0 Z2.0	快速靠近工件
N3 Z-22.0;	N3 Z-22.0	快速到达切断点(以工件端面为编程原点,此处 Z-22.0 仅为参考值)
N4 G01 X2.0 F0.05;	N4 G01 X2.0 F50	切断
N5 G00 X100.0;	N5 G00 X100.0	*X* 向退刀
N6 Z50.0;	N6 Z50.0	*Z* 向退刀
N7 M05;	N7 M05	主轴停
N8 M30;	N8 M30	程序结束

6. 工件加工

（1）加工准备

1）检查毛坯尺寸。

2）开机，回参考点。

3）输入程序并校验。把编制好的加工程序输入到数控系统中，并应用空运行或图形模拟校验所编制的加工程序，验证程序合格后方能进行以下步骤。

4）装夹工件。用自定心卡盘夹住毛坯外圆，伸出 65mm 左右，找正并夹紧。

5）装夹刀具。把外圆粗车刀、外圆精车刀、切槽刀、螺纹刀按要求依次装入 T01、T02 及 T03 号刀位，其中切槽刀及螺纹刀应严格垂直于工件轴线。

6）对刀。将上述四把刀具依次对好，并将有关数值输入到刀具参数中，设置好精车刀尖圆弧半径及刀尖方位等。

（2）零件的自动加工　将加工程序调入数控系统，调好进给倍率，将数控车床置于自动加工模式进行自动加工，在加工过程中要进行精度控制，具体方法如下：

1）外圆及台阶长度控制。外圆轮廓精度及长度均通过调整外圆精车刀（T01）*X* 及 *Z* 向刀具磨损量，运行精加工程序。程序结束后停机测量，根据测量结果再修调刀具磨损量，重新执行外圆精加工程序，直到达到尺寸要求为止。

2）螺纹精度控制。加工螺纹前，把螺纹刀（T03）的刀具磨损量设置为 0.1～0.2mm，螺纹循环运行后停机测量，根据测量结果调整刀具磨损量，重新运行螺纹循环指令，直至符合尺寸要求为止。

3）加工结束　加工结束后应清理机床。

7. 操作注意事项

1）加工螺纹时，除了应用参考程序中 FANUC0i 系统采用 G92 指令编制外，华中系统采用 G82 指令编制，还可以采用 G32、G76 指令编制。

2）在加工过程中，应尽量采用试切、测量、补偿及试测方法控制尺寸精度。

3）最后切断时，程序中切断处的 *Z* 值为假想值，假设工件最后总长为 78mm，实际加工中要根据工件长度确定。

四、知识链接

1. 数控系统面板

华中世纪星 HNC-21T 数控系统面板布置如图 15-3 所示，包括显示器、MDI 键盘、功能键区、机床控制面板及系统“急停”按钮几部分。

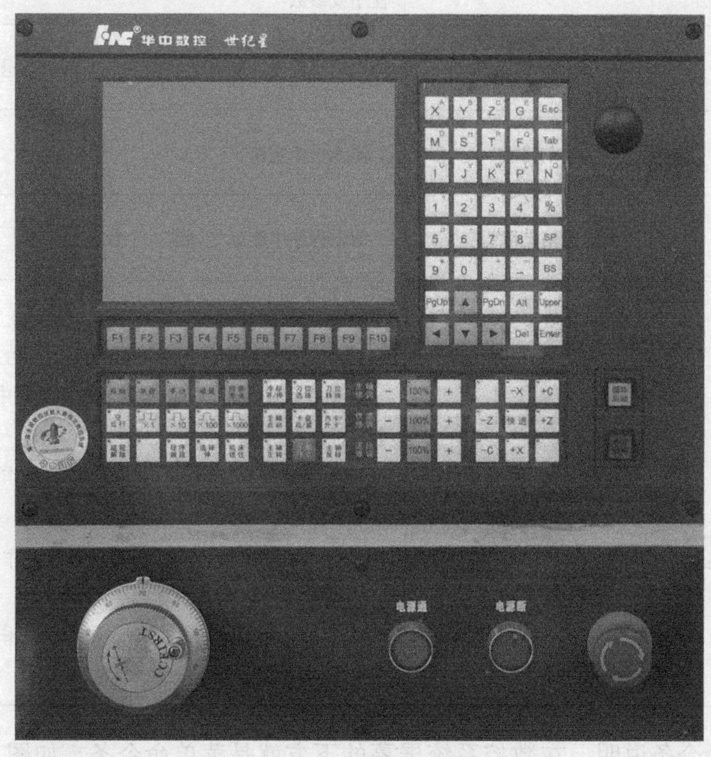

图 15-3　HNC-21T 数控系统面板

（1）MDI 键盘　MDI 键盘各键的含义见表 15-13。

表 15-13　HNC-21T 系统 MDI 键盘说明

功　能　键	名　称	说　明
X^ 2;	地址和数字键	按下这些键可以输入字母，数字或者其他字符。本键区的各键基本为双功能键，即分为本键字母与上挡键字母。通过与【Upper】键的组合使用，可以选择按键的输入字母
Upper	切换键	当按下【Upper】键时，键上的指示灯亮，此时按键将输入上挡键的字母。如未按下【Upper】键，此时按键将输入本键字母
Enter	输入键	回车确认
Alt	变换功能键	与其他键组合，可完成对应功能

（续）

功　能　键	名　　称	说　　明
Del	删除键	编辑程序中删除光标后一个数字或字母，或删除整个程序
PgUp PgDn	翻页键	在程序编辑、查找、查看参数等操作中向前或向后翻一页检索程序或参数
Esc	取消/退出键	取消当前输入的各类数据或从工作状态退出
SP	空格键	输入一个空格
BS	退格删除键	编辑程序中删除光标前一个数字或字母
Tab	光标移动键	每按一下，光标移至下一指定位置或区域
▲ ◀ ▼ ▶	光标移动键	▶：在程序编辑、查找、查看参数等操作中使光标向右移动一个字符位置 ◀：在程序编辑、查找、查看参数等操作中使光标向左移动一个字符位置 ▼：在程序编辑、查找、查看参数等操作中使光标向下移动一行 ▲：在程序编辑、查找、查看参数等操作中使光标向上移动一行

（2）菜单命令条说明　在数控系统屏幕的下方就是菜单命令条，如图 15-4a 所示。由于每个功能包括不同的操作，在主菜单条上选择一个功能项后，菜单条会显示该功能下的子菜单。例如，按下主菜单条中的“F1”后，就进入“程序 F1”下面的子菜单条，如图 15-4b 所示。

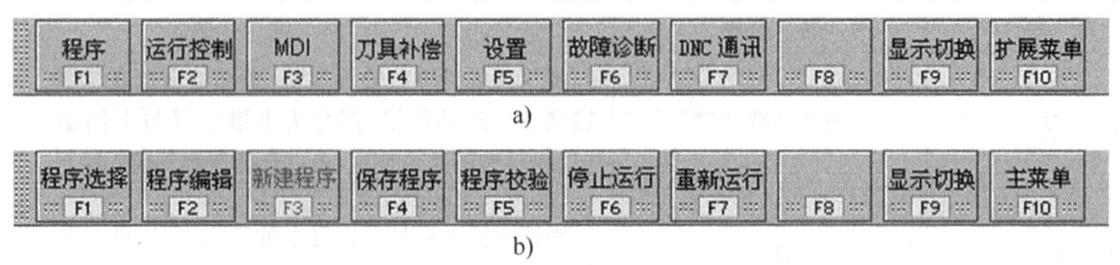

图 15-4　菜单命令条

（3）快捷键说明　在显示屏的下方为功能快捷键，如图 15-5 所示。在菜单命令条及弹出菜单中，每一个功能项的按键上都标注了 F1、F2 等字样，表明要执行该项操作可以通过

图 15-5　快捷键

按下相应的快捷键来执行。如对应的功能为灰色，表示该功能此时无效或不能运行。

（4）机床操作键说明　在数控系统的最下方为数控机床操作键，各键的名称及功能见表15-14。

表15-14　HNC-21T系统机床操作键功能说明

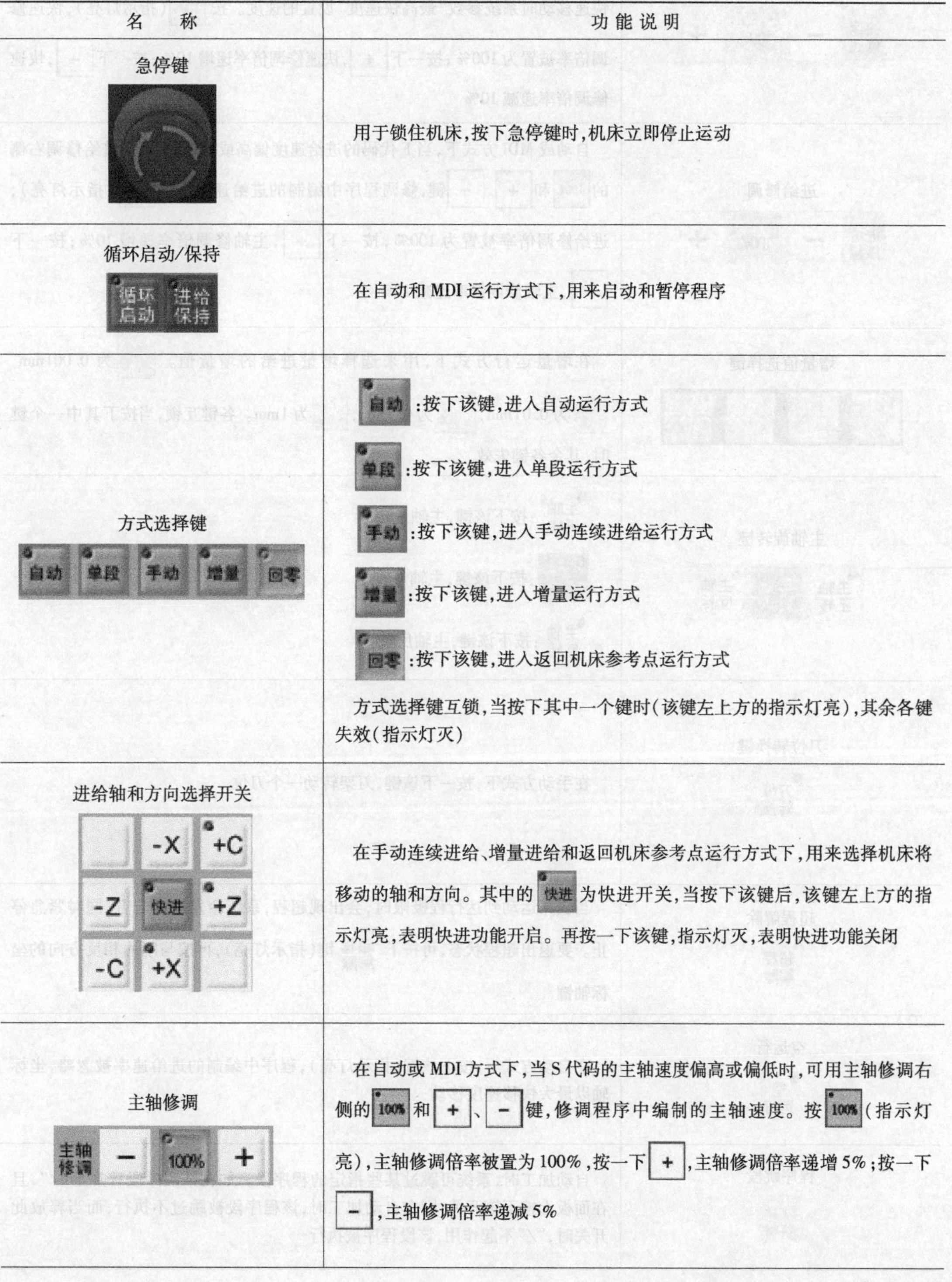

名　称	功 能 说 明
急停键	用于锁住机床，按下急停键时，机床立即停止运动
循环启动/保持（循环启动　进给保持）	在自动和MDI运行方式下，用来启动和暂停程序
方式选择键（自动　单段　手动　增量　回零）	自动：按下该键，进入自动运行方式 单段：按下该键，进入单段运行方式 手动：按下该键，进入手动连续进给运行方式 增量：按下该键，进入增量运行方式 回零：按下该键，进入返回机床参考点运行方式 方式选择键互锁，当按下其中一个键时（该键左上方的指示灯亮），其余各键失效（指示灯灭）
进给轴和方向选择开关（-X　+C　-Z　快进　+Z　-C　+X）	在手动连续进给、增量进给和返回机床参考点运行方式下，用来选择机床将移动的轴和方向。其中的 快进 为快进开关，当按下该键后，该键左上方的指示灯亮，表明快进功能开启。再按一下该键，指示灯灭，表明快进功能关闭
主轴修调（主轴修调　–　100%　+）	在自动或MDI方式下，当S代码的主轴速度偏高或偏低时，可用主轴修调右侧的 100% 和 + 、 – 键，修调程序中编制的主轴速度。按 100%（指示灯亮），主轴修调倍率被置为100%，按一下 + ，主轴修调倍率递增5%；按一下 – ，主轴修调倍率递减5%

（续）

名　　称	功 能 说 明
快速修调 快速修调 － 100% ＋	在自动或 MDI 方式下，可用快速修调右侧的 100% 和 ＋、－ 键，修调 G00 快速移动时系统参数"最高快速度"设置的速度。按 100%（指示灯亮），快速修调倍率被置为 100%；按一下 ＋，快速修调倍率递增 10%；按一下 －，快速修调倍率递减 10%
进给修调 进给修调 － 100% ＋	自动或 MDI 方式下，当 F 代码的进给速度偏高或偏低时，可用进给修调右侧的 100% 和 ＋、－ 键，修调程序中编制的进给速度。按 100%（指示灯亮），进给修调倍率被置为 100%，按一下 ＋，主轴修调倍率递增 10%；按一下 －，主轴修调倍率递减 10%
增量值选择键 ×1 ×10 ×100 ×1000	在增量运行方式下，用来选择增量进给的增量值。×1 为 0.001mm，×10 为 0.01mm，×100 为 0.1mm，×1000 为 1mm。各键互锁，当按下其中一个键时，其余各键失效
主轴旋转键 主轴正转 主轴停止 主轴反转	主轴正转：按下该键，主轴正转 主轴停止：按下该键，主轴停转 主轴反转：按下该键，主轴反转
刀位转换键 刀位转换	在手动方式下，按一下该键，刀架转动一个刀位
超程解除 超程解除	当机床运动到达行程极限时，会出现超程，系统会发出警告音，同时紧急停止。要退出超程状态，可按下 超程解除 键（指示灯亮），再按与刚才相反方向的坐标轴键
空运行 空运行	在自动方式下，按下该键（指示灯亮），程序中编制的进给速率被忽略，坐标轴以最大快移速度移动
程序跳段 程序跳段	自动加工时，系统可跳过某些指定的程序段。如在某程序段首加上"/"，且在面板上按下该开关，则在自动加工时，该程序段被跳过不执行；而当释放此开关时，"/"不起作用，该段程序被执行

（续）

名　　称	功能说明
选择停	选择停
机床锁住	用来禁止机床坐标轴移动。显示屏上的坐标轴仍会发生变化，但机床停止不动

2. 开关机

（1）开机步骤

1）检查机床。在机床开启使用之前，操作者一般应重点检查机床主轴箱润滑油位、导轨润滑状况、机床外观上有无异常情况、防护门等安全装置状况是否正常、机床辅助装置及气液压装置有无异常。

2）开启机床供电空气开关。

3）开启机床的电源总开关。

4）检查冷却风扇是否正常工作，检查润滑泵是否正常工作。

5）开启数控系统的电源开关。

6）数控系统自检后，进入开机界面或待机状态。

7）旋开急停开关。

（2）关机步骤

1）清理机床上的切屑，卸下工件与刀具。

2）给导轨充分润滑。

3）按下急停按钮，关闭 CNC 电源。

4）关闭机床电源总开关。

5）关闭机床供电空气开关。

3. 手动控制操作

（1）返回机床零点　开机进入系统后，首先应将机床各轴返回零点，操作步骤如下：

1）开机后，如果系统显示的当前工作方式不是“回零”工作方式，按一下控制面板上的“回零”按键，系统处于回零方式。

2）按下“+X”按键，X 轴立即回到参考点，当 X 轴回到参考点后，“+X”按键内的指示灯亮。

3）用同样的方法使用“+Z”键使 Z 轴回参考点，所有轴回参考点后即建立了机床坐标系。

返回参考点操作后，系统显示如图 15-6 所示界面。

回参考操作注意事项如下：

1）在每次电源接通后必须先完成回零操作，然后再进入其他运行方式以确保各轴坐标的正确性。

2）在回零操作前，应确保各轴位于零点方向相反侧，并保证溜板处于距零点相距 30mm 以上的位置处，否则应手动移动该轴直到满足此条件。

3）在回参考点过程中，注意不要出现超程现象。

（2）进给轴移动　进给轴的手动移动一般分为四种移动控制方式，即进给轴连续移动、增量（单步）移动、手摇轮控制移动、MDI 控制移动。

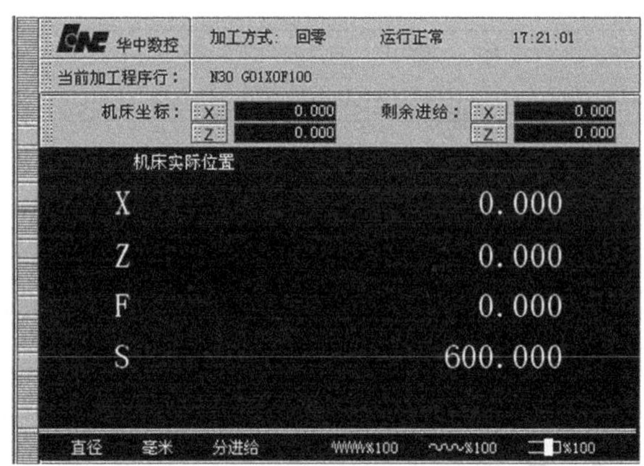

图 15-6　回零界面

1）连续移动。选择“手动”工作方式，按住任一进给轴移动键（【+X】、【-X】、【+Z】、【-Z】），则进给轴按规定方向连续移动。如在手动状态下，按住【-Z】键，则溜板沿 *Z* 轴负向移动。连续移动时，溜板移动速度由机床默认进给速度与进给倍率的乘积共同决定。

进给移动速度 = 规定进给速度 × 进给倍率

若要快速连续移动，在按住进给轴移动键的同时按住快速移动键，则进给轴以系统规定的快速移动速度移动。

快速移动速度 = 机床规定的快速移动速度 × 快速移动倍率

2）增量（单步）移动。选择“增量”移动方式，每按一下进给轴移动键，进给轴移动一个选定的增量距离。可以通过选择增量倍率或步长值选择增量距离，进而控制移动速度。利用增量移动可以精确移动溜板到规定的位置，或精确控制溜板移动规定的距离。

注意：在较大的增量倍率情况下，不要连续按压移动键，由于溜板的移动需要时间，连续按压会造成移动距离很大，容易造成超程或碰撞事故。

图 15-7　手摇脉冲发生器

3）手摇轮移动。手摇轮也称为手摇脉冲发生器（MPG），如图 15-7 所示。其控制进给轴移动实际上就是增量移动的另一种形式，因其操作形式不同而单列进行讲解。

选择“增量”移动方式，选择需要移动的轴，并选择合适的增量倍率。一般顺时针方向旋转手摇轮，进给轴正向移动；逆时针方向旋转手摇轮，进给轴负向移动。一般通过调整增量倍率与摇动手轮速度控制进给轴移动速度。

注意：由于手轮旋转 360°时产生 100 个脉冲（相当于按压移动键 100 次），在使用中，手轮旋转不易太快，否则容易造成超程或碰撞事故。

4）“MDI”方式移动。“MDI”是手动输入的英文缩写，是指将程序段或指令字直接输入到存储器内，并立即执行的工作方式。操作时将溜板需要移动的目标点坐标与移动方式输入到存储器中，然后用【循环启动】键自动执行。这种移动方式可以实现溜板的精确定位，其轴的移动速度可以在输入程序段中用 F 指令规定，再通过进给倍率、快速移动倍率控制。操作步骤如下：

① 一般在“手动”方式下，按命令主菜单中的功能键【F3】，进入 MDI 子菜单，并进入 MDI 运行界面，如图 15-8a 所示。命令行中有光标闪烁，在 MDI 命令行中输入需要进行的操作，如 G00 X100 Z50。输入指令后，按【回车】键，输入的目标坐标值显示在屏幕 *X*、*Z* 坐标后，如图 15-8b 所示。

② 按【循环启动】键，系统控制溜板移动到指定坐标位置。

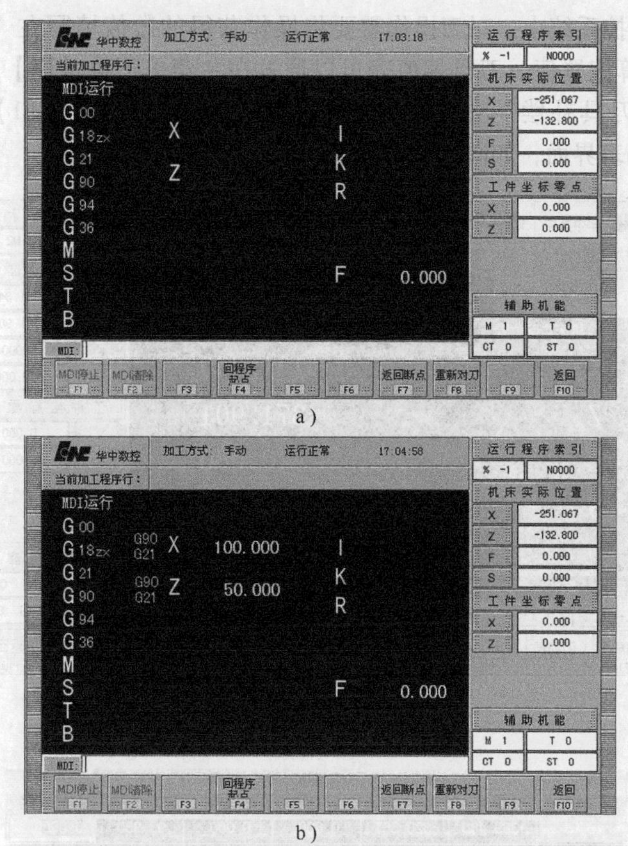

图 15-8　MDI 操作界面

（3）机床辅助控制

1）主轴转动。在手动或增量方式下，直接利用机床控制面板上的【主轴正转】、【主轴反转】及【主轴停止】键可以控制主轴的运转。手动时，主轴的转动速度由系统默认主轴转速与主轴倍率共同控制。

主轴实际转速 = 主轴转速 × 主轴倍率

主轴转动也可以用 MDI 方式控制，输入转动方向（M03/04）与转速（S），然后执行，主轴也可以按规定运转。

2）刀位转换。在手动或增量方式下，利用机床控制面板上的换刀键可以实现刀位的转换，一般有两种模式：第一种，每按一下换刀键，刀架自动旋转至与当前刀位相邻的下一个刀位；第二种，先用【刀位选择】键选择需要转换的刀位号，然后用【刀位转换】键转换刀位。

刀位转换也可以采用 MDI 方式实现。用 T 指令输入需要的目标刀位，然后执行。

3）切削液开关。在手动方式下，利用机床控制面板上的切削液开关可以实现对切削液的开和关。

4. 试切对刀

试切对刀是数控车削加工中最常用的对刀方式，通过在零件毛坯上进行少量的切削来获得刀具刀尖（切削刃）的工件坐标系的值。

在 HNC-21T 数控系统中，对刀操作需要将操作获得的数值填写在“刀具偏置表”中，由数控装置自主计算偏置值。刀具偏值表可以通过在主菜单下按【F4】键，选择“刀具补偿”功能，进入“刀具补偿”子菜单，如图 15-9 所示。然后按【F1】键，选择“刀偏表”，系统进入刀偏表界面，如图 15-10 所示。

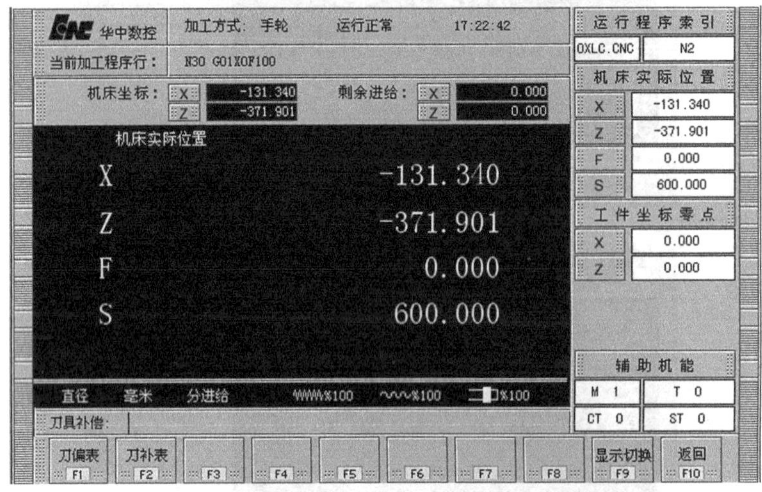

图 15-9　刀具补偿界面

刀偏表：

刀偏号	X偏置	Z偏置	X磨损	Z磨损	试切直径	试切长度
#0001	-389.480	-820.367	0.000	0.000	93.980	0.000
#0002	0.000	0.000	0.000	0.000	0.000	0.000
#0003	0.000	0.000	0.000	0.000	0.000	0.000
#0004	0.000	0.000	0.000	0.000	0.000	0.000
#0005	0.000	0.000	0.000	0.000	0.000	0.000
#0006	0.000	0.000	0.000	0.000	0.000	0.000
#0007	0.000	0.000	0.000	0.000	0.000	0.000
#0008	0.000	0.000	0.000	0.000	0.000	0.000
#0009	0.000	0.000	0.000	0.000	0.000	0.000
#0010	0.000	0.000	0.000	0.000	0.000	0.000
#0011	0.000	0.000	0.000	0.000	0.000	0.000
#0012	0.000	0.000	0.000	0.000	0.000	0.000
#0013	0.000	0.000	0.000	0.000	0.000	0.000

图 15-10　刀偏表界面

HNC-21T 数控系统试切对刀操作见表 15-15。

5. 程序输入与编辑

HNC-21T 数控系统没有单设“编辑”工作方式，系统允许在没有进行加工时的任何工作状态下进行程序的编辑和修改工作。在系统没有进行加工时，在系统主菜单中选择【F1】键，系统进入程序子菜单，此时可以对零件程序进行编辑、存储、校验等操作。

表 15-15　HNC-21T 试切对刀操作

操作项目		方法、步骤	说　明
1	开机		
2	回机床参考点		
3	选择工作方式	根据操作需要可选择“手动”或“增量”操作方式	
4	安装工件与刀具	工件及刀具应安装牢靠	
5	进入刀具偏置设置界面	在主菜单下按【F4】键，进入“刀具补偿”子菜单，然后按【F1】键，选择“刀偏表”，系统进入刀偏表界面	
6	绝对刀偏法试切对刀	用光标键【▲】、【▼】，将蓝色亮条移动到要设置刀具的行	
		起动主轴，手动控制刀具，试切毛坯的外径，然后沿 Z 轴方向移出	试切直径后，X 轴不能移动，否则无效
		停止主轴，测量试切后的毛坯外圆直径，将测量值输入至刀具行的试切直径栏。用光标键【◀】、【▶】移动亮蓝条至刀具行的试切直径栏，按【Enter】键，光标进入该栏中，用数据键将直径值输入，然后再按【Enter】键，此时刀具栏的 X 偏置栏数据变化	X 偏置栏数据 = 机床指令 X 坐标值 - 输入的试切直径值
		起动主轴，手动控制刀具试切毛坯端面，然后沿 X 轴方向退出	试切端面后，Z 轴不能移动，否则无效
		停止主轴，计算该试切端面距工件坐标系原点的有效距离，将该距离值填入刀具行的试切长度栏。用光标键【◀】、【▶】移动亮蓝条至刀具行的试切长度栏，按【Enter】键，光标进入该栏中，用数据键将距离值输入，然后再按【Enter】键，此时刀具栏的 Z 偏置栏数据变化	Z 偏置栏数据 = 机床指令 Z 坐标值 - 输入的试切长度值
		转换刀具，其他各刀具均按以上步骤操作，完成对刀	一般此时不再试切端面，采用手动“靠”原端面
7	相对刀偏法试切对刀	标准刀对刀，一般选择加工中使用的第一把刀。进入刀偏表界面，用光标键【▲】、【▼】将蓝色亮条移动到要设置刀具的行	如果已设置过该刀为标刀，将蓝亮条移到该行后先按【F5】键取消标刀
		按绝对刀偏对刀操作前五步，将该刀对好	完成标刀对刀即建立工件坐标系
		设置标刀。保持蓝亮条在标刀刀具行，按【F5】“标刀选择”键，将该刀设为标刀。界面显示为相对刀偏表	表中其他刀具行的 X 偏置与 Z 偏置均改变
		转换刀位，选择其他刀具。按绝对刀偏法试切对刀操作的①～⑤步进行操作，完成相对对刀	
8	相对刀偏法直接填写刀具偏置值	按相对刀偏法试切对刀前三步，完成标刀对刀与设置	
		将标刀移至一个可以确定的点上，按【F1】“X 轴置零”键，屏幕上坐标系 X 置零。按【F2】“Z 轴置零”键，屏幕上坐标系 Z 置零	该确定点应是固定点，并能保证其他刀具均可方便准确地停于该点
		转换刀具，用手动方式移动刀尖至该点上，屏幕上显示的坐标值即为刀具与标刀位置的偏差	
		将屏幕反映的坐标值填入至该刀设置行的 X 偏置与 Z 偏置栏，完成相对对刀	

1）新建程序见表 15-16。

表 15-16　新建程序操作步骤

操作项目		方法、步骤	说　明
1	开机		
2	进入编辑状态	在主指令菜单下按【F1】功能键，进入“程序”子菜单	
3	新建程序	在“程序”子菜单下，按新建程序功能【F3】键，系统提示栏显示【输入新建程序名：】，输入程序名。按【回车】键，进入空白编辑界面	新建程序名应用字母“O”开头，后面可以用字母或数字，否则程序调用时不能看到建立的文件。注意：新建程序不得与已有程序同名
4	输入程序	利用 MDI 键盘输入程序，每段程序输入完后按【回车】键，系统自动转为一个程序段。程序输入完成后，按【F4】程序保存键，系统提示“保存文件名”，如不需要修改文件名，则按【Enter】键，保存程序	程序起始应用“%”+工序名，然后进行程序输入

2）程序的选择与编辑见表 15-17。

表 15-17　程序选择与编辑

操作项目		方法、步骤	说　明
1	选择程序	在主菜单下按“程序 F1”功能键，进入程序子菜单。在菜单中按“选择程序 F1”功能键，进入程序选择界面，用【▶】或【◀】键选择存储器，按【Enter】键界面列出选择存储器上的文件	
		利用【▲】、【▼】键及【PgUp】、【PgDn】翻页键选择程序，按【Enter】键，程序调入加工缓存区，成为系统内存中当前程序	本操作将程序调入系统加工缓存区
2	程序复制、删除	程序复制：将需要复制的文件调入加工缓存区，进入“程序”子菜单，按“保存程序 F4”功能键，系统提示“保存文件名”，此时输入新的文件名，按【Enter】键，程序被复制至新程序名下，且新文件调入加工缓存区	复制产生的新程序名不能与已有程序同名
		删除程序：在主菜单下按【F1】键，进入程序子菜单，在菜单中按“选择程序 F1”功能键，进入程序选择界面，将选择条（蓝色）移动至需要删除的文件上，按【Del】键，系统提示“确实要删除文件××吗？（Y/N）Y”，此时按【Enter】键或【Y】键，删除成功	

3）程序的编辑。进行机床操作时，有时需要对加工缓存区的程序直接进行编辑，可以按以下步骤进行：主菜单下按【F1】键，进入“程序”子菜单，在“程序”功能子菜单下直接按【F2】键，系统将显示缓存区中的程序，如图 15-11 所示。

注意：如果该程序处于运行状态，则应先停止程序运行，再进行程序的修改编辑操作，否则可能造成编辑无效或程序无法保存错误。

图 15-11　程序编辑界面

6. 自动运行操作

（1）程序校验　打开要加工的程序，按下机床控制面板上的“自动”键，进入程序运行方式；在程序运行子菜单下按“程序校验 F5”键，程序校验开始；如果程序正确，校验完成后光标将返回到程序头，并且显示窗口下方的提示栏显示提示信息，说明没有发现错误。

（2）启动自动运行　选择并打开零件加工程序，按下机床控制面板上的“自动”键（指示灯亮），进入程序运行方式；按下机床控制面板上的“循环启动”键（指示灯亮），机床开始自动运行当前的加工程序。

（3）单段运行　按下机床控制面板上的“单段”键（指示灯亮），进入单段自动运行方式；按下“循环启动”键，运行一个程序段，机床就会减速停止；再按下“循环启动”键，系统执行下一个程序段，执行完成后再次停止。

（4）中断运行　在运行数控程序的过程中可根据需要暂停和重新运行。在运行数控程序时，按循环保持按钮，程序停止执行，再点击“循环启动”键，程序从暂停位置开始执行。

试题十六　双线三角形螺纹轴的加工

一、考核目标

1）掌握双线三角形螺纹轴零件图的识读方法。

2）掌握双线三角形螺纹轴零件加工工艺的制订方法。

3）掌握双线三角形螺纹轴零件加工程序的编制方法。

4）掌握双线三角形螺纹轴零件加工刀具的选择方法及确定合理的切削用量方法。

5）熟练掌握数控车床的操作方法。

二、考核要求

1. 总体要求

1）试题名称：双线三角形螺纹轴（图 16-1）。

2）本题分值：100 分。

3）考核时间：240min。

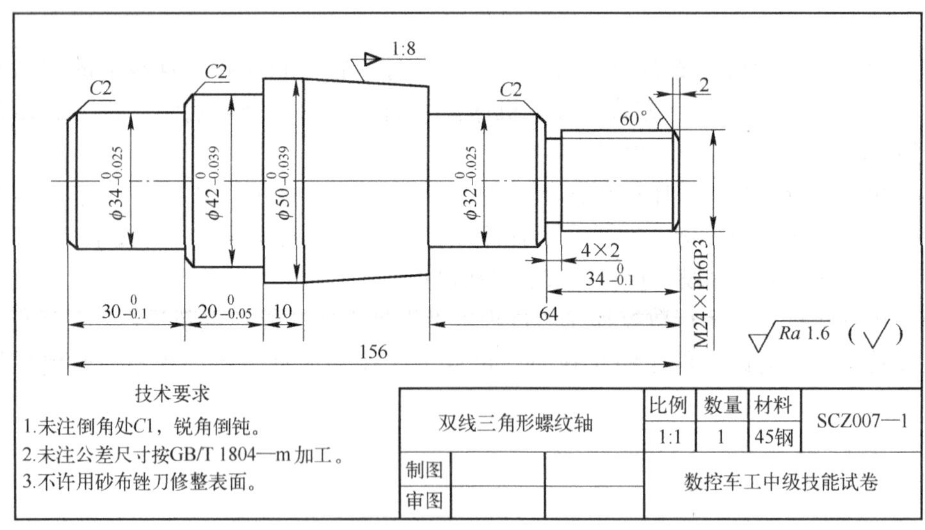

a）

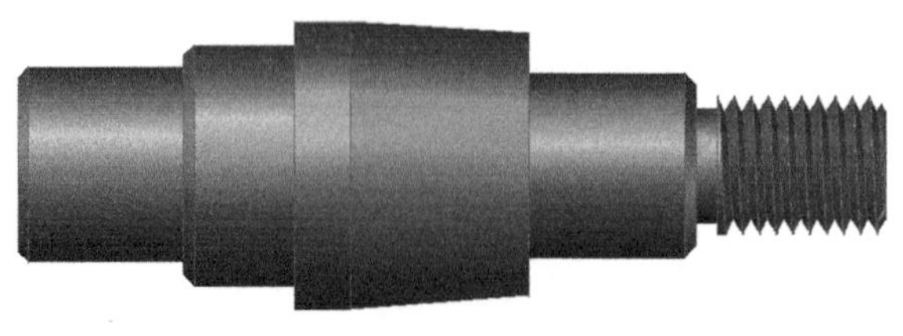

b）

图 16-1　双线三角形螺纹轴零件图

4）考核形式：①现场笔试；②现场操作。

2. 配分及评分标准

1）操作技能考核总成绩见表16-1。

表16-1　操作技能考核总成绩表

序号	项目名称	配分	得分	备注
1	现场笔试	25		
2	现场操作	10		
3	工件质量	65		
合计		100		

2）现场笔试，操作技能考核试卷见表16-2。

表16-2　制订工艺及编程

职业	数控车工	考核等级	中级	姓名		得分	
数控车床工艺简卡				准考证号			
				机床编号			
工序名称及加工程序号	工艺简图（标明定位、装夹位置）（标明程序原点和对刀点位置）			工步序号及内容		选用刀具	
				1.			
				2.			
				3.			
				4.			
				5.			
				6.			
				7.			
				8.			
				9.			
				1.			
				2.			
				3.			
				4.			
				5.			
				6.			
				7.			
				8.			
				9.			
监考人		检验员			考评人		
日期							

3）现场操作规范评分见表 16-3。

表 16-3 现场操作规范评分表

序号	项目	考核内容	配分	考场表现	得分
1	现场操作规范	正确使用刀具	2		
2		正确使用量具	2		
3		数控车床规范操作	2		
4		设备维护保养	4		
合计					10

4）工件质量评分见表 16-4。

表 16-4 工件质量评分表

序号	考 核 项 目			扣分标准	配分	得分
1	外圆/mm	$\phi50_{-0.039}^{0}$	IT	超差 0.01mm 扣 2 分	4	
			Ra	降一级扣 2 分	2	
2		$\phi42_{-0.039}^{0}$	IT	超差 0.01mm 扣 2 分	4	
			Ra	降一级扣 2 分	2	
3		$\phi34_{-0.025}^{0}$	IT	超差 0.01mm 扣 2 分	4	
			Ra	降一级扣 2 分	2	
4		$\phi32_{-0.025}^{0}$	IT	超差 0.01mm 扣 1 分	4	
			Ra	降一级扣 2 分	2	
5	锥度	1:8	IT	超差不得分	4	
			Ra	降级不得分	2	
6	外螺纹/mm	M24 × Ph6P3	IT	不合格不得分	8	
			Ra	降一级扣 2 分	3	
7	长度/mm	156,64,10	IT	超差不得分	1	
8		$20_{-0.05}^{0}$	IT	超差 0.01mm 扣 1 分	3	
9		$30_{-0.1}^{0}$	IT	超差不得分	1	
10		$34_{-0.1}^{0}$	IT	不得分	1	
11	槽宽/mm	4 × 2	IT	超差 0.01mm 扣 1 分	1	
合 计					48	
评分人		年 月 日	核分人		年 月 日	

3. 准备清单

（1）考场准备

1）材料准备见表 16-5。

表 16-5 材料准备

名 称	规 格	数 量	要 求
45 钢	$\phi55$mm × 160mm	1 件/考生	

2）设备准备见表16-6。

表16-6　设备准备

名　称	规　格	数　量	要　求
数控车床	根据考点情况选择	1人/台	
自定心卡盘	对应工件	1副/台	
自定心卡盘扳手	对应车床	1副/台	
刀架扳手	对应车床	1副/台	
回转顶尖	对应车床	1副/台	

（2）考生准备　考生主要准备工具、量具、刀具及其他，见表16-7。

表16-7　工具、量具、刀具及其他准备

序号	名　称	型　号	数量	要　求
1	外圆车刀	相应车床	自定	
2	切槽刀	$S=4\text{mm}$　$L=5\text{mm}$	自定	
3	外三角形螺纹车刀	P=3mm	自定	
4	游标卡尺	0.02mm/0～300mm	1	
5	游标深度卡尺	0.02mm/0～200mm	1	
6	外径千分尺	0.01mm/50～75mm，0.01mm/25～50mm	各1	
7	螺纹环规或螺纹千分尺	M24×6PhP3	1套	
8	薄铜皮	0.05～0.10mm	若干	
9	垫刀片		若干	
10	草稿纸		若干	

4. 说明

1）出现危及考生或他人安全的状况应终止考试，如果是由于考生操作失误所致，考生该题成绩记零分。

2）因考生操作失误所致，导致设备故障且当场无法排除应终止考试，考生该题成绩记零分。

3）考生在操作过程中出现严重违反工艺原则或情节严重的野蛮操作等，取消考试资格，成绩记零分。

4）因刀具、工具损坏而无法继续应终止考试。

三、考核实施

本题主要针对双线三角形螺纹轴加工进行考核，要求学生通过零件图样分析，合理制订出加工方案，确定合理的加工工序，正确选择刀具，选择合理切削用量，编制加工程序，熟练掌握刀具与工件的安装，程序的输入与校验，零件的加工、检测等各项操作方法。

1. 图样分析

如图16-1所示，该零件为典型的轴类零件，包括台阶、锥体、槽以及双线螺纹等加工轮廓。左端为台阶轴，分别为直径 $\phi34_{-0.025}^{0}$ mm、长 $30_{-0.1}^{0}$ mm，直径 $\phi42_{-0.039}^{0}$ mm、长 $20_{-0.05}^{0}$ mm，直径 $\phi50_{-0.039}^{0}$ mm、长 10mm；零件右端为 M24×Ph6P3 双线三角形螺纹，长度为 30mm；退刀槽宽度为 4mm，深为 2mm；$\phi32_{-0.025}^{0}$ mm 台阶长度由长度 64mm 和 $34_{-0.1}^{0}$ mm 确定；中间锥体左侧大端直径为 $\phi50_{-0.039}^{0}$ mm，右端直径需计算求出，长度由总长、左端及右端长度确定；零件表面粗糙度值要求为 $Ra1.6\mu m$。该零件图尺寸标注完整，轮廓描述清楚，零件材料为 45 钢，无热处理和硬度要求，适合在数控车床上加工。

2. 难点分析

由图 16-1 分析可知，该零件轮廓较多，但计算量比较少，程序编制比较容易，难点在于如何确保 $\phi34_{-0.025}^{0}$ mm、$\phi42_{-0.039}^{0}$ mm、$\phi50_{-0.039}^{0}$ mm 及 $\phi32_{-0.025}^{0}$ mm 外圆的尺寸精度和表面质量要求，以及 1:8 的锥度要求。

3. 工艺分析

由于工件较长，为了解决上述加工难点，在编制加工工序时，应按粗精加工分开、先近后远等原则进行编制。先夹住毛坯外圆，加工零件左端轮廓，然后掉头夹住 $\phi42_{-0.039}^{0}$ mm 外圆，加工零件右端轮廓。通过上述分析，可制订以下加工路线：

1）用自定心卡盘夹持毛坯面，粗精车工件左端轮廓（端面，$\phi34_{-0.025}^{0}$ mm、$\phi42_{-0.039}^{0}$ mm 及 $\phi50_{-0.039}^{0}$ mm 外轮廓）至要求的尺寸。

2）调头装夹，以工件 $\phi50_{-0.039}^{0}$ mm 左端面定位，用铜皮包住，用自定心卡盘夹持 $\phi42_{-0.039}^{0}$ mm 外圆，用活动顶尖顶紧，粗精车右端轮廓（端面、$\phi32_{-0.025}^{0}$ mm 外轮廓、锥体、退刀槽及 M24×Ph6P3 螺纹）至尺寸。

4. 相关工艺卡片的填写

1）数控加工刀具卡见表 16-8。

表 16-8 双线三角形螺纹轴数控加工刀具卡

产品名称或代号		×××	零件名称	双线三角形螺纹轴	零件图号	××
序号	刀具号	刀具规格名称	数量	加工表面	刀尖半径/mm	备注
1	T01	93°硬质合金偏刀	1	工件外轮廓粗车	0.5	25×25
2	T02	35°菱形机夹刀	1	工件外轮廓精车	0.2	25×25
3	T03	4mm 切槽刀	1	4×2 槽		25×25
4	T04	60°外螺纹车刀	1	M24×Ph6P3 螺纹	0.1	25×25
编制		审核	批准	年 月 日	共 页	第 页

2）数控加工工艺卡见表 16-9。

5. 程序编制

（1）编制左端轮廓加工程序

1）建立工件坐标系。加工左端轮廓时，夹住毛坯外圆，工件外伸长度 70mm，手动平端面，工件坐标系设在工件左端面轴线上，如图 16-2 所示。

2）基点的坐标值见表 16-10。

表 16-9 双线三角形螺纹轴数控加工工艺卡

单位名称	×××		产品名称或代号		零件名称		零件图号
			×××		×××		××
工序号	程序编号		夹具名称		使用设备		车间
001	×××		自定心卡盘		CKA6150		数控
工步号	工步内容	刀具号	刀具规格/mm	主轴转速/r·min^{-1}	进给速度/mm·r^{-1}	背吃刀量/mm	备注
用自定心卡盘夹持毛坯面，粗精车工件左端轮廓							
1	车左端面	T01	25×25	600	0.2	1	自动
2	粗车左外轮廓	T01	25×25	600	0.2	1.5	自动
3	精车左外轮廓	T02	25×25	900	0.1	0.5	自动
调头装夹，以工件 $\phi50_{-0.039}^{\ 0}$ mm 左端面定位，用铜皮包住，用自定心卡盘夹持 $\phi42_{-0.039}^{\ 0}$ mm 外圆，并用回转顶尖顶紧，粗精车右端轮廓							
4	车右端面	T01	25×25	600			手动
5	粗车右外轮廓	T01	25×25	600	0.2	1.5	自动
6	精车右外轮廓	T02	25×25	900	0.1	0.5	自动
7	车 4×2 退刀槽	T03	25×25	400	0.05	4	自动
8	车螺纹 M24×Ph6P3	T04	25×25	600	3		自动
编制		审核		批准	年 月 日	共 页	第 页

表 16-10 基点的坐标值

基 点	坐标值(X,Z)	基 点	坐标值(X,Z)
P_1	(29.988, 0)	P_5	(41.981, −31.95)
P_2	(33.988, −2.0)	P_6	(41.981, −49.925)
P_3	(33.988, −29.95)	P_7	(49.981, −49.925)
P_4	(37.981, −29.95)	P_8	(49.981, −65)

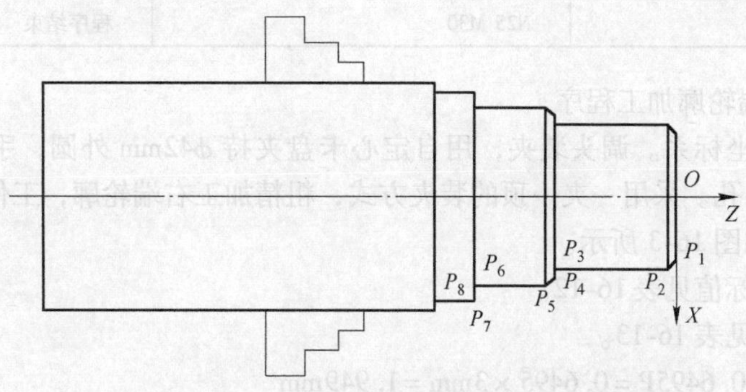

图 16-2 加工左端轮廓时的工件坐标系及基点

3）参考程序见表16-11。

表16-11 FANUC 0i与华中HNC参考程序

FANUC 0i 系统数控程序	华中系统 HNC 数控程序	注　释
O1601;	%1601	程序名
N1 G40 G99 G97 G21;	N1 G90 G40 G95 G97 G21	设置初始化
N2 T0101 S600 M03;	N2 T0101 S600 M03	调用刀具,设置主轴转速
N3 G00 X55.0 Z0.0;	N3 G00 X55.0 Z0.0	快速靠近工件
N4 G01 X0.0 F0.2;	N4 G01 X0.0 F0.2	车端面
N5 G00 X55.0 Z2.0;	N5 G00 X55.0 Z2.0	快速到达循环起点
N6 G71 U1.5 R0.5; N7 G71 P8 Q16 U0.5 W0.0 F0.2;	N6G71 U1.5 R0.5 P8 Q16 X0.5 Z0 F0.2	调用毛坯外圆粗车循环,设置加工参数
N8 G00 X29.988 Z2.0;	N8 G00 X29.988 Z2.0	轮廓精加工程序段
N9 G01 Z0.0 F0.1;	N9 G01 Z0.0 F0.1	
N10 X33.988 Z-2.0;	N10 X33.988 Z-2.0	
N11 Z-29.95;	N11 Z-29.95	
N12 X37.981;	N12 X37.981	
N13 X41.981 W-2.0;	N13 X41.981 W-2.0	
N14 Z-49.925;	N14 Z-49.925	
N15 X49.981;	N15 X49.981	
N16 Z-65.0;	N16 Z-65.0	
N17 X56.0	N17 X56.0	
N18 G00 X100.0 Z50.0;	N18 G00 X100.0 Z50.0	刀具快速退至换刀点
N19 M05;	N19 M05	主轴停
N20 M00;	N20 M00	程序暂停
N21 T0202 S900 M03;	N21 T0202 S900 M03	调用精车刀
N22 G70 P8 Q17;	N22 G70 P8 Q17	采用G70精车外轮廓
N23 G00 X100.0 Z50.0;	N23 G00 X100.0 Z50.0	刀具退回换刀点
N24 M05;	N24 M05	主轴停
N25 M30;	N25 M30	程序结束

（2）编制右端轮廓加工程序

1）设置工件坐标系。调头装夹，用自定心卡盘夹持ϕ42mm外圆，手动平端面，使总长至尺寸，钻中心孔。采用一夹一顶的装夹方式，粗精加工右端轮廓，工件坐标系设在工件右端面轴线上，如图16-3所示。

2）基点的坐标值见表16-12。

3）参考程序见表16-13。

螺纹牙高 $H=0.6495P=0.6495\times3\text{mm}=1.949\text{mm}$

螺纹小径 $d=D-1.949\times2\text{mm}=24\text{mm}-1.949\times2\text{mm}=20.02\text{mm}$

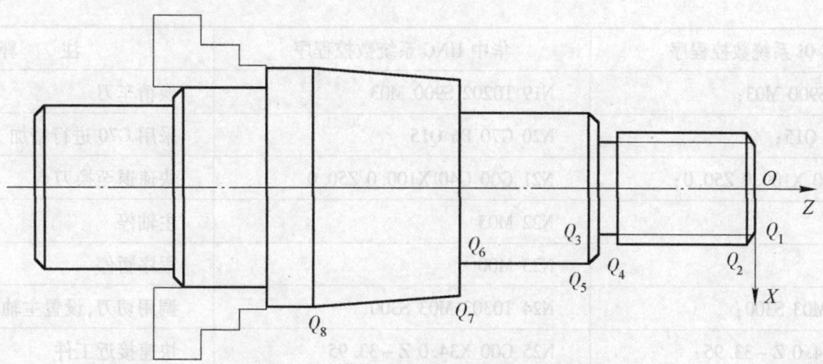

图 16-3　加工右端轮廓时的工件坐标系及基点

表 16-12　基点的坐标值

基　　点	坐标值(X,Z)	基　　点	坐标值(X,Z)
Q_1	(18.504,0)	Q_5	(31.988, -35.95)
Q_2	(23.7, -1.5)	Q_6	(31.988, -64)
Q_3	(20.0, -33.95)	Q_7	(45.981, -64)
Q_4	(27.988, -33.95)	Q_8	(49.981, -96.075)

表 16-13　FANUC 0i 与华中 HNC 参考程序

FANUC 0i 系统数控程序	华中 HNC 系统数控程序	注　　释
O1602;	%1602	程序名
N1 G40 G99 G97 G21;	N1 G90 G40 G95 G97 G21	设置初始化
N2 T0101 S600 M03;	N2 T0101 S600 M03	调用刀具,设置主轴转速
N3 G00 X55.0 Z0.0;	N3 G00 X55.0 Z0.0	快速靠近工件
N4 G71 U1.5 R0.5; N5 G71 P6 Q15 U0.5 W0.0 F0.3;	N4 G71 U1.5 R0.5 P6 Q15 X0.5 Z0 F0.3	调用毛坯外圆循环,设置加工参数
N6 G42 G00 X18.504 Z2.0;	N6 G42 G00 X18.504 Z2.0	轮廓精加工程序段
N7 G01 Z0.0 F0.1;	N7 G01 Z0.0 F0.1	
N8 X23.7 Z-1.5;	N8 X23.7 Z-1.5	
N9 Z-33.95;	N9 Z-33.95	
N10 X27.988	N10 X27.988	
N11 X31.988 W-2.0;	N11 X31.988 W-2.0	
N12 Z-64.0;	N12 Z-64.0	
N13 X45.981;	N13 X45.981	
N14 X49.981 Z-96.075;	N14 X49.981 Z-96.075	
N15 X52.0;	N15 X52.0	
N16 G00 X100.0 Z50.0;	N16 G00 X100.0 Z50.0	快速退到换刀点
N17 M05;	N17 M05	主轴停
N18 M00;	N18 M00	程序暂停

（续）

FANUC 0i 系统数控程序	华中 HNC 系统数控程序	注　释
N19 T0202 S900 M03；	N19 T0202 S900 M03	换精车刀
N20 G70 P6 Q15；	N20 G70 P6 Q15	采用 G70 进行精加工
N21 G00 G40 X100.0 Z50.0；	N21 G00 G40 X100.0 Z50.0	快速退至换刀点
N22 M05；	N22 M05	主轴停
N23 M00；	N23 M00	程序暂停
N24 T0303 M03 S300；	N24 T0303 M03 S300	调用切刀，设置主轴转速
N25 G00 X34.0 Z－33.95；	N25 G00 X34.0 Z－33.95	快速接近工件
N26 G01 X20.0 F0.05；	N26 G01 X20.0 F0.05	
N27 G04 X1.0；	N27 G04 X1.0	光整槽底
N28 G00 X34.0；	N28 G00 X34.0	
N29 G00 X100.0 Z50.0；	N29 G00 X100.0 Z50.0	快速退至换刀点
N30 T0404；	N30 T0404	调用螺纹刀具
N31 G00 X26.0 Z9.0；	N31 G00 X36.0 Z9.0	快速接近工件
N32 G76 P021060 Q100 R50； N33 G76 X20.02 Z－32.0 R0 P1949 Q350 F6； N34 G00 X26.0 Z6.0； N35 G76 P021060 Q100 R50； N36 G76 X20.02 Z－21.0 R0 P1949 Q350 F6；	N32 G76 C2 R－3 E1.3 A60 X20.02 Z－32.0 I0 K1.949 U0.1V0.1Q0.9 P180 F6	加工双线三角形螺纹 FANUC0i 系统采用 G76 编制程序；华中系统采用 G76 编制程序
N37 G00 X100.0 Z50.0；	N33 G00X100.0 Z50.0	快速退至换刀点
N38 M30；	N34 M30	程序结束

6. 工件加工

（1）加工准备

1）检查毛坯尺寸。

2）开机，回参考点。

3）输入程序并校验。把编制好的加工程序输入到数控系统中，并应用空运行或图形模拟校验所编制的加工程序，验证程序合格后方能进行以下步骤。

4）装夹工件。用自定心卡盘夹住毛坯外圆，伸出 70mm 左右，找正并夹紧；调头装夹时，夹住 ϕ42mm 外圆，夹紧。

5）装夹刀具。把外圆粗车刀、外圆精车刀、切槽刀、螺纹刀按要求依次装入 T01、T02、T03 及 T04 号刀位，其中切槽刀及螺纹刀应严格垂直于工件轴线。

6）对刀。将上述四把刀具依次对好，并将有关数值输入到刀具参数中，并设置好精车刀尖的圆弧半径及刀尖方位等。调头装夹后，四把刀具应重新对刀。

（2）零件的自动加工　将加工程序调入数控系统，调好进给倍率，将数控车床置于自动加工模式进行自动加工，在加工过程中要进行精度控制，具体方法如下：

1）外圆及台阶长度控制。左右两侧轮廓均通过调整外圆精车刀（T02）X 及 Z 向刀具磨损量，运行精加工程序。程序结束后停机测量，根据测量结果再修调刀具磨损量，重新执行外圆精加工程序，直到达到尺寸要求为止。

2）螺纹精度控制。加工螺纹前，把螺纹刀（T04）刀具磨损量设置为0.1～0.2mm，螺纹循环运行后停机测量，根据测量结果调整刀具磨损量，重新运行螺纹循环指令，直至符合尺寸要求为止。

（3）加工结束　加工结束后应清理机床。

7. 操作注意事项

1）调头后，所用刀具都应重新对刀。

2）该零件左端轮廓的粗加工可使用参考程序中的指令 G71，也可使用 G90 编制程序。

3）在加工过程中，应尽量采用试切、测量、补偿及试测方法控制尺寸精度。

试题十七　传动轴的加工

一、考核目标

1）掌握传动轴零件图的识读方法。

2）掌握传动轴零件加工工艺的制订方法。

3）掌握传动轴零件加工程序的编制方法。

4）掌握传动轴零件加工刀具的选择方法及确定合理的切削用量方法。

5）熟练掌握数控车床的操作方法。

二、考核要求

1. 总体要求

1）试题名称：传动轴（图 17-1）。

2）本题分值：100 分。

3）考核时间：300min。

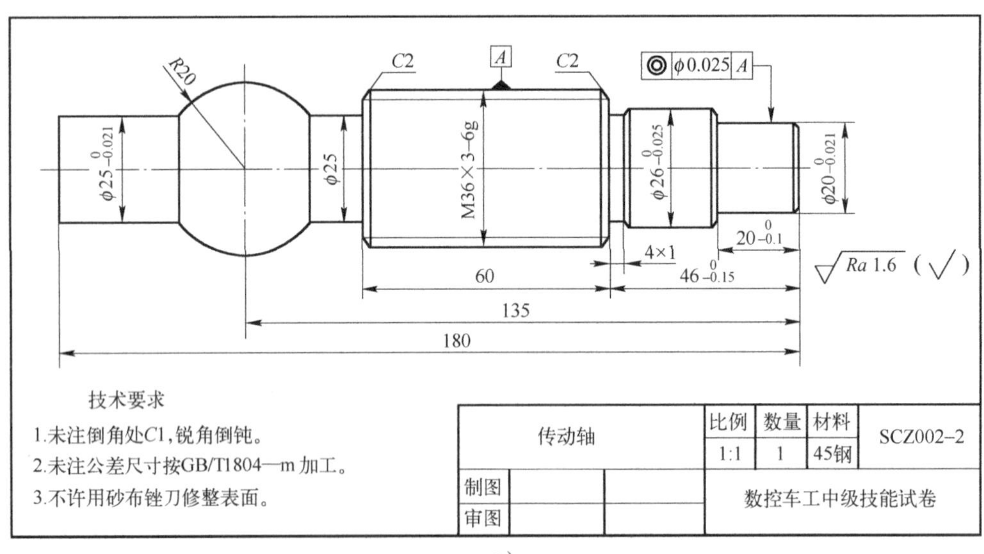

a）

b）

图 17-1　传动轴零件图

4）考核形式：①现场笔试；②现场操作。

2. 配分及评分标准

1）操作技能考核总成绩见表17-1。

表17-1　操作技能考核总成绩表

序号	项目名称	配　分	得　分	备　注
1	现场笔试	25		
2	现场操作	10		
3	工件质量	65		
合　计		100		

2）现场笔试，操作技能考核试卷见表17-2。

表17-2　制订工艺及编程

职业	数控车工	考核等级	中级	姓名		得分	
数控车床工艺简卡				准考证号			
				机床编号			

工序名称及加工程序号	工艺简图 （标明定位、装夹位置） （标明程序原点和对刀点位置）	工步序号及内容	选用刀具
		1.	
		2.	
		3.	
		4.	
		5.	
		6.	
		7.	
		8.	
		9.	
		1.	
		2.	
		3.	
		4.	
		5.	
		6.	
		7.	
		8.	
		9.	

监考人		检验员		考评人	
日期					

3）现场操作规范评分见表17-3。

表17-3 现场操作规范评分表

序号	项目	考核内容	配分	考场表现	得分
1	现场操作规范	正确使用刀具	2		
2		正确使用量具	2		
3		数控车床规范操作	2		
4		设备维护保养	4		
合计			10		

4）工件质量评分见表17-4。

表17-4 工件质量评分表

序号	考 核 项 目			扣分标准	配分	得分
1	外圆/mm	$\phi26_{-0.025}^{0}$	IT	超差0.01mm扣2分	6	
			Ra	降一级扣2分	2	
2		$\phi25_{-0.021}^{0}$	IT	超差0.01mm扣2分	6	
			Ra	降一级扣2分	2	
3		$\phi20_{-0.021}^{0}$	IT	超差0.01mm扣2分	6	
			Ra	降一级扣2分	2	
4	成形面/mm	*R*20	IT	不合格不得分	6	
			Ra	降一级扣2分	2	
5	外螺纹/mm	M36×3-6g	IT	不合格不得分	6	
			Ra	降一级扣2分	2	
6	长度/mm	180,135	IT	超差0.01mm扣1分	4	
7		$46_{-0.15}^{0}$	IT	超差0.01mm扣1分	6	
8		$20_{-0.1}^{0}$	IT	超差0.01mm扣1分	6	
9	槽宽/mm	4×1	IT	超差0.01mm扣1分	2	
10	形位公差/mm	◎ ϕ0.025 *A*		超差0.01mm扣1分	4	
11	倒角	*C*2（二处）		不合格不得分	3	
合 计					65	

评分人		年 月 日	核分人		年 月 日

3. 准备清单

（1）考场准备

1）材料准备见表17-5。

表17-5 材料准备

名 称	规 格	数 量	要 求
45钢	ϕ45mm×185mm	1件/考生	

2）设备准备见表17-6。

表17-6　设备准备

名　称	规　格	数　量	要　求
数控车床	根据考点情况选择	1台/考生	
自定心卡盘	相应车床	1副/台	
自定心卡盘扳手	相应车床	1副/台	
刀架扳手	相应车床	1副/台	

（2）考生准备　考生主要准备工具、量具、刀具及其他，见表17-7。

表17-7　工具、量具、刀具及其他准备

序号	名　称	型　号	数量	要　求
1	外圆车刀	相应车床	自定	
2	切槽刀	$S=4$mm，$L>5$mm	自定	
3	35°菱形机夹刀		自定	
4	外三角形螺纹车刀	M36×3mm	自定	
5	切断刀	ϕ40mm	自定	
6	游标卡尺	0.02mm/0～200mm	1	
7	外径千分尺	0.01mm/0～25mm，0.01mm/25～50mm	各1	
8	圆弧样板（或半径样板）	R40mm	1	
9	三角螺纹环规	M36×3-6g	1套	
10	中心钻及钻夹头	A3、ϕ1～13mm	各1	
11	回转顶尖	相应车床	1	
12	磁性表座		1	
13	百分表	分度值为0.01mm	1	
14	薄铜皮	0.05～0.10mm	若干	
15	垫刀片		若干	
16	草稿纸		若干	

4. 说明

1）出现危及考生或他人安全的状况应终止考试，如果是由于考生操作失误所致，考生该题成绩记零分。

2）因考生操作失误所致，导致设备故障且当场无法排除应终止考试，考生该题成绩记零分。

3）考生操作过程中出现严重违反工艺原则或情节严重的野蛮操作等，取消考试资格，成绩记零分。

4）因刀具、工具损坏而无法继续应终止考试。

三、考核实施

本题主要针对传动轴加工进行考核，要求学生通过零件图样分析，合理制订出加工方案，确定合理的加工路线和加工工序，正确选择刀具，选择合理的切削用量，编制加工程序，熟练掌握刀具与工件的安装，程序的输入与校验，零件的加工、检测等各项操作方法。

1. 图样分析

如图 17-1 所示，该零件为较复杂的轴类零件，包括台阶、圆弧、槽以及螺纹等加工轮廓。右端为台阶轴，分别为 $\phi 20_{-0.021}^{\ 0}$mm 外圆、长为 $20_{-0.1}^{\ 0}$mm，以及 $\phi 26_{-0.025}^{\ 0}$mm 外圆，其长度由 $46_{-0.15}^{\ 0}$mm 、$20_{-0.1}^{\ 0}$mm 和槽宽 4mm 决定，槽的深度为 1mm；零件中部为 M36×3-6g 螺纹，长度为 60mm；零件左端为 $\phi 25_{-0.021}^{\ 0}$mm 和 $\phi 25$mm 外圆，与 $R20$mm 圆弧连接；零件表面粗糙度值为 $Ra1.6\mu m$，右端 $\phi 20_{-0.021}^{\ 0}$mm 外圆与 M36×3-6g 螺纹有同轴度要求。该零件尺寸标注完整，轮廓描述清楚，零件材料为 45 钢，无热处理和硬度要求，适合在数控车床上加工。

2. 难点分析

由图 17-1 分析可知，该零件轮廓较多，计算量比较少，需计算螺纹轴的精车尺寸值以及 $R20$mm 圆弧面的起始和终止位置坐标，程序编制比较容易。难点在于如何确保 $\phi 20_{-0.021}^{\ 0}$mm、$\phi 26_{-0.025}^{\ 0}$mm 及 $\phi 25_{-0.021}^{\ 0}$mm 外圆的尺寸精度和表面质量要求，$\phi 20_{-0.021}^{\ 0}$mm 外圆与 M36×3-6g 螺纹的同轴度要求，以及如何进行 $R20$mm 圆弧面的加工。

3. 工艺分析

为了解决上述加工难点，在编制加工工序时，应按粗精加工分开、先近后远等原则进行编制；为了保证同轴度，采用一夹一顶的装夹方式，先夹住毛坯外圆，加工零件左端轮廓，然后掉头夹住 $\phi 25_{-0.021}^{\ 0}$mm 外圆，上顶尖，加工零件轮廓。通过上述分析，可制订以下加工路线：

1）用自定心卡盘夹持毛坯面，手动平右端面，钻中心孔。

2）调头装夹，用自定心卡盘夹持毛坯面，手动平左端面，保证总长，粗精车工件左端两段 $\phi 25$mm 外圆和圆弧轮廓至要求的尺寸。

3）调头装夹，用铜皮包住 $\phi 25_{-0.021}^{\ 0}$mm 外圆，并用自定心卡盘夹持，粗精车其余轮廓至尺寸。

4. 相关工艺卡片的填写

1）数控加工刀具卡见表 17-8。

表 17-8 传动轴数控加工刀具卡

产品名称或代号		×××	零件名称	传动轴	零件图号	××
序号	刀具号	刀具规格名称	数量	加工表面	刀尖半径/mm	备注
1	T01	93°硬质合金偏刀	1	工件外轮廓粗车	0.5	25×25
2	T02	35°菱形机夹刀	1	工件外轮廓精车	0.2	25×25
3	T03	4mm 切槽刀	1	4mm×1mm 槽		25×25
4	T04	60°外螺纹车刀	1	M36×3-6g 螺纹	0.1	25×25
编制		审核	批准	年 月 日	共 页	第 页

2）数控加工工艺卡见表 17-9。

表 17-9　传动轴数控加工工艺卡

单位名称	×××	产品名称或代号		零件名称		零件图号	
		×××		×××		××	
工序号	程序编号	夹具名称		使用设备		车间	
001	×××	自定心卡盘		CKA6150		数控	
工步号	工步内容	刀具号	刀具规格/mm	主轴转速/r·min^{-1}	进给速度/mm·r^{-1}	背吃刀量/mm	备注
用自定心卡盘夹持毛坯面，手动平右端面，钻中心孔。							
1	车右端面	T01	25×25	600			手动
2	钻中心孔	中心钻	A3	600			手动
调头装夹，用自定心卡盘夹持毛坯面，手动平左端面保证总长，粗精车工件左端 $\phi25_{-0.021}^{\ 0}$ mm 外圆轮廓至要求的尺寸							
3	车左端面	T01	25×25	600			手动
4	粗车左端外轮廓	T02	25×25	600	0.2	1.5	自动
5	精车左端外轮廓	T02	25×25	900	0.1	0.5	自动
调头装夹，用铜皮包住 $\phi25_{-0.021}^{\ 0}$ mm 外圆，并采用一夹一顶方式，粗精车其余轮廓至尺寸							
6	粗车右端外轮廓	T01	25×25	600	0.2	1.5	自动
7	精车右端外轮廓	T02	25×25	900	0.1	0.5	自动
8	车 4×1 槽和倒角	T03	25×25	400	0.05	4	自动
9	车螺纹	T04	25×25	600	3		自动
编制		审核		批准	年　月　日	共　页	第　页

5. 程序编制

（1）编制左端轮廓加工程序

1）建立工件坐标系。加工左端轮廓时，夹住毛坯外圆，工件坐标系设在工件左端面轴线上，如图 17-2 所示。

2）基点的坐标值见表 17-10。

表 17-10　基点的坐标值

基　点	坐标值(X,Z)	基　点	坐标值(X,Z)
P_1	(24.9895, 0)	P_3	(25.0, −60.612)
P_2	(24.9895, −29.388)	P_4	(25.0, −74.075)

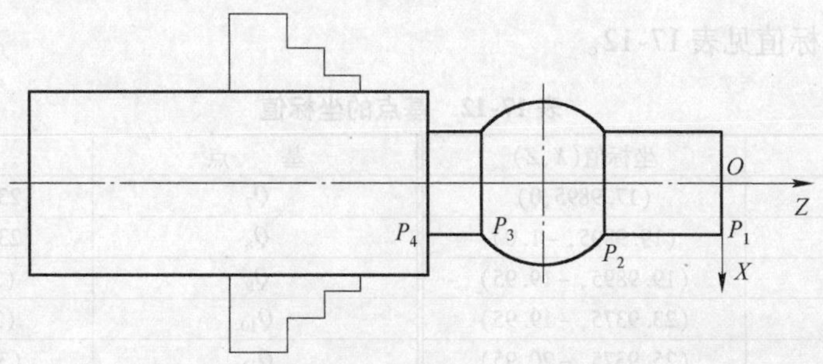

图 17-2　加工左端轮廓时的工件坐标系及基点

3）参考程序见表17-11。

表17-11 FANUC 0i 与华中 HNC 参考程序

FANUC 0i 系统数控程序	华中 HNC 系统数控程序	注释
O1701;	%1701;	程序名
N1 G40 G99 G97 G21;	N1 G90 G40 G95 G97 G21;	设置初始化
N2 T0202 S600 M03;	N2 T0202 S600 M03;	设置刀具及主轴转速
N3 G00 X45.0 Z1.0;	N3 G00 X45.0 Z1.0;	快速靠近工件
N4 G73 U10 R5; N5 G73 P6 Q12 U0.5 W0.05 F0.2;	N4 G73 U10 W3.5 R7 P6 Q12 X0.5 Z0.05 F0.2;	调用粗车循环程序
N6 G42 G00 X24.9895 Z1.0;	N6 G42 G00 X24.9895 Z1.0;	外轮廓精车程序
N7 G01 Z0.0 F0.1;	N7 G01 Z0.0 F0.1;	
N8 Z-29.388;	N8 Z-29.388;	
N9 G03 X25.0 Z-60.612 R20.0;	N9 G03 X25.0 Z-60.612 R20.0;	
N10 G01 Z-74.075;	N10 G01 Z-74.075;	
N11 X45.0;	N11 X45.0;	
N12 G00 X46.0;	N12 G00 X46.0;	
N13 S900;	N13 S900;	设置主轴转速
N14 G70 P6 Q12;	N14 G70 P6 Q12;	调用精车循环程序
N15 G00 G40 X100.0 Z50.0;	N15 G00 G40 X100.0 Z50.0;	刀具快速退至换刀点
N16 M05;	N16 M05;	主轴停
N17 M30;	N17 M30;	程序结束

（2）编制右端轮廓加工程序

1）设置工件坐标系。调头装夹 ϕ25mm 外圆，采用一夹一顶的装夹方式。工件坐标系设在工件右端面轴线上，如图17-3所示。

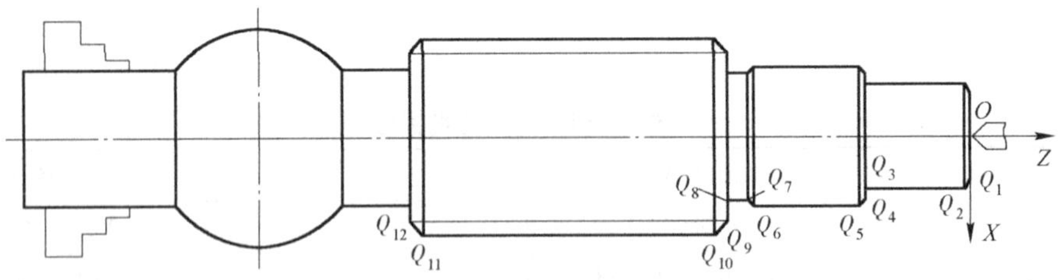

图17-3 加工右端轮廓时的工件坐标系及基点

2）基点的坐标值见表17-12。

表17-12 基点的坐标值

基点	坐标值(X,Z)	基点	坐标值(X,Z)
Q_1	(17.9895,0)	Q_7	(23.9375, -41.925)
Q_2	(19.9895, -1.0)	Q_8	(23.9375, -45.925)
Q_3	(19.9895, -19.95)	Q_9	(31.7, -45.925)
Q_4	(23.9375, -19.95)	Q_{10}	(35.7, -47.925)
Q_5	(25.9375, -20.95)	Q_{11}	(35.7, -103.925)
Q_6	(25.9375, -40.925)	Q_{12}	(31.7, -105.925)

3）参考程序见表 17-13。

螺纹牙高 $H = 0.6495P = 0.6495 \times 3\text{mm} = 1.949\text{mm}$

表 17-13　FANUC 0i 与华中 HNC 参考程序

FANUC0i 系统数控程序	华中 HNC 系统数控程序	注　释
O1702;	%1702	程序名
N1 G40 G99 G97 G21;	N1 G90 G40 G95 G97 G21	设置初始化
N2 T0101 S600 M03;	N2 T0101 S600 M03	设置刀具及主轴转速
N3 G00 X45.0 Z0.2;	N3 G00 X45.0 Z0.2	快速靠近工件
N4 G71 U1.5 R0.5; N5 G71 P6 Q16 U0.5 W0.05 F0.2;	N4 G71 U1.5 R0.5 P6 Q16 X0.5 Z0.05 F0.2	调用粗车循环
N6 G00 X17.9895;	N6 G00 X17.9895	
N7 G01 Z0 F0.1;	N7 G01 Z0 F0.1	
N8 X19.9875 Z-1.0;	N8 X19.9875 Z-1.0	
N9 Z-19.95;	N9 Z-19.95	
N10 X23.9375;	N10 X23.9375	
N11 X25.9375 Z-20.95;	N11 X25.9375 Z-20.95	精车程序
N12 Z-45.925;	N12 Z-45.925	
N13 X31.7;	N13 X31.7	
N14 X35.7 Z-47.925;	N14 X35.7 Z-47.925	
N15 Z-106.0;	N15 Z-106.0	
N16 X45.0;	N16 X45.0	
N17 G00 X100.0 Z50.0 M05;	N17 G00 X100 Z50.0 M05	主轴停
N18 M00;	N18 M00	程序暂停
N19 T0202 S900 M03;	N19 T0202 S900 M03	调用精车刀具、设置主轴转速
N20 G00 X20.0 Z0.2;	N20 G00 X20.0 Z0.2	快速靠近工件
N21 G70 P6 Q16;	N21 G70 P6 Q16	调用精车循环加工
N22 G00 X100.0Z 50.0;	N22 G00 X100.0Z 50.0	刀具快速返至换刀点
N23 M05;	N23 M05	主轴停
N24 M00;	N24 M00	程序暂停
N25 T0303 S300 M03;	N25 T0303 S300 M03	调切刀、设置主轴转速
N26 G00 X27.0 Z-44.925;	N26 G00 X27.0 Z-44.925	快速接近工件
N27 G01 X25.9375 F0.05;	N27 G01 X25.9375 F0.05	ϕ26mm 左侧倒角
N28 X23.9375 Z-45.925;	N28 X23.9375 Z-45.925	
N29 G04 X1.0;	N29 G04 X1.0	光整槽底
N30 G00 X38.0;	N30 G00 X38.0	快速退刀
N31 G00 Z-107.925;	N31 G00 Z-107.925	快速定位
N32 G01 X35.7;	N32 G01 X35.7	车螺纹左倒角
N33 X31.7 Z-109.925;	N33 X31.7 Z-109.925	

（续）

FANUC0i 系统数控程序	华中 HNC 系统数控程序	注　释
N34 G00 X38.0;	N34 G00 X38.0	
N35 G00 X100.0 Z50.0;	N35 G00 X100.0 Z50.0	刀具快速返至退刀点
N36 M05;	N36 M05	主轴停
N37 M00;	N37 M00	程序暂停
N38 T0404 M03 S300;	N38 T0404 M03 S300	调用螺纹车刀,设置主轴转速
N39 G00 X36.0 Z-38.0;	N39 G00 X36.0 Z-38.0	刀具快速接近工件
N40 G92 X34.8 Z-110.0 F3;	N40 G82 X34.8 Z-110.0 F3	螺纹加工 FANUC0i 系统采用 G92 编制程序;华中系统采用 G82 编制程序
N41 X34.1;	N41 G82 X34.1 Z-110.0 F3	
N42 X33.5;	N42 G82 X34.8 Z-110.0 F3	
N43 X33.1;	N43 G82 X33.1 Z-110.0 F3	
N44 X32.7;	N44 G82 X32.7 Z-110.0 F3	
N45 X32.3;	N45 G82 X32.3 Z-110.0 F3	
N46 X32.1;	N46 G82 X32.1 Z-110.0 F3	
N47 X32.1;	N47 G82 X32.1 Z-110.0 F3	
N48 G00 X100.0 Z50.0;	N48 G00 X100.0 Z50.0	刀具快速返回换刀点
N49 M05;	N49 M05	主轴停
N50 M30;	N50 M30	程序停止

6. 工件加工

（1）加工准备

1）检查毛坯尺寸。

2）开机，回参考点。

3）输入程序并校验。把编制好的加工程序输入到数控系统中，并应用空运行或图形模拟校验所编制的加工程序，验证程序合格后方能进行以下步骤。

4）装夹工件。用自定心卡盘夹持毛坯面，工件外伸 30mm 左右，手动平右端面，钻中心孔；调头装夹，用自定心卡盘夹持毛坯面，工件外伸 80mm 左右，手动平左端面，保证总长。粗精车工件左端 ϕ25mm 外圆轮廓至要求的尺寸；工件调头装夹，用铜皮包住 ϕ25mm 外圆，采用一夹一顶方式，粗精车其余轮廓至尺寸。

5）装夹刀具。把外圆粗车刀、外圆精车刀、切槽刀、螺纹刀按要求依次装入 T01、T02、T03 及 T04 号刀位，其中切槽刀及螺纹刀应严格垂直于工件轴线。

6）对刀。将上述四把刀具依次对好，并将有关数值输入到刀具参数中，如刀尖圆弧半径、刀尖方位等。调头装夹后，各把刀具应重新对刀。

（2）零件的自动加工　将数控车床置于自动加工模式，首先将加工程序调入数控系统，调好进给倍率进行自动加工，在加工过程中要进行精度控制，具体方法如下：

1）外圆及台阶长度控制。左右两侧轮廓均通过调整外圆精车刀（T02）X 及 Z 向刀具磨损量，运行精加工程序。程序结束后停机测量，根据测量结果再修调刀具磨损量，重新执行外圆精加工程序，直到达到尺寸要求为止。

2）螺纹精度控制。在加工螺纹前把螺纹刀（T04）刀具磨损量设置为0.1～0.2mm，螺纹循环运行后停机测量，根据测量结果调整刀具磨损量，重新运行螺纹循环指令，直至符合尺寸要求为止。

3）位置精度的控制。该零件的位置精度是$\phi20_{-0.021}^{\ 0}$mm外圆与M36×3-6g螺纹有同轴度要求，主要通过一夹一顶的装夹方式来控制；R20mm圆弧面主要通过圆弧样板测量及刀具的补偿加工实现。

(3) 加工结束　加工结束后应清理机床。

7. 操作注意事项

1）调头后，所用过的精车刀具应重新对刀。

2）该零件毛坯由于长度较长，且只有5mm余量，不足以最后进行切断，因此只能先平端面，保证总长，采用一夹一顶方式进行零件加工。

3）本例加工先加工左端轮廓，也可先加工右端的阶台轴和螺纹，然后采用一夹一顶方式加工左端外圆和圆弧面。

4）加工螺纹时，除了应用参考程序中FANUC0i系统采用G92指令编制、华中系统采用G82指令编制外，还可以采用G32、G76指令编制。

5）在加工过程中，应尽量采用试切、测量、补偿及试测方法控制尺寸精度。

试题十八　梯形带轴的加工

一、考核目标

1）掌握梯形带轴零件图的识读方法。

2）掌握梯形带轴零件加工工艺的制订方法。

3）掌握梯形带轴零件加工程序的编制方法。

4）掌握梯形带轴零件加工刀具的选择方法及确定合理的切削用量方法。

5）熟练掌握数控车床的操作方法。

二、考核要求

1. 总体要求

1）试题名称：梯形带轴（图 18-1）。

2）本题分值：100 分。

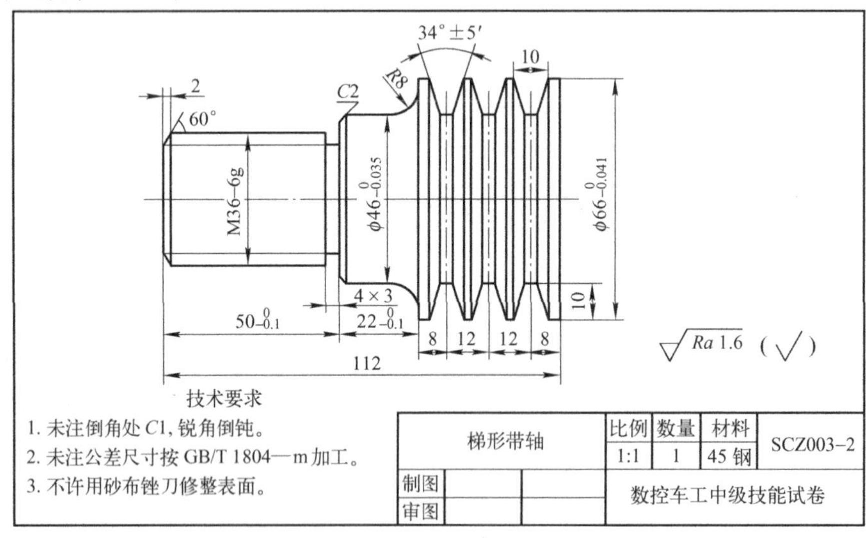

a）

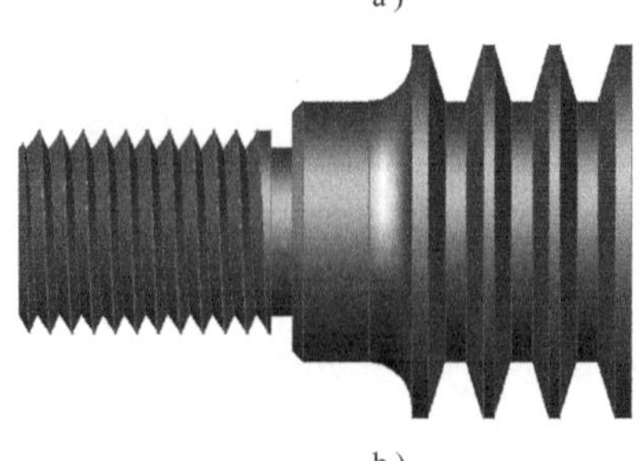

b）

图 18-1　梯形带轴零件图

3）考核时间：300min。

4）考核形式：①现场笔试；②现场操作。

2. 配分及评分标准

1）操作技能考核总成绩见表18-1。

表18-1　操作技能考核总成绩表

序号	项目名称	配分	得分	备注
1	现场笔试	25		
2	现场操作	10		
3	工件质量	65		
合　计		100		

2）现场笔试（操作技能考核试卷见表18-2）。

表18-2　制订工艺及编程

<table>
<tr><td>职业</td><td>数控车工</td><td>考核等级</td><td>中级</td><td>姓名</td><td></td><td>得分</td><td></td></tr>
<tr><td colspan="4" rowspan="2">数控车床工艺简卡</td><td colspan="2">准考证号</td><td colspan="2" rowspan="2"></td></tr>
<tr><td colspan="2">机床编号</td></tr>
<tr><td>工序名称及
加工程序号</td><td colspan="3">工艺简图(标明定位、装夹位置)
(标明程序原点和对刀点位置)</td><td colspan="3">工步序号及内容</td><td>选用刀具</td></tr>
<tr><td rowspan="18"></td><td colspan="3" rowspan="18"></td><td colspan="3">1.</td><td></td></tr>
<tr><td colspan="3">2.</td><td></td></tr>
<tr><td colspan="3">3.</td><td></td></tr>
<tr><td colspan="3">4.</td><td></td></tr>
<tr><td colspan="3">5.</td><td></td></tr>
<tr><td colspan="3">6.</td><td></td></tr>
<tr><td colspan="3">7.</td><td></td></tr>
<tr><td colspan="3">8.</td><td></td></tr>
<tr><td colspan="3">9.</td><td></td></tr>
<tr><td colspan="3">1.</td><td></td></tr>
<tr><td colspan="3">2.</td><td></td></tr>
<tr><td colspan="3">3.</td><td></td></tr>
<tr><td colspan="3">4.</td><td></td></tr>
<tr><td colspan="3">5.</td><td></td></tr>
<tr><td colspan="3">6.</td><td></td></tr>
<tr><td colspan="3">7.</td><td></td></tr>
<tr><td colspan="3">8.</td><td></td></tr>
<tr><td colspan="3">9.</td><td></td></tr>
<tr><td>监考人</td><td></td><td rowspan="2">检验员</td><td></td><td rowspan="2">考评人</td><td colspan="3" rowspan="2"></td></tr>
<tr><td>日　期</td><td></td><td></td></tr>
</table>

3）现场操作规范评分见表18-3。

表18-3　现场操作规范评分表

序号	项目	考核内容	配分	考场表现	得分
1	现场操作规范	正确使用刀具	2		
2		正确使用量具	2		
3		数控车床规范操作	2		
4		设备维护保养	4		
合计			10		

4）工件质量评分见表18-4。

表18-4　工件质量评分表

序号	考核项目			评分标准	配分	得分
1	外圆/mm	$\phi66_{-0.041}^{0}$	IT	超差0.01mm扣2分	6	
			Ra	降一级扣2分	2	
2		$\phi46_{-0.035}^{0}$	IT	超差0.01mm扣2分	4	
			Ra	降一级扣2分	2	
3	角度	34°±5′三处	IT	超差0.01mm扣2分	6	
			Ra	降一级扣2分	6	
4	成形面/mm	*R*8	IT	超差0.01mm扣1分	4	
			Ra	降一级扣2分	4	
5	外螺纹/mm	M36-6g	IT	不合格不得分	6	
			Ra	降一级扣2分	2	
6	长度/mm	112	IT	超差不得分	3	
7		$22_{-0.1}^{0}$	IT	超差0.01mm扣1分	4	
8		$50_{-0.1}^{0}$	IT	超差0.01mm扣1分	4	
9	槽宽/mm	4×3	IT	超差0.01mm扣1分	2	
10	梯形槽/mm	槽宽10		不合格不得分	3	
11		槽深10		不合格不得分	3	
12	倒角	*C*2		不合格不得分	2	
13		2×60°		不合格不得分	2	
合计					65	
评分人		年　月　日	核分人		年　月　日	

3. 准备清单

（1）考场准备

1）材料准备见表18-5。

表18-5　材料准备

名　称	规　格	数　量	要　求
45钢	φ70mm×130mm	1件/考生	

2）设备准备见表18-6。

表18-6　设备准备

名　称	规　格	数　量	要　求
数控车床	根据考点情况选择	1台/考生	
自定心卡盘	相应车床	1副/台	
自定心卡盘扳手	相应车床	1副/台	
刀架扳手	相应车床	1副/台	

（2）考生准备　考生主要准备工具、量具、刀具及其他，见表18-7。

表18-7　工具、量具、刀具及其他准备

序号	名　称	型　号	数量	要求
1	外圆车刀	相应车床	自定	
2	外梯形沟槽车刀	梯形角34°	自定	
3	外三角形螺纹车刀	M36mm	自定	
4	切断刀	刀宽4mm	自定	
5	游标卡尺	0.02mm/0～200mm	1	
6	外径千分尺	0.01mm/25～50mm,50～75mm	各1	
7	螺纹环规	M36mm	1套	
8	圆弧样板（或半径样板）	*R*8mm	1	
9	游标万能角度尺	2′/0°～320°	1	
10	中心钻及钻夹头	A3，ϕ1～13mm	各1	
11	回转顶尖	相应车床	1	
12	薄铜皮	0.05～0.10mm	若干	
13	垫刀片		若干	
14	草稿纸		若干	

4. 说明

1）出现危及考生或他人安全的状况应终止考试，如果是由于考生操作失误所致，考生该题成绩记零分。

2）因考生操作失误所致，导致设备故障且当场无法排除应终止考试，考生该题成绩记零分。

3）考生在操作过程中出现严重违反工艺原则或情节严重的野蛮操作等，取消考试资格，成绩记零分。

4）因刀具、工具损坏而无法继续应终止考试。

三、考核实施

本题主要针对梯形带轴加工进行考核，要求学生通过零件图样分析，合理制订出加工方案，确定合理的加工路线和加工工序，正确选择刀具，选择合理的切削用量，编制加工程序，熟练掌握刀具与工件的安装，程序的输入与校验，零件的加工、检测等各项操作方法。

1. 图样分析

如图 18-1 所示，该零件为较复杂的轴类零件，包括台阶、圆弧、槽以及螺纹等加工轮廓。左端为 M36-6g 螺纹，长 $50_{-0.1}^{\ 0}$mm；退刀槽宽 4mm，深 3mm；外圆轮廓 $\phi46_{-0.035}^{\ 0}$mm 有公差要求，其右端与 R8mm 圆弧面连接，$\phi66_{-0.041}^{\ 0}$mm 外轮廓上加工有梯形带槽，槽型角 34°±5′。该零件轮廓描述清楚，尺寸标注完整，零件材料为 45 钢，无热处理和硬度要求，适合在数控车床上加工。

2. 难点分析

由图 18-1 分析可知，该零件轮廓不是太多，计算量也较少，程序编制较容易，难点在于如何确保 $\phi46_{-0.035}^{\ 0}$mm 及 $\phi66_{-0.041}^{\ 0}$mm 外圆的尺寸精度和表面质量要求，以及如何正确进行 M36-6g 三角形螺纹和梯形槽的加工。

3. 工艺分析

在编制加工工序时，应按粗精加工分开、先近后远等原则进行编制。为了减少辅助加工时间，采用一夹一顶的装夹方式，一次装夹完成零件加工。通过上述分析，可制订以下加工路线：

1）用自定心卡盘夹持毛坯面，手动平左端面，钻中心孔。

2）采用一夹一顶的装夹方式，粗精加工外轮廓至尺寸，加工三角形螺纹和梯形槽，并切断。

4. 相关工艺卡片的填写

1）数控加工刀具卡见表 18-8。

表 18-8 梯形带轴数控加工刀具卡

产品名称或代号		×××	零件名称	梯形带轴	零件图号	××
序号	刀具号	刀具规格名称	数量	加工表面	刀尖半径/mm	备注
1	T01	93°硬质合金偏刀	1	工件外轮廓粗精车	0.5	25×25
2	T02	4mm 切槽刀	1	4×3 槽		25×25
3	T03	60°外螺纹车刀	1	M36-6g 螺纹	0.1	25×25
4	T04	34°外梯形沟槽车刀	1	梯形槽		25×25
编制		审核		批准	年 月 日	共 页	第 页

2）数控加工工艺卡见表 18-9。

表 18-9 梯形带轴数控加工工艺卡

单位名称		×××	产品名称或代号		零件名称		零件图号
			×××		梯形带轴		××
工序号		程序编号	夹具名称		使用设备		车间
001		×××	自定心卡盘		CKA6150		数控
工步号	工步内容		刀具号	刀具规格 /mm	主轴转速 /r·min⁻¹	进给速度 /mm·r⁻¹ 背吃刀量 /mm	备注
用自定心卡盘夹持毛坯面，手动平左端面，钻中心孔							
1	车左端面		T01	25×25	600		手动
2	钻中心孔		中心钻	A3	600		手动

（续）

工步号	工步内容	刀具号	刀具规格 /mm	主轴转速 /r·min⁻¹	进给速度 /mm·r⁻¹	背吃刀量 /mm	备注
采用一夹一顶的装夹方式，粗精加工外轮廓至尺寸，加工三角形螺纹和梯形槽，并切断							
3	粗车外轮廓	T01	25×25	600	0.2	1.5	自动
4	精车外轮廓	T01	25×25	900	0.1	0.5	自动
5	车4×3槽	T02	25×25	400	0.05	4	自动
6	车螺纹	T03	25×25	600	4		自动
7	车梯形槽	T04	25×25	400	0.05		自动
编制		审核	批准		年　月　日	共　页	第　页

5. 程序编制

1）建立工件坐标系。夹住毛坯外圆，工件坐标系设在工件左端面轴线上，如图18-2所示。

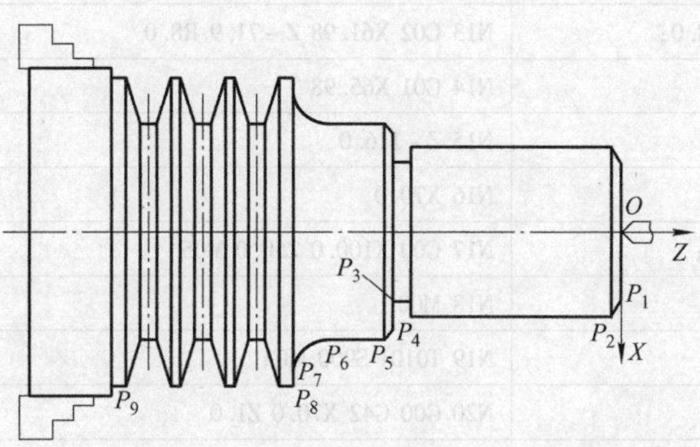

图18-2　加工左端轮廓时的工件坐标系及基点

2）基点的坐标值见表18-10。

表18-10　基点的坐标值

基　点	坐标值(X,Z)	基　点	坐标值(X,Z)
P_1	(29.0,0)	P_6	(45.98,-62.95)
P_2	(35.6,-2.0)	P_7	(61.98,-71.9)
P_3	(30,-49.95)	P_8	(65.98,-71.9)
P_4	(41.98,-49.95)	P_9	(65.98,-112.0)
P_5	(45.98,-51.95)		

3）参考程序见表18-11。

$$螺纹牙高\ H=0.6495P=0.6495\times4\text{mm}=2.598\text{mm}$$

$$螺纹小径\ d=D-2.598\times2\text{mm}=36-2.598\times2\text{mm}=30.8\text{mm}$$

表 18-11　FANUC 0i 与华中 HNC 参考程序

FANUC 0i 系统数控程序	华中 HNC 系统数控程序	注　释
O1801;	%1801	程序名
N1 G40 G99 G97 G21;	N1 G90 G40 G95 G97 G21	设置初始化
N2 T0101 S600 M03;	N2 T0101 S600 M03	设置刀具及主轴转速
N3 G00 X70.0 Z1.0;	N3 G00 X70.0 Z1.0	快速靠近工件
N4 G71 U1.5 R0.5; N5 G71 P6 Q16 U0.5 W0.05 F0.2;	N4 G71 U1.5 R0.5 P6 Q16 X0.5 Z0.05 F0.2	调用粗车循环
N6 G42 G00 X29.0 Z1.0;	N6 G42 G00 X29.0 Z1.0	精车程序
N7 G01 Z0.0 F0.1;	N7 G01 Z0.0 F0.1	
N8 X35.6 Z-2.0;	N8 X35.6 Z-2.0	
N9 Z-49.95;	N9 Z-49.95	
N10 X41.98;	N10 X41.98	
N11 X45.98 Z-51.95;	N11 X45.98 Z-51.95	
N12 Z-62.95;	N12 Z-62.95	
N13 G02 X61.98 Z-71.9 R8.0;	N13 G02 X61.98 Z-71.9 R8.0	
N14 G01 X65.98;	N14 G01 X65.98	
N15 Z-116.0;	N15 Z-116.0	
N16 X70.0;	N16 X70.0	刀具快速返至换刀点
N17 G00 X100.0 Z50.0 M05;	N17 G00 X100.0 Z50.0 M05	主轴停
N18 M00;	N18 M00	程序暂停,修调刀补
N19 T0101 S900 M03;	N19 T0101 S900 M03	设置精车主轴转速
N20 G00 G42 X70.0 Z1.0;	N20 G00 G42 X70.0 Z1.0	快速靠近工件
N21 G70 P6 Q16;	N21 G70 P6 Q16	调用精车循环加工
N22 G00 G40 X100.0 Z50.0;	N21 G00 G40 X100.0 Z50.0	刀具快速返至换刀点
N23 T0202;	N23 T0202	调用 2 号切刀
N24 S400 M03;	N24 S400 M03	设置主轴转速
N25 G00 X38.0 Z-49.95;	N25 G00 X38.0 Z-49.95	快速接近工件
N26 G01 X30.0 F0.05;	N26 G01 X30.0 F0.05	切槽
N27 G04 X1.0;	N27 G04 X1.0	光整槽底
N28 G00 X38.0;	N28 G00 X38.0	快速退刀
N29 G00 X100.0 Z50.0;	N29 G00 X100.0 Z50.0	刀具快速返至换刀点
N30 M05;	N30 M05	主轴停
N31 M00;	N31 M00	程序暂停
N32 T0303 M03 S600;	N32 T0303 M03 S600	调用螺纹车刀,设置主轴转速
N33 G00 X38.0 Z4.0;	N33 G00 X38.0 Z4.0	刀具快速接近工件
N34 G76 P010560 Q100 R50; N35 G76 X30.8 Z-46.0 R0 P2598 Q350 F4;	N34 G76 C2 R-2 E1.3 A60 X30.8 Z-46.0 I0 K2.598 U0.1V0.1Q0.9 P0 F4	螺纹加工

（续）

FANUC 0i 系统数控程序	华中 HNC 系统数控程序	注　释
N36 G00 X100.0 Z50.0;	N35 G00 X100.0 Z50.0	快速退刀至换刀点
N37 T0404 S400 M03;	N36 T0404 S400 M03	调用梯形槽刀，以左刀尖对刀
N38 G00 X68.0 Z-81.943;	N37 G00 X68.0 Z-81.943	快速接近工件
N39 G01 X46.0 F0.05;	N38 G01 X46.0 F0.05	切带槽
N40 G00 X68.0;	N39 G00 X68.0	
N41 W-12.0;	N40 W-12.0	
N42 G01 X46.0 F0.05;	N41 G01 X46.0 F0.05	
N43 G00 X68.0;	N42 G00 X68.0	
N44 W-12.0;	N43 W-12.0	
N45 G01 X46.0 F0.05;	N44 G01 X46.0 F0.05	
N46 G00 X100.0;	N45 G00 X100.0	X 向快速退刀
N47 Z50.0;	N46 Z50.0	Z 向快速退刀
N48 M05;	N47 M05	主轴停
N49 M30;	N48 M30	程序停止

4）切断。将工件调头，用铜皮包住 $\phi 66_{-0.041}^{\ 0}$ mm 外圆，用自定心卡盘夹持工件并找正，然后进行切断，切断参考程序见表 18-12。

表 18-12　切断参考程序

FANUC 0i 系统数控程序	华中 HNC 系统数控程序	注　释
O1802;	%1802	程序名
N1 T0202 S300 M03;	N1 T0202 S300 M03	换切断刀（以左刀尖对刀）
N2 G00 X72.0 Z6.0;	N2 G00 X72.0 Z6.0	快速靠近工件
N3 Z-16.0;	N3 Z-16.0	快速到达切断点（以工件端面为编程原点，此处 Z-16.0 仅为参考值）
N4 G01 X2.0 F50;	N4 G01 X2.0 F50	切断
N5 G00 X100.0;	N5 G00 X100.0	X 向退刀
N6 Z50.0;	N6 Z50.0	Z 向退刀
N7 M05;	N7 M05	主轴停
N8 M30;	N8 M30	程序结束

6. 工件加工

（1）加工准备

1）检查毛坯尺寸。

2）开机，回参考点。

3）输入程序并校验。把编制好的加工程序输入到数控系统中，并应用空运行或图形模拟校验所编制的加工程序，验证程序合格后方能进行以下步骤。

4）装夹工件。采用一夹一顶方式，粗精加工外轮廓至尺寸，加工三角形螺纹和梯形槽，并切断。

5）装夹刀具。把外圆车刀、切槽刀、螺纹刀、34°外梯形沟槽车刀按要求依次装入T01、T02、T03及T04号刀位，其中切槽刀及梯形沟槽车刀应严格垂直于工件轴线。

6）对刀。将上述四把刀具依次对好，并将有关数值输入到刀具参数中，如刀尖圆弧半径、刀尖方位等。

（2）零件的自动加工　将数控车床置于自动加工模式，首先将加工程序调入数控系统，调好进给倍率进行自动加工，在加工过程中要进行精度控制，具体方法如下：

1）外圆及台阶长度控制。左右两侧轮廓均通过调整外圆车刀（T01）X及Z向刀具磨损量，运行粗加工程序。程序结束后停机测量，根据测量结果再修调刀具磨损量，执行外圆精加工程序，直到达到尺寸要求为止。

2）螺纹精度控制。在加工螺纹前，把螺纹刀（T03）刀具磨损量设置为0.1～0.2mm，螺纹循环运行后停机测量，根据测量结果调整刀具磨损量，重新运行螺纹循环指令，直至符合尺寸要求为止。

（3）加工结束　加工结束后应清理机床。

7. 操作注意事项

1）M36-6g螺纹为粗牙螺纹，螺距为4mm，加工时螺距较大。为了避免螺纹刀崩刃，在参考程序中FANUC 0i系统采用G76指令编制、华中系统采用G76指令编制。

2）由于采用一夹一顶装夹方式进行零件加工，需注意对刀与加工时刀具的位置，不要与顶尖干涉。

3）梯形槽加工用刀具角度保证，对刀时应注意刀位点的选取。

4）在加工过程中，应尽量采用试切、测量、补偿及试测方法控制尺寸精度。

5）最后切断时，程序中切断处的Z值为假想值，假设工件最后总长为128mm，实际加工中要根据工件长度确定。

试题十九　复杂螺纹轴的加工

一、考核目标

1）掌握复杂螺纹轴零件图的识读方法。
2）掌握复杂螺纹轴零件加工工艺的制订方法。
3）掌握复杂螺纹轴零件加工程序的编制方法。
4）掌握复杂螺纹轴零件加工刀具的选择方法。
5）掌握数控车床的操作方法。

二、考核要求

1. 总体要求

1）试题名称：复杂螺纹轴（图 19-1）。
2）本题分值：100 分。
3）考核时间：240min。
4）考核形式：操作。

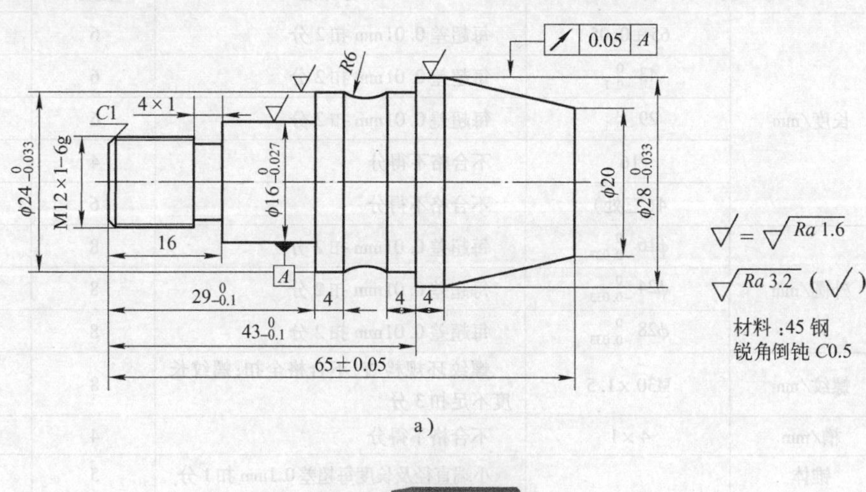

a）

b）

图 19-1　复杂螺纹轴零件图

2. 配分及评分标准

1）操作技能考核总成绩见表19-1。

表19-1　操作技能考核总成绩表

序号	项目名称	配分	得分	备注
1	现场操作规范	10		
2	工件质量	90		
合　计		100		

2）现场操作规范评分见表19-2。

表19-2　现场操作规范评分表

序号	项目	考核内容	配分	考场表现	得分
1	现场操作规范	正确使用机床	2		
2		正确使用量具	2		
3		合理使用刃具	2		
4		设备维护保养	4		
合计			10		

3）工件质量评分见表19-3。

表19-3　工件质量评分表

序号	考核项目		扣分标准	配分	得分
1	长度/mm	65±0.05	每超差0.01mm扣2分	6	
2		$43_{-0.1}^{0}$	每超差0.01mm扣2分	6	
3		$29_{-0.1}^{0}$	每超差0.01mm扣2分	6	
4		16	不合格不得分	4	
5		4(三处)	不合格不得分	6	
6	外圆/mm	$\phi16_{-0.027}^{0}$	每超差0.01mm扣2分	8	
7		$\phi24_{-0.033}^{0}$	每超差0.01mm扣2分	8	
8		$\phi28_{-0.033}^{0}$	每超差0.01mm扣2分	8	
9	螺纹/mm	M30×1.5	螺纹环规检查，不合格全扣；螺纹长度不足扣3分	8	
10	槽/mm	4×1	不合格不得分	4	
11	锥体		小端直径及长度每超差0.1mm扣1分	5	
12	倒角	*C*1	不合格不得分	2	
13		*C*0.5(三处)	不合格不得分	6	
14	圆弧/mm	*R*6	不合格不得分	6	
15	表面粗糙度值/μm	*Ra*1.6(三处)	降级不得分	3	
16		*Ra*3.2	降级不得分	1	
17	形位公差/mm	圆跳动公差为0.05	每超差0.02mm扣1分	3	
评分人		年　月　日	核分人		年　月　日

3. 准备清单

（1）考场准备

1）材料准备见表19-4。

表19-4　材料准备

名　称	规　格	数　量	要　求
45钢	ϕ30mm×70mm	1件/考生	

2）设备准备见表19-5。

表19-5　设备准备

名　称	规　格	数　量	要　求
数控车床	根据考点情况选择	1台/考生	
自定心卡盘	相应车床	1副/台	
自定心卡盘扳手	相应车床	1副/台	
刀架扳手	相应车床	1副/台	

（2）考生准备　考生主要准备工具、量具、刀具及其他，见表19-6。

表19-6　工具、量具、刀具及其他准备

序号	名　称	型　号	数量	要求
1	外圆车刀	93°	1	
2	外圆车刀	35°菱形刀片	1	
3	外螺纹车刀	螺距1mm	1	
4	切槽刀	4mm宽	1	
5	千分尺	0~25mm,25~50mm	各1	
6	游标卡尺	0.02mm/0~150mm	1	
7	游标深度卡尺	0.02mm/0~150mm	1	
8	螺纹环规	M12×1-6g	1套	
9	半径样板	*R*6mm	1	
10	薄铜皮	0.05~0.10mm	若干	
11	磁性表座		1	
12	百分表	分度值为0.01mm	1	
13	垫刀片		若干	
14	草稿纸			

4. 说明

1）出现危及考生或他人安全的状况应终止考试，如果是由于考生操作失误所致，考生该题成绩记零分。

2）因考生操作失误所致，导致设备故障且当场无法排除应终止考试，考生该题成绩记零分。

3）因刀具、工具损坏而无法继续应终止考试。

三、考核实施

本题通过加工复杂螺纹轴，考核学生对外圆、圆弧、锥体、槽与螺纹等内容的综合掌握。要求学生通过图样分析，合理制订出加工方案，熟练掌握加工前的准备，刀具与工件的安装，程序的编制、输入与校验，零件的加工、检测等各项操作方法。

1. 图样分析

如图 19-1 所示，该零件为典型的轴类零件，包括台阶、锥体、圆弧、槽以及螺纹等加工轮廓。右端锥体大端直径为 $\phi28_{-0.033}^{0}$mm，小端直径为 $\phi20$mm，长度由总长及左端长度确定；右端 $\phi28_{-0.033}^{0}$mm 的外圆长为 4mm；零件左端为 M12×1-6g 螺纹，长度为 12mm；退刀槽宽度为 4mm，深为 1mm；$\phi16_{-0.027}^{0}$mm 的台阶长度由长度 $29_{-0.1}^{0}$mm 和 16mm 确定；$\phi24_{-0.033}^{0}$mm 的外圆有两处，长度均为 4mm，这两处外圆由 $R6$mm 凹弧连接；$\phi16_{-0.027}^{0}$mm、$\phi24_{-0.033}^{0}$mm 及 $\phi28_{-0.033}^{0}$mm 三处外圆的表面粗糙度值为 $Ra1.6\mu m$，其余表面粗糙度值为 $Ra3.2\mu m$，$\phi28_{-0.033}^{0}$mm 处还有圆跳动要求。该零件尺寸标注完整，轮廓描述清楚，零件材料为 45 钢，无热处理和硬度要求，适合在数控车床上加工。

2. 难点分析

由图 19-1 分析可知，该零件轮廓较多，但计算量比较少，程序编制比较容易，难点在于如何确保 $\phi16_{-0.027}^{0}$mm、$\phi24_{-0.033}^{0}$mm 及 $\phi28_{-0.033}^{0}$mm 外圆的尺寸精度和表面质量要求，以及 $\phi28_{-0.033}^{0}$mm 处的圆跳动要求。

3. 工艺分析

为了解决上述加工难点，在编制加工工序时，应按粗精加工分开、先近后远等原则进行编制。先夹住毛坯外圆，加工零件左端轮廓，然后掉头夹住 $\phi16_{-0.027}^{0}$mm 外圆，加工零件右端轮廓。调头装夹时，应用百分表找正，以保证 $\phi28_{-0.033}^{0}$mm 处的圆跳动要求。通过上述分析，可制订以下加工路线：

1）用自定心卡盘夹持毛坯面，粗精车工件左端轮廓（端面、外轮廓、退刀槽、螺纹）至要求的尺寸。

2）调头装夹，以工件 $\phi24_{-0.033}^{0}$mm 左端面定位，用铜皮包住，用自定心卡盘夹持 $\phi16_{-0.027}^{0}$mm 外圆，粗精车右端轮廓（端面、锥体、$\phi28_{-0.033}^{0}$mm 外圆）至尺寸。

4. 相关工艺卡片的填写

1）数控加工刀具卡见表 19-7。

表 19-7 复杂螺纹轴数控加工刀具卡

产品名称或代号		×××	零件名称	复杂螺纹轴	零件图号	××
序号	刀具号	刀具规格名称	数量	加工表面	刀尖半径/mm	备注
1	T01	93°硬质合金偏刀	1	工件外轮廓粗车	0.5	20×20
2	T02	35°菱形机夹刀	1	工件外轮廓精车	0.2	20×20
3	T03	4mm 切槽刀	1	4mm×1mm 槽		20×20
4	T04	60°外螺纹车刀	1	M12×1-6g 螺纹	0.1	20×20
编制		审核	批准	年　月　日	共　页	第　页

2）数控加工工艺卡见表 19-8。

表 19-8　复杂螺纹轴数控加工工艺卡

单位名称		×××	产品名称或代号		零件名称		零件图号	
			×××		×××		××	
工序号		程序编号	夹具名称		使用设备		车间	
001		×××	自定心卡盘		CK6140		数控	
工步号	工步内容		刀具号	刀具规格/mm	主轴转速/r·min^{-1}	进给速度/mm·min^{-1}	背吃刀量/mm	备注
用自定心卡盘夹持毛坯面，粗精车工件左端轮廓								
1	车左端面		T01	20×20	600	100	1.0	自动
2	粗车左外轮廓		T01	20×20	600	150	1.5	自动
3	精车左外轮廓		T02	20×20	900	100	0.5	自动
4	粗精车 4×1 槽		T03	20×20	400	80	4.0	自动
5	粗精车 M12×1 螺纹		T04	20×20	600	600	0.5	自动
6	粗精车螺纹		T03	20×20	600	900		自动
调头装夹，以工件 $\phi24_{-0.033}^{\ 0}$ mm 左端面定位，用铜皮包住，用自定心卡盘夹持 $\phi16_{-0.027}^{\ 0}$ mm 外圆，粗精车工件右端轮廓								
7	车右端面		T01	20×20	600	100	1.0	自动
8	粗车右外轮廓		T01	20×20	600	150	1.5	自动
9	精车右外轮廓		T02	20×20	900	100	0.5	自动
编制		审核		批准		年 月 日	共 页	第 页

5. 程序编制

(1) 编制左端轮廓加工程序

1) 建立工件坐标系。加工左端轮廓时，夹住毛坯外圆，工件坐标系设在工件左端面轴线上，如图 19-2 所示。

2) 基点的坐标值见表 19-9。

表 19-9　基点的坐标值

基　点	坐标值(X,Z)	基　点	坐标值(X,Z)
P_1	(9.9,0)	P_6	(23.983,−28.95)
P_2	(11.9,−1.0)	P_7	(23.983,−32.95)
P_3	(10.0,−16.0)	P_8	(23.983,−38.95)
P_4	(15.986,−16.0)	P_9	(23.983,−42.95)
P_5	(15.986,−28.95)	P_{10}	(30.0,−42.95)

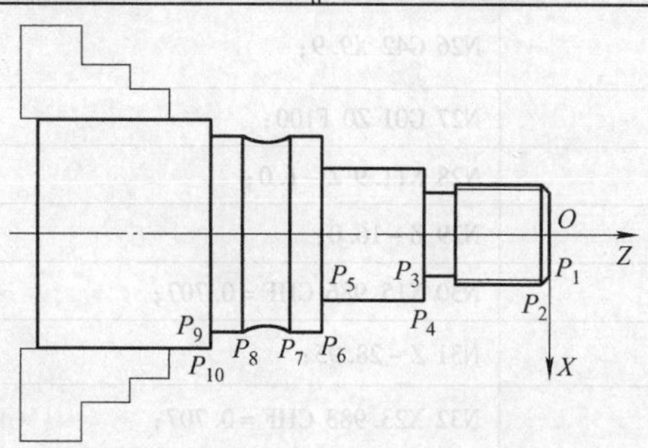

图 19-2　加工左端轮廓时的工件坐标系及基点

3）参考程序见表19-10。

$$螺纹牙深\ H = 0.6495P = 0.6495 \times 1\text{mm} \approx 0.649\text{mm}$$

表19-10　FANUC 0i与SIEMENS 802D参考程序

FANUC 0i系统数控程序	SIEMENS 802D系统数控程序	注　释
O1901；	SKC1901. MPF；	程序名
N1 G40 G98 G21；	N1 G40 G94 G71；	设置初始化
N2 T0101 S600 M03；	N2 T01D1 S600 M03；	设置刀具及主轴转速
N3 G00 X32.0 Z0.0；	N3 G00 X32.0 Z0.0；	快速靠近工件
N4 G01 X0 F100；	N4 G01 X0 F100；	车端面
N5 G00 X32.0 Z2.0；	N5 G00 X32.0 Z2.0；	快速到达循环起点
N6 G71 U1.5 R0.5； N7 G71 P8 Q16 U0.5 W0 F150；	CYCLE95（L191，1.5，0，0.5，，150，，，1，，，0.5）；	调用毛坯外圆循环，设置加工参数
N8 G00 X9.87；		FANUC 0i系统含义：轮廓精加工程序段 SIEMENS 802D轮廓精加工子程序见表19-11
N9 G01 Z0；		
N10 X11.87 Z-1.0；		
N11 Z-16.0；		
N12 X15.986 C0.5；		
N13 Z-28.95；		
N14 X23.983 C0.5；		
N15 Z-42.95；		
N16 X30.0 C1.5；		
N17 G00 X100.0 Z50.0；	N17 G00 X100.0 Z50.0；	刀具快速退至换刀点
N18 M05；	N18 M05；	主轴停
N19 M00；	N19 M00；	程序暂停
N20 T0202 S900 M03；	N20 T02D1 S900 M03；	调用精车刀
N21 G00 X28 Z-32.95；	N21 G00 X28 Z-32.95；	刀具快速靠近工件
N22 G01 X24.2 F100；	N22 G01 X24.2 F100；	*X*向进刀
N23 G02 Z-38.95 R6.0；	N23 G02 Z-38.95 CR=6.0；	粗车*R*6mm弧
N24 G01 X28；	N24 G01 X28；	*X*向退刀
N25 G00 Z2.0；	N25 G00 Z2.0；	*Z*向退刀
N26 G42 X9.9；	N26 G42 X9.9；	刀具圆弧半径右补偿，*X*向进刀
N27 G01 Z0 F100；	N27 G01 Z0 F100；	精车外轮廓
N28 X11.9 Z-1.0；	N28 X11.9 Z-1.0；	
N29 Z-16.0；	N29 Z-16.0；	
N30 X15.986 C0.5；	N30 X15.986 CHF=0.707；	
N31 Z-28.95；	N31 Z-28.95；	
N32 X23.983 C0.5；	N32 X23.983 CHF=0.707；	
N33 Z-32.95；	N33 Z-32.95；	

（续）

FANUC 0i 系统数控程序	SIEMENS 802D 系统数控程序	注　释
N34 G02 X23.983 Z-38.95 R6.0;	N34 G02 X23.983 Z-38.95 CR=6.0;	精车外轮廓
N35 G01 Z-42.95;	N35 G01 Z-42.95;	
N36 X30.0 C1.5;	N36 X30.0 C2.12;	
N37 G00 G40 X100.0 Z50.0;	N37 G00 G40 X100.0 Z50.0;	快速退至换刀点，取消刀具半径补偿
N38 M05;	N38 M05;	主轴停
N39 M00;	N39 M00;	程序暂停
N40 T0303 S400 M03;	N40 T03D1 S400 M03;	换3号刀，设置主轴转速
N41 G00 X23.0 Z16.0;	N41 G00 X23.0 Z16.0;	刀具快速到达切槽起点
N42 G01 X10.0 F80;	N42 G01 X10.0 F80;	切槽至尺寸
N43 G04 X2.0;	N43 G04 X2.0;	暂停2s
N44 G01 X23.0;	N44 G01 X23.0;	X向退刀
N45 G00 X100.0 Z50.0;	N45 G00 X100.0 Z50.0;	刀具快速退至换刀点
N46 T0404 S600 M03;	N46 T04D1 S600 M03;	换4号刀，设置主轴转速
N47 G00 X16.0 Z2.0;	N47 G00 X16.0 Z2.0;	快速移至循环起点
N48 G76 P011060 Q100 R50; N49 G76 X10.92 Z-13.0 R0 P649 Q350 F1;	CYCLE97(1,,0,-12.0,10.92,10.7,2,1,0.649,0.05,0,0,3,1,1,1);	调用螺纹加工循环，设置螺纹加工参数
N50 G00 X100.0 Z50.0;	N50 G00 X100.0 Z50.0;	刀具退回换刀点
N51 M05;	N51 M05;	主轴停
N52 M30;	N52 M30;	程序结束

表19-11　SIEMENS 802D轮廓精加工子程序

程序内容	注　释
L191.SPF;	子程序名
N1 G01 X0 Z0;	直线加工至O点
N2 X11.9 CHF=1.414;	直线加工至P_1点，并倒角C_1
N3 Z-16.0;	加工M12外圆
N4 X15.986 CHF=0.707;	加工端面并倒角C0.5
N5 Z-28.95;	加工ϕ16mm外圆
N6 X23.983 CHF=0.707;	加工端面并倒角C0.5
N7 Z-42.95;	加工ϕ24mm外圆
N8 X32.0;	加工端面
N9 M02;	子程序结束

（2）编制右端轮廓加工程序

1）设置工件坐标系。调头装夹$\phi16_{-0.027}^{\ 0}$mm外圆，并用百分表找正。工件坐标系设在工件端面轴线上，如图19-3所示。

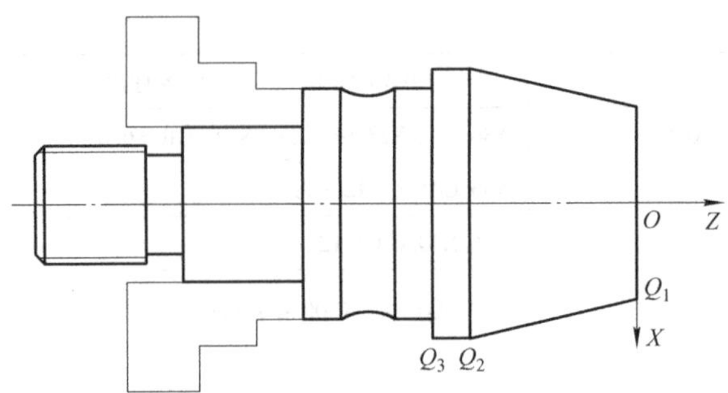

图 19-3　加工右端轮廓时的工件坐标系及基点

2）基点的坐标值见表 19-12。

表 19-12　基点的坐标值

基　点	坐标值(X,Z)
Q_1	(20.0,0)
Q_2	(27.983，-18.0)
Q_3	(27.983，-22.0)

3）参考程序见表 19-13。

表 19-13　FANUC 0i 与 SIEMENS 802D 参考程序

FANUC 0i 系统数控程序	SIEMENS 802D 系统数控程序	注　释
O1902；	SKC1902. MPF；	程序名
N1 G40 G98 G21；	N1 G40 G94 G71；	设置初始化
N2 T0101 S600 M03；	N2 T01D1 S600 M03；	设置刀具及主轴转速
N3 G00 X32.0 Z0.0；	N3 G00X32.0 Z0.0；	快速靠近工件
N4 G01 X0 F100；	N4 G01 X0 F100；	车端面
N5 G00 X32.0 Z2.0；	N5 G00 X32.0 Z2.0；	快速到达循环起点
N6 G71 U1.5 R0.5； N7 G71 P8 Q12 U0.5 W0 F150；	CYCLE95（L192，1.5，0，0.5，，150，，，1，，，0.5）；	调用毛坯外圆循环，设置加工参数
N8 G00 G42 X20.0；		FANUC 0i 系统含义：轮廓精加工程序段 SIEMENS 802D 轮廓精加工子程序见表 9-14
N9 G01 Z0；		
N10 X27.983 Z-18.0；		
N11 Z-22.0；		
N12 X30.0；		
N13 M05；	N13 M05；	主轴停
N14 M00；	N14 M00；	程序暂停
N15 T0202 S900 M03；	N15 T02D1 S900 M03；	换精车刀
N16 G00 X32.0 Z2.0；	N16 G00 G42 X32.0 Z2.0；	快速靠近工件
N17 G70 P8 Q12；	CYCLE95（L192，1.5，0，0.5，，150，，，5，，，0.5）；	FANUC 0i 系统采用 G70 进行精加工，SIEMENS 802D 采用 CYCLE95 进行精加工

（续）

FANUC 0i 系统数控程序	SIEMENS 802D 系统数控程序	注　释
N18 G00 G40 X100.0 Z50.0;	N18 G00 G40 X100.0 Z50.0;	快速退至换刀点，取消刀具半径补偿
N19 M05;	N19 M05;	主轴停
N20 M30;	N20 M30;	主程序结束

表 19-14　SIEMENS 802D 轮廓精加工子程序

程　序　内　容	注　释
L192.SPF;	子程序名
N1 G01 X20.0;	X 向进刀
N2 Z.0;	直线加工至 Q_1 点
N3 X27.983 Z-18.0;	加工锥体
N4 Z-22.0;	加工 ϕ28mm 外圆
N5 X32.0;	X 向退刀
N6 M02;	子程序结束

6. 工件加工

（1）加工准备

1）检查毛坯尺寸。

2）开机，回参考点。

3）输入程序并校验。把编制好的加工程序输入到数控系统中，并应用空运行或图形模拟校验所编制的加工程序，验证程序合格后方能进行以下步骤。

4）装夹工件。用自定心卡盘夹住毛坯外圆，伸出 50mm 左右，找正并夹紧；调头装夹时，夹住 ϕ16mm 外圆，利用百分表找正，夹紧。

5）装夹刀具。把外圆粗车刀、外圆精车刀、切槽刀、螺纹刀按要求依次装入 T01、T02、T03 及 T04 号刀位，其中切槽刀及螺纹刀应严格垂直于工件轴线。

6）对刀。将上述四把刀具依次对好，并将有关数值输入到刀具参数中，如刀尖圆弧半径、刀尖方位等。调头装夹后，四把刀具应重新对刀。

（2）零件的自动加工　将数控车床置于自动加工模式，首先将加工程序调入数控系统中，调好进给倍率进行自动加工，在加工过程中要进行精度控制，具体方法如下：

1）外圆及台阶长度控制。左右两侧轮廓均通过调整外圆精车刀（T02）X 及 Z 向刀具磨损量，运行精加工程序。程序结束后停机测量，根据测量结果再修调刀具磨损量，重新执行外圆精加工程序，直到达到尺寸要求为止。

2）螺纹精度控制。加工螺纹前，把螺纹刀（T04）刀具磨损量设置为 0.1～0.2mm，螺纹循环运行后停机测量，根据测量结果调整刀具磨损量，重新运行螺纹循环指令，直至符合尺寸要求为止。

3）位置精度的控制。该零件位置精度是 $\phi28_{-0.033}^{\ 0}$ mm 对 $\phi16_{-0.027}^{\ 0}$ mm 外圆的圆跳动，主要通过工件装夹来控制。在调头装夹过程中进行找正，通过找正来保证外轮廓面对装夹基准的圆跳动要求，此外还可以采用软卡爪等专用夹具来保证其圆跳动公差。

(3) 加工结束　加工结束后应清理机床。

7. 操作注意事项

1）调头后，所用刀具都应重新对刀。

2）该零件只能先加工左端轮廓，再加工右端轮廓；若先加工右端轮廓，再加工左端轮廓时，则工件无法装夹。

3）加工左端轮廓时存在中间凹弧，外径尺寸不呈单向递增或递减趋势，采用循环指令加工空行程较多。

4）加工螺纹时，除了应用参考程序中的螺纹循环指令外，FANUC 0i 系统也可采用 G32、G92 指令编制，SIEMENS 系统也可采用 G33 指令编制。

5）在加工过程中，应尽量采用试切及试测方法控制尺寸精度。

6）程序中的换刀点不一定是最佳位置，应根据所用刀具及机床情况重新设置。

试题二十　端面槽配合组件的加工

一、考核目标

1）掌握端面槽配合组件零件图的识读方法。

2）掌握端面槽配合组件零件加工工艺的制订方法。

3）掌握端面槽配合组件加工程序的编制方法。

4）掌握端面槽配合组件零件加工刀具的选择方法及确定合理的切削用量方法。

5）熟练掌握数控车床的操作方法。

二、考核要求

1. 总体要求

1）试题名称：端面槽配合组件（图 20-1）。

2）本题分值：100 分。

3）考核时间：300min。

4）考核形式：①现场笔试；②现场操作。

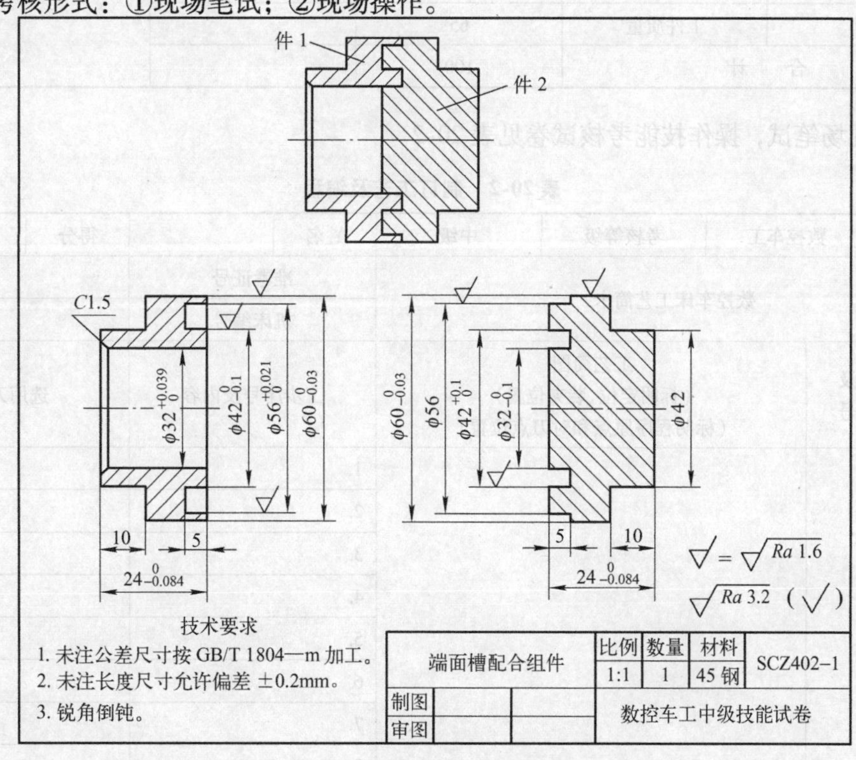

a）

图 20-1　端面槽配合组件图

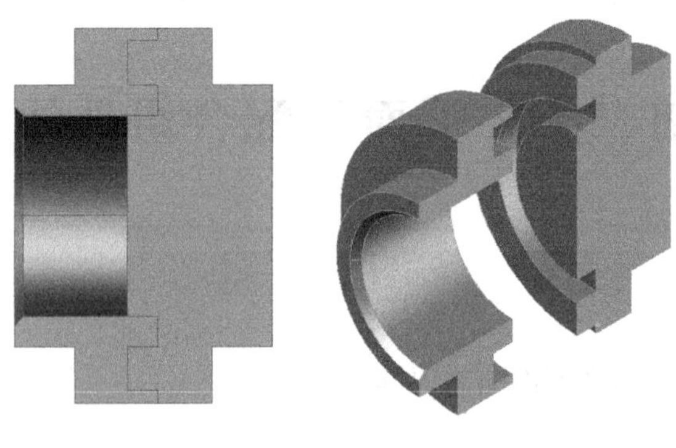

b）

图 20-1　端面槽配合组件图（续）

2. 配分及评分标准

1）操作技能考核总成绩见表 20-1。

表 20-1　操作技能考核总成绩表

序号	项目名称	配分	得分	备注
1	现场笔试	25		
2	现场操作	10		
3	工件质量	65		
合　计		100		

2）现场笔试，操作技能考核试卷见表 20-2。

表 20-2　制订工艺及编程

<table>
<tr><td>职业</td><td>数控车工</td><td>考核等级</td><td>中级</td><td>姓名</td><td></td><td>得分</td><td></td></tr>
<tr><td colspan="4" rowspan="2">数控车床工艺简卡</td><td colspan="2">准考证号</td><td colspan="2"></td></tr>
<tr><td colspan="2">机床编号</td><td colspan="2"></td></tr>
<tr><td>工序名称及
加工程序号</td><td colspan="3">工艺简图
（标明定位、装夹位置）
（标明程序原点和对刀点位置）</td><td colspan="2">工步序号及内容</td><td colspan="2">选用刀具</td></tr>
<tr><td rowspan="9"></td><td colspan="3" rowspan="9"></td><td colspan="2">1.</td><td colspan="2"></td></tr>
<tr><td colspan="2">2.</td><td colspan="2"></td></tr>
<tr><td colspan="2">3.</td><td colspan="2"></td></tr>
<tr><td colspan="2">4.</td><td colspan="2"></td></tr>
<tr><td colspan="2">5.</td><td colspan="2"></td></tr>
<tr><td colspan="2">6.</td><td colspan="2"></td></tr>
<tr><td colspan="2">7.</td><td colspan="2"></td></tr>
<tr><td colspan="2">8.</td><td colspan="2"></td></tr>
<tr><td colspan="2">9.</td><td colspan="2"></td></tr>
</table>

（续）

工序名称及加工程序号	工艺简图（标明定位、装夹位置）（标明程序原点和对刀点位置）	工步序号及内容	选用刀具
		1.	
		2.	
		3.	
		4.	
		5.	
		6.	
		7.	
		8.	
		9.	

监考人		检验员		考评人	
日　期					

3）现场操作规范评分见表20-3。

表20-3　现场操作规范评分表

序号	项目	考核内容	配分	考场表现	得分
1	现场操作规范	正确使用刀具	2		
2		正确使用量具	2		
3		数控车床规范操作	2		
4		设备维护保养	4		
合计			10		

4）工件质量评分见表20-4。

表20-4　工件质量评分表

序号	考核项目			扣分标准	配分	得分
件1考核项目评分表						
1	外圆与内孔/mm	$\phi56^{+0.021}_{0}$	IT	超差0.01mm扣2分	6	
			Ra	降级不得分	1	
2		$\phi42^{0}_{-0.1}$	IT	超差0.01mm扣2分	4	
			Ra	降级不得分	1	
3		$\phi60^{0}_{-0.03}$	IT	超差不得分	4	
			Ra	降级不得分	1	
4		$\phi32^{+0.039}_{0}$	IT	超差0.01mm扣2分	4	
			Ra	降级不得分	1	

（续）

序号	考核项目			扣分标准	配分	得分
件1考核项目评分表						
5	长度/mm	$24_{-0.084}^{0}$	IT	超差不得分	2	
6		5,10	IT	超差不得分	1	
7	倒角倒钝	共六处		少两处以上不得分	3	
件2考核项目评分表						
8	外圆与内孔/mm	$\phi56$	IT	超差不得分	2	
			Ra	降级不得分	1	
9		$\phi42_{0}^{+0.1}$	IT	超差0.01mm扣2分	4	
			Ra	降级不得分	1	
10		$\phi60_{-0.03}^{0}$	IT	超差不得分	4	
			Ra	降级不得分	1	
11		$\phi32_{-0.1}^{0}$	IT	超差0.01mm扣2分	2	
			Ra	降级不得分	1	
12	长度/mm	$24_{-0.084}^{0}$	IT	超差不得分	2	
13		10,5	IT	超差不得分	1	
14	倒角倒钝	共六处		少两处以上不得分	3	
件1、件2配合						
15	装配	件1装入件2配合			15	
合计					65	
评分人		年　月　日		核分人		年　月　日

3. 准备清单

（1）考场准备

1）材料准备见表20-5。

表20-5　材料准备

名　称	规　格	数　量	要　求
锻钢或45钢	$\phi65$mm×70mm	1件/考生	

2）设备准备见表20-6。

表20-6　设备准备

名　称	规　格	数　量	要　求
数控车床	根据考点情况选择	1台/考生	
自定心卡盘	对应工件	1副/台	
自定心卡盘扳手	相应车床	1副/台	
刀架扳手	相应车床	1副/台	

（2）考生准备　考生主要准备工具、量具、刀具及其他，见表20-7。

表 20-7　工具、量具、刀具及其他准备

序号	名　称	型　号	数量	要求
1	外圆车刀	相应车床	自定	
2	切断刀	ϕ65mm	自定	
3	端面槽车刀	深5mm（大径 ϕ56mm、小径 ϕ42mm，大径 ϕ42mm、小径 ϕ32mm）	自定	
4	麻花钻	ϕ30mm × 35mm	1	
5	内孔车刀	ϕ32mm × 24mm	自定	
6	游标卡尺	0.02mm/0～150mm	1	
7	游标深度卡尺	0.02mm/0～200mm	1	
8	外径千分尺	0.01mm/25～50mm，0.01mm/50～75mm	各1	
9	内径量表（或塞规）	0.01mm/18～35mm（ϕ32H8）	1套	
10	薄铜皮	0.05～0.10mm	若干	
11	垫刀片		若干	
12	草稿纸		若干	

4. 说明

1）出现危及考生或他人安全的状况应终止考试，如果是由于考生操作失误所致，考生该题成绩记零分。

2）因考生操作失误所致，导致设备故障且当场无法排除应终止考试，考生该题成绩记零分。

3）考生在操作过程中出现严重违反工艺原则或情节严重的野蛮操作等，取消其考试资格，成绩记零分。

4）因刀具、工具损坏而无法继续应终止考试。

三、考核实施

本题主要针对端面槽配合组件加工进行考核，要求学生通过对装配图及零件图样进行分析，合理制订出加工方案，确定合理的加工工序，正确选择刀具，选择合理的切削用量，编制加工程序，熟练掌握刀具与工件的安装，程序的输入与校验，零件的加工、检测等各项操作方法。

1. 图样分析

如图 20-1 所示，该零件为端面槽配合组件，主要有台阶、内孔、端面槽等加工轮廓。件 1 外轮廓为简单的台阶轴，外圆轮廓分别为 ϕ42mm（长 10mm）和 $\phi 60^{\ 0}_{-0.03}$mm，总长 $24^{\ 0}_{-0.084}$mm；右端面有一端面环形槽，直径分别为 $\phi 56^{+0.021}_{\ 0}$mm 和 $\phi 42^{\ 0}_{-0.1}$mm，槽深 5mm，中间为一通孔，孔径 $\phi 32^{+0.039}_{\ 0}$mm。件 2 外轮廓也是简单的台阶轴，外圆轮廓分别为 ϕ42mm（长 10mm）、$\phi 60^{\ 0}_{-0.03}$mm 和 ϕ56mm（长 5mm），总长 $24^{\ 0}_{-0.084}$mm；与孔配合的外轮廓尺寸

为 $\phi32_{-0.1}^{0}$mm，与端面槽配合部分的环形凸台外轮廓尺寸分别为 $\phi42_{0}^{+0.1}$mm 和 ϕ56mm，长度为5mm。零件外轮廓及端面槽配合处的表面粗糙度值要求为 Ra1.6μm，其余为 Ra3.2μm。该零件图尺寸标注完整，轮廓描述清楚，零件材料为45钢，无热处理和硬度要求，适合在数控车床上加工。

2. 难点分析

由图20-1分析可知，该零件轮廓不太多，计算量比较少，程序编制比较容易，难点在于如何确保件1和件2在 ϕ32mm、ϕ42mm、ϕ56mm、ϕ60mm 处的尺寸精度和表面质量要求，以及件1和件2在 Φ32mm 处的孔轴配合和端面槽的配合要求。

3. 工艺分析

由于该零件为组合件，为了解决上述加工难点，在加工时先加工出件1，再配作件2。通过上述分析，可制订以下加工路线：

（1）件1的加工路线

1）用自定心卡盘夹持毛坯面，粗精车工件外轮廓（端面、ϕ42mm 及 ϕ60mm 外轮廓）至要求的尺寸。

2）用麻花钻钻 ϕ30mm 孔。

3）用内孔车刀粗精车内孔轮廓面。

4）切断。

5）调头装夹，以工件 ϕ60mm 左端面定位，用铜皮包住，用自定心卡盘夹持 ϕ42mm 外圆，粗精车右端面槽至尺寸。

（2）件2的加工路线

1）用自定心卡盘夹持毛坯面，粗精车工件外轮廓（右端面、ϕ42mm、ϕ60mm、ϕ56mm 外轮廓）至要求的尺寸，并切断保证总长。

2）调头装夹，以工件 ϕ60mm 右端面定位，用铜皮包住，用自定心卡盘夹持 ϕ42mm 外圆，粗精车左端面轮廓（端面、端面槽 ϕ42mm 及 ϕ32mm）至尺寸。

4. 相关工艺卡片的填写

1）数控加工刀具卡见表20-8。

表20-8　端面槽配合件数控加工刀具卡

<table>
<tr><td colspan="2">产品名称或代号</td><td colspan="2">×××</td><td>零件名称</td><td>×××</td><td>零件图号</td><td colspan="2">××</td></tr>
<tr><td>序号</td><td>刀具号</td><td colspan="2">刀具规格名称</td><td>数量</td><td>加工表面</td><td>刀尖半径/mm</td><td colspan="2">备注</td></tr>
<tr><td>1</td><td>T01</td><td colspan="2">93°硬质合金偏刀</td><td>1</td><td>工件外轮廓粗精车</td><td>0.5</td><td colspan="2">25×25</td></tr>
<tr><td>2</td><td>T02</td><td colspan="2">内孔车刀</td><td>1</td><td>粗精车内孔轮廓</td><td>0.2</td><td colspan="2">25×25</td></tr>
<tr><td>3</td><td>T03</td><td colspan="2">4mm 切断刀</td><td>1</td><td>切断</td><td></td><td colspan="2">25×25</td></tr>
<tr><td>4</td><td>T04</td><td colspan="2">4mm 外沟槽车刀</td><td>1</td><td>车槽</td><td></td><td colspan="2">25×25</td></tr>
<tr><td>编制</td><td></td><td>审核</td><td></td><td>批准</td><td></td><td>年　月　日</td><td>共　页</td><td>第　页</td></tr>
</table>

2）数控加工工艺卡见表20-9。

表 20-9　端面槽配合件数控加工工艺卡

单位名称		×××	产品名称或代号		零件名称		零件图号	
			×××		×××		××	
工序号		程序编号	夹具名称		使用设备		车间	
001		×××	自定心卡盘		CKA6150		数控	
工步号	工步内容		刀具号	刀具规格/mm	主轴转速/$r \cdot min^{-1}$	进给速度/$mm \cdot r^{-1}$	背吃刀量/mm	备注
件 1 加工								
用自定心卡盘夹持毛坯面，工件外伸 30mm，粗精车工件外轮廓								
1	粗车外轮廓		T01	25×25	600	0.2	1.5	自动
2	精车外轮廓		T01	25×25	900	0.1	0.5	自动
3	钻 ϕ30mm 孔			ϕ30mm 麻花钻	600		15	手动
4	粗车内孔轮廓		T02	25×25	600	0.2	1.0	自动
5	精车内孔轮廓		T02	25×25	900	0.1	0.5	自动
6	切断		T03	25×25	300	0.05	4.0	自动
调头装夹，以工件 ϕ60mm 左端面定位，用铜皮包住，用自定心卡盘夹持 ϕ42mm 外圆，粗精车右端面槽至尺寸								
7	粗车端面槽		T04	25×25	300	0.2	4.0	自动
8	精车端面槽		T04	25×25	600	0.1	4.0	自动
件 2 加工								
用自定心卡盘夹持毛坯面，工件外伸 30mm，粗精车工件外轮廓								
9	粗车外轮廓		T01	25×25	600	0.2	1.5	自动
10	精车外轮廓		T01	25×25	900	0.1	0.5	自动
11	车 ϕ56mm 外轮廓		T03	25×25	300	0.05	4.0	自动
12	切断		T03	25×25	300	0.05	4.0	自动
调头装夹，以工件 ϕ60mm 左端面定位，用铜皮包住，用自定心卡盘夹持 ϕ42mm 外圆，粗精车右端面槽至尺寸								
13	粗车端面槽		T04	25×25	300	0.2	4	自动
14	精车端面槽		T04	25×25	600	0.1	4	自动
编制		审核		批准		年　月　日	共　页	第　页

5. 程序编制

（1）编制件 1 第一次装夹加工程序

1）建立工件坐标系。夹住毛坯外圆，工件外伸 30mm，工件坐标系设在工件左端面轴线上，如图 20-2 所示。

2）基点的坐标值见表 20-10。

表 20-10　基点的坐标值

基　点	坐标值(X,Z)	基　点	坐标值(X,Z)
P_1	(42.0,0)	P_5	(35.0195,0)
P_2	(42.0, -10.0)	P_6	(32.0195, -1.5)
P_3	(59.985, -10.0)	P_7	(32.0195, -23.958)
P_4	(59.985, -24.0)		

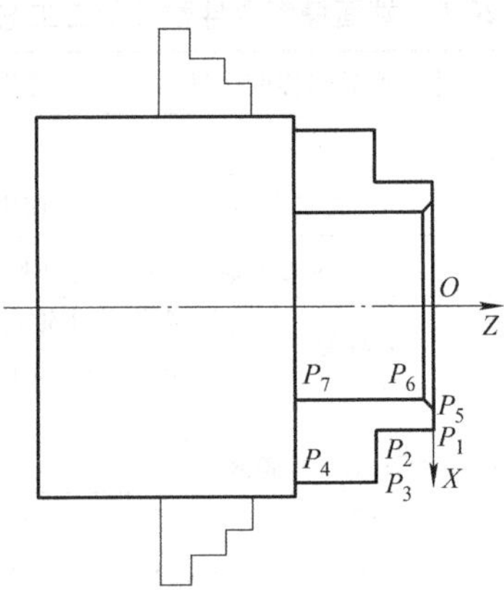

图 20-2　加工左端轮廓时的工件坐标系及基点

3）参考程序见表 20-11 ~ 表 20-12。

表 20-11　FANUC 0i 与华中 HNC 参考程序（加工外轮廓）

FANUC 0i 系统数控程序	华中 HNC 系统数控程序	注　释
O2011；	%2011	程序名
N1 G40 G99 G97 G21；	N1 G90 G40 G95 G97 G21	设置初始化
N2 T0101 S600 M03；	N2 T0101 S600 M03	调用 1 号刀、设置主轴转速
N3 G00 X66.0 Z0.0；	N3 G00 X66.0 Z0.0	快速靠近工件
N4 G01 X0.0 F0.2；	N4 G01 X0.0 F0.2	车端面
N5 G00 X65.0 Z2.0；	N5 G00 X65.0 Z2.0	快速到达循环起点
N6 G71 U1.5 R0.5； N7 G71 P8 Q15 U0.5 W0.0 F0.2；	N6 G71 U1.5 R0.5 P8 Q15 X0.5 Z0.0 F0.2	调用毛坯外圆循环，设置加工参数
N8 G00 X40.0 Z2.0；	N8 G00 X40.0 Z2.0	轮廓精加工程序段
N9 G01 Z0.0 F0.1；	N9 G01 Z0.0 F0.1	
N10 X42.0 Z－1.0；	N10 X42.0 Z－1.0	
N11 Z－10.0；	N11 Z－10.0	
N12 X57.985；	N12 X57.985	
N13 X59.985 W－1.0；	N13 X59.985 W－1.0	
N14 Z－29.0；	N14 Z－29.0	
N15 X65.0；	N15 X65.0	
N16 G00 X100.0 Z50.0 M05；	N16 G00 X100.0 Z50.0 M05	主轴停
N17 M00；	N17 M00	程序暂停
N18 T0101 S900 M03；	N18 T0101 S900 M03	调用 1 号刀、设置主轴转速
N19 G70 P8 Q15；	N19 G70 P8 Q15	精车外轮廓
N20 G00 X100.0 Z50.0；	N20 G00 X100.0 Z50.0	刀具退回换刀点
N21 M05；	N21 M05	主轴停
N22 M30；	N22 M30	程序停止

表 20-12 FANUC 0i 与华中 HNC 参考程序（手动钻 ϕ30mm 孔后加工内孔）

FANUC 0i 系统数控程序	华中 HNC 数控程序	注 释
O2012；	%2012；	程序名
N1 G40 G99 G97 G21；	N1 G90 G40 G95 G97 G21	设置初始化
N2 T0202 S600 M03；	N2 T0202 S600 M03	调用 2 号刀、设置主轴转速
N3 G00 X31.0 Z1.0；	N3 G00 X31.0 Z1.0	快速接近工件
N4 G01 Z-25.0 F0.2；	N4 G01 Z-25.0 F0.2	进行内孔粗车
N5 X30.0；	N2 X30.0	X 向退刀
N6 G00 Z50.0；	N6 G00 Z50.0	Z 向退刀
N7 M05；	N7 M05	主轴停
N8 M00；	N8 M00	程序暂停
N9 T0202 S900 M03；	N9 T0202 S900 M03	调用 2 号刀、设置主轴转速
N10 G00 X26.0195 Z1.5；	N10 G00 X26.0195 Z1.5	快速接近工件
N11 G01 X32.0195 Z-1.5 F0.1；	N11 G01 X32.0195 Z-1.5 F0.1	车倒角
N12 Z-24.0；	N12 Z-24.0	进行内孔精车
N13 X30.0；、	N13 X30.0	X 向退刀
N14 G00 Z50.0；	N14 G00 Z50.0	Z 向退刀
N15 X100.0；	N15 X100.0	主轴停
N16 M05；	N16 M05	程序暂停
N17 M00；	N17 M00	程序暂停
N18 T0303 S300 M03；	N18 T0303 S300 M03	换 3 号刀、设置主轴转速
N19 G00 X62.0 Z-27.958；	N19 G00 X62.0 Z-27.958	快速接近工件
N20 G01 X32.0 F0.05；	N20 G01 X32.0 F0.05	切断
N21 G00 X100.0 Z50.0；	N21 G00 X100.0 Z50.0	刀具快速返回换刀点
N22 M05；	N22 M05	主轴停
N23 M30；	N23 M30	程序结束

（2）编制件 1 第二次装夹加工程序

1）建立工件坐标系。调头装夹，以工件 ϕ60mm 左端面定位，用铜皮包住，用自定心卡盘夹持 ϕ42mm 外圆。工件坐标系设在工件右端面轴线上，如图 20-3 所示。

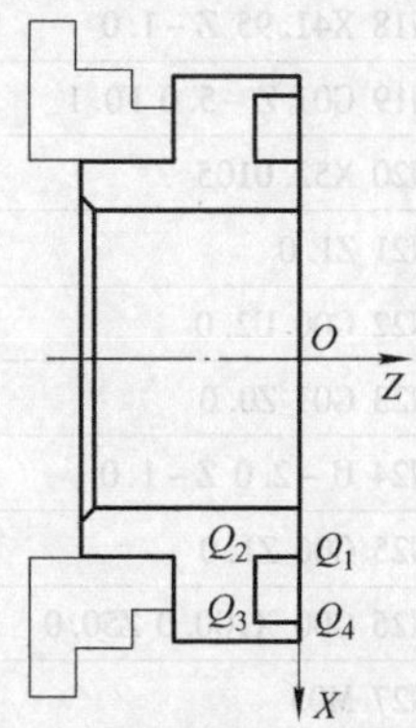

图 20-3 加工右端轮廓时的工件坐标系及基点

2）基点的坐标值见表20-13。

表20-13 基点的坐标值

基　点	坐标值(X,Z)	基　点	坐标值(X,Z)
Q_1	(41.95,0)	Q_3	(56.0105,-5.0)
Q_2	(41.95,-5.0)	Q_4	(56.0105,0)

3）参考程序见表20-14。

表20-14 FANUC 0i与华中HNC参考程序

FANUC 0i系统数控程序	华中HNC系统数控程序	注　释
O2013;	%2013;	程序名
N1 G40 G99 G97 G21;	N1 G90 G40 G95 G97 G21	设置初始化
N2 T0404 S300 M03;	N2 T0404 S300 M03	调用4号刀、设置主轴转速
N3 G00 X42.0 Z1.0;	N3 G00 X42.0 Z1.0	快速定位
N4 G01 Z-5.0;	N4 G01 Z-5.0	粗车端面槽
N5 G00 Z1.0;	N5 G00 Z1.0	
N6 X45.0;	N6 X45.0	
N7 G01 Z-5.0;	N7 G01 Z-5.0	
N8 G00 Z1.0;	N8 G00 Z1.0	
N9 X48.0;	N9 X48.0	
N10 G01 Z-5.0;	N10 G01 Z-5.0	
N11 G00 Z1.0;	N11 G00 Z1.0	
N12 G00 Z50.0;	N12 G00 Z50.0	Z向快速退刀
N13 M05;	N13 M05	主轴停
N14 M00;	N14 M00	程序暂停
N15 T0404 S600 M03;	N15 T0404 S600 M03	调用4号刀、设置主轴转速
N16 G00 X39.95 Z1.0;	N16 G00 X39.95 Z1.0	快速靠近工件
N17 G01 Z0.0 F0.05;	N17 G01 Z0.0 F0.05	
N18 X41.95 Z-1.0;	N18 X41.95 Z-1.0	
N19 G01 Z-5.0 F0.1;	N19 G01 Z-5.0 F0.1	精车端面槽
N20 X52.0105;	N20 X52.0105	
N21 Z1.0;	N21 Z1.0	刀具Z向退刀
N22 G00 U2.0;	N22 G00 U2.0	
N23 G01 Z0.0;	N23 G01 Z0.0	
N24 U-2.0 Z-1.0;	N24 U-2.0 Z-1.0	
N25 G00 Z1.0;	N25 G00 Z1.0	
N26 G00 X100.0 Z50.0;	N26 G00 X100.0 Z50.0	刀具退回换刀点
N27 M05;	N27 M05	主轴停
N28 M30;	N28 M30	程序停止

(3) 编制件 2 第一次装夹加工程序

1) 建立工件坐标系。夹住毛坯外圆，工件外伸 30mm，工件坐标系设在工件右端面轴线上，如图 20-4 所示。

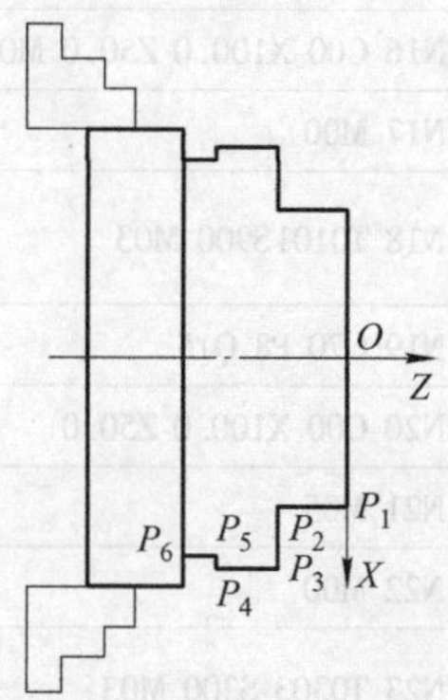

图 20-4 加工右端轮廓时的工件坐标系及基点

2) 基点的坐标值见表 20-15。

表 20-15 基点的坐标值

基 点	坐标值(X,Z)	基 点	坐标值(X,Z)
P_1	(42.0,0)	P_4	(59.985, -18.958)
P_2	(42.0, -10.0)	P_5	(56, -18.958)
P_3	(59.985, -10.0)	P_6	(32.0195, -23.958)

3) 参考程序见表 20-16。

表 20-16 FANUC 0i 与华中 HNC 参考程序

FANUC 0i 系统数控程序	华中 HNC 系统数控程序	注 释
O2021;	%2021	程序名
N1 G40 G99 G97 G21;	N1 G90 G40 G95 G97 G21	设置初始化
N2 T0101 S600 M03;	N2 T0101 S600 M03	调用 1 号刀、设置主轴转速
N3 G00 X66.0 Z0.0;	N3 G00 X66.0 Z0.0	快速靠近工件
N4 G01 X0.0 F0.2;	N4 G01 X0.0 F0.2	车端面
N5 G00 X65.0 Z2.0;	N5 G00 X65.0 Z2.0	快速到达循环起点
N6 G71 U1.5 R0.5; N7 G71 P8 Q15 U0.5 W0.0 F0.2;	N6 G71 U1.5 R0.5 P8 Q15 X0.5 Z0.0 F0.2	调用毛坯外圆循环，设置加工参数
N8 G00 X40.0 Z2.0;	N8 G00 X40.0 Z2.0	轮廓精加工程序段
N9 G01 Z0.0 F0.1;	N9 G01 Z0.0 F0.1	
N10 X42.0 Z-1.0;	N10 X42.0 Z-1.0	
N11 Z-10.0;	N11 Z-10.0	
N12 X57.985;	N12 X57.985	
N13 X59.985 W-1.0;	N13 X59.985 W-1.0	
N14 Z-29.0;	N14 Z-29.0	

（续）

FANUC 0i 系统数控程序	华中 HNC 系统数控程序	注　释
N15 X65.0	N15 X65.0	刀具快速退至换刀点
N16 G00 X100.0 Z50.0 M05;	N16 G00 X100.0 Z50.0 M05	主轴停
N17 M00;	N17 M00	程序暂停
N18 T0101S900 M03;	N18 T0101S900 M03	调用 1 号刀、设置主轴转速
N19 G70 P8 Q15;	N19 G70 P8 Q15	精车外轮廓
N20 G00 X100.0 Z50.0;	N20 G00 X100.0 Z50.0	刀具退回换刀点
N21 M05;	N21 M05	主轴停
N22 M00;	N22 M00	程序暂停
N23 T0303 S300 M03;	N23 T0303 S300 M03	调用 3 号刀、设置主轴转速
N24 G00 X61.0 Z-22.958;	N24 G00 X61.0 Z-22.958	快速接近工件
N25 G01 X59.985 F0.1;	N25 G01 X59.985 F0.1	粗车 ϕ56mm 外轮廓
N26 G00 X61.0;	N26 G00 X61.0	
N27 W-2.0;	N27 W-2.0	
N28 X61.0;	N28 X61.0	
N29 G00 X100.0 Z50.0;	N29 G00 X100.0 Z50.0	刀具快速退至换刀点
N30 M05;	N30 M05	主轴停
N31M00;	N31M00	程序暂停
N32 T0303 S300 M03;	N32 T0303 S300 M03	调用 3 号刀、设置主轴转速
N33 G00 X61.0 Z-21.958;	N33 G00 X61.0 Z-21.958	
N34 G01 X59.985 F0.05;	N34 G01 X59.985 F0.05	
N35 X57.985 W-1.0;	N35 X57.985 W-1.0	
N36 X56.0;	N36 X56.0	精车 ϕ56mm 外轮廓
N37 Z-24.0;	N37 Z-24.0	
N38 X54.0;	N38 X54.0	
N39 G00 X57.0;	N39 G00 X57.0	
N40 W1.0;	N40 W1.0	
N41 G01 U-2.0 W-1.0;	N41 G01 U-2.0 W-1.0	倒角
N42 X0.0;	N42 X0.0	切断
N43 G00 X100.0 Z50.0;	N43 G00 X100.0 Z50.0	刀具快速退至换刀点
N44 M05;	N44 M05	主轴停
N45 M30;	N45 M30	程序停止

（4）编制件 2 第二次装夹加工程序

1）建立工件坐标系。调头装夹，以工件 ϕ60mm 右端面定位，用铜皮包住，用自定心卡盘夹持 ϕ42mm 外圆。工件坐标系设在工件左端面轴线上，如图 20-5 所示。

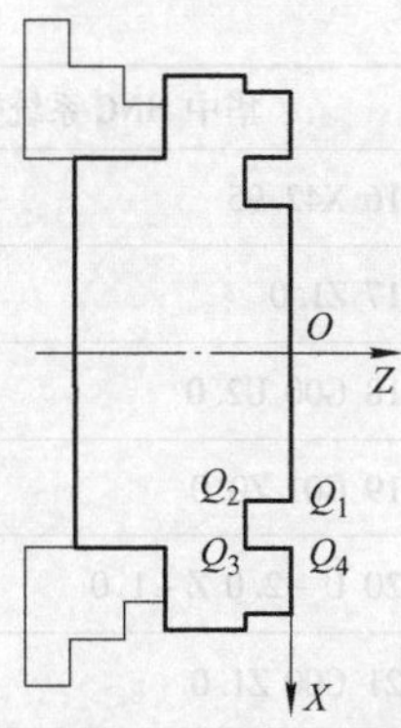

图 20-5　加工左端轮廓时的工件坐标系及基点

2）基点的坐标值见表 20-17。

表 20-17　基点的坐标值

基　　点	坐标值(X,Z)	基　　点	坐标值(X,Z)
Q_1	(31.95,0)	Q_3	(42.05,-5.0)
Q_2	(31.95,-5.0)	Q_4	(42.05,0)

3）参考程序见表 20-18。

表 20-18　FANUC 0i 与华中 HNC 参考程序

FANUC 0i 系统数控程序	华中 HNC 系统数控程序	注　释
O2022;	%2022	程序名
N1 G40 G99 G97 G21;	N1 G90 G40 G95 G97 G21	设置初始化
N2 T0404 S300 M03;	N2 T0404 S300 M03	调用 4 号刀、设置主轴转速
N3 G00 X32.0 Z1.0;	N3 G00 X32.0 Z1.0	快速定位
N4 G01 Z-5.0;	N4 G01Z-5.0	粗车端面槽
N5 G00 Z1.0;	N5 G00 Z1.0;	
N6 X33.0;	N6 X33.0	
N7 G01 Z-5.0;	N7 G01 Z-5.0	
N8 G00 Z50.0;	N8 G00 Z50.0	刀具快速退刀
N9 M05;	N9 M05	主轴停
N10 M00;	N10 M00	程序暂停
N11 T0404 S600 M03;	N11 T0404 S600 M03	调用 4 号刀、设置主轴转速
N12 G00 X29.95 Z1.0;	N12 G00 X29.95 Z1.0	快速靠近工件
N13 G01 Z0.0 F0.05;	N13 G01 Z0.0 F0.05	
N14 X31.95 Z-1.0;	N14 X31.95 Z-1.0	倒角
N15 G01 Z-5.0 F0.1;	N15 G01 Z-5.0 F0.1	精车端面槽

（续）

FANUC 0i 系统数控程序	华中 HNC 系统数控程序	注　　释
N16 X42.95；	N16 X42.95	
N17 Z1.0；	N17 Z1.0	刀具 *Z* 向退刀
N18 G00 U2.0；	N18 G00 U2.0	
N19 G01 Z0.0；	N19 G01 Z0.0	
N20 U－2.0 Z－1.0；	N20 U－2.0 Z－1.0	倒角
N21 G00 Z1.0；	N21 G00 Z1.0	
N22 G00 X100.0 Z50.0；	N22 G00 X100.0 Z50.0	刀具退回换刀点
N23 M05；	N23 M05	主轴停
N24 M30；	N24 M30	程序停止

6. 工件加工

（1）加工准备

1）检查毛坯尺寸。

2）开机，回参考点。

3）输入程序并校验。把编制好的加工程序输入到数控系统中，并应用空运行或图形模拟校验所编制的加工程序，验证程序合格后方能进行以下步骤。

4）装夹工件。用自定心卡盘夹住毛坯外圆，外伸长度不要太长，以防加工时产生振动；调头装夹已成形的面时，用薄铜皮包住，夹紧。

5）装夹刀具。把外圆车刀、内孔车刀、切断刀、端面沟槽刀按要求依次装入 T01、T02、T03 及 T04 号刀位，其中切断刀应严格垂直于工件轴线，端面沟槽刀应垂直于工件端面。

6）对刀。将上述四把刀具依次对好，并将有关数值输入到刀具参数中，设置好精车刀尖圆弧半径及刀尖方位等。调头装夹后，四把刀具应重新对刀。

（2）零件的自动加工　将加工程序调入数控系统，调好进给倍率，将数控车床置于自动加工模式进行自动加工。在加工过程中要进行精度控制，具体方法如下：

1）外圆及台阶长度控制。外圆轮廓精度通过设置外圆车刀（T01）*X* 及 *Z* 向刀具磨损量，内孔轮廓精度通过设置内孔车刀（T02）*X* 向刀具磨损量，端面槽轮廓精度通过设置端面沟槽车刀（T04）*X* 及 *Z* 向刀具磨损量，然后运行粗加工程序。程序结束后停机测量，根据测量结果再修调刀具磨损量，重新执行精加工程序，直到达到尺寸要求为止。

2）内孔轮廓精度控制。内孔轮廓精度通过设置内孔车刀（T02）*X* 向刀具磨损量，然后运行粗加工程序。程序结束后停机测量，根据测量结果修调刀具磨损量，重新执行精加工程序，直到达到尺寸要求为止。

3）端面槽轮廓精度控制。端面槽轮廓精度通过设置端面沟槽车刀（T04）*X* 及 *Z* 向刀具磨损量，然后运行粗加工程序。程序结束后停机测量，根据测量结果修调刀具磨损量，重新执行精加工程序，直到达到尺寸要求为止。

（3）加工结束　加工结束后应清理机床。

7. 操作注意事项

1）加工不同配合件时，所用刀具都应重新对刀。

2）加工内孔轮廓时，注意内孔车刀刀杆应平行于轴线，刀杆尽可能伸出短些；编制程序时注意退刀方向及位置，不要与工件内轮廓干涉。

3）在装端面沟槽刀时要尽量使刀刃与端面平行。

4）端面槽的粗加工可使用参考程序中的指令，也可使用 G74 编制程序。

试题二十一　螺纹配合件的加工

一、考核目标

1）掌握螺纹配合件零件图的识读方法。

2）掌握螺纹配合件加工工艺的制订方法。

3）掌握螺纹配合件加工程序的编制方法。

4）掌握螺纹配合件加工刀具的选择方法及确定合理的切削用量方法。

5）熟练掌握数控车床的操作方法。

二、考核要求

1. 总体要求

1）试题名称：螺纹配合件（图 21-1）。

2）本题分值：100 分。

3）考核时间：300min。

4）考核形式：①现场笔试；②现场操作。

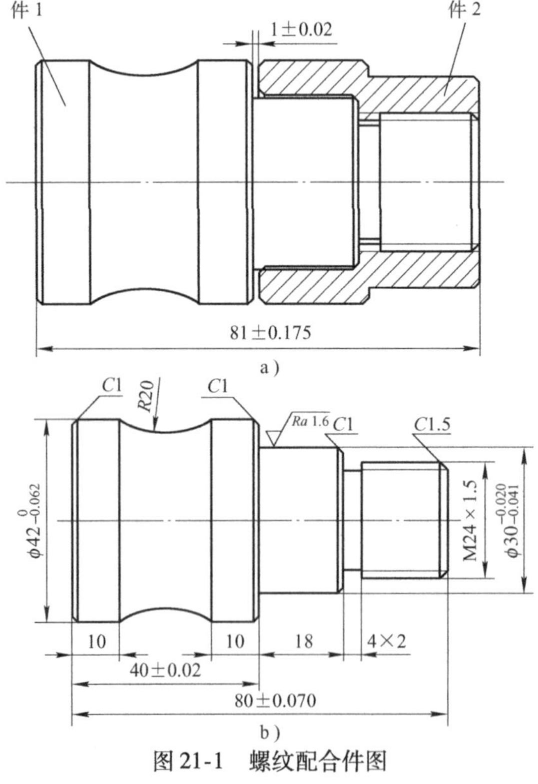

图 21-1　螺纹配合件图

a）配合件　b）件一

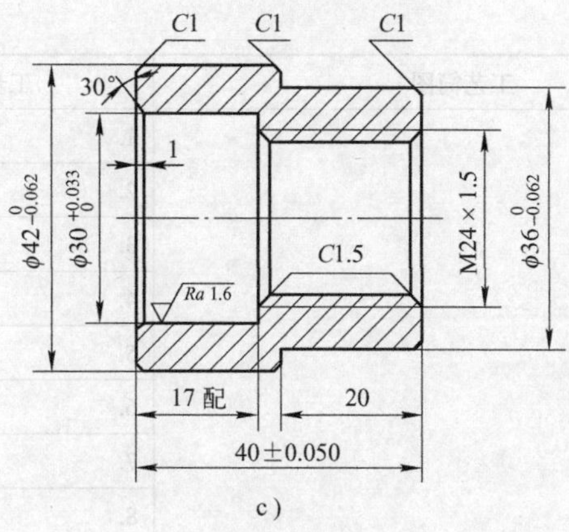

c）

图 21-1　螺纹配合件图（续）

c）件二

2. 配分及评分标准

1）考核总成绩见表 21-1。

表 21-1　考核总成绩表

序号	项目名称	配分	得分	备注
1	现场笔试	20		
2	现场操作	80		
合　计		100		

2）现场笔试 20 分，其中制订工艺 10 分（表 21-2），编程 10 分。

表 21-2　制订工艺（10 分）

职业	数控车工	考核等级	中级	姓名		得分	
数控车床工艺简卡				准考证号			
				机床编号			
工序名称	工艺简图			工步序号及内容			选用刀具
				1.			
				2.			
				3.			
				4.			
				5.			
				6.			
				7.			
				8.			
				9.			

（续）

工序名称	工艺简图	工步序号及内容	选用刀具
		1.	
		2.	
		3.	
		4.	
		5.	
		6.	
		7.	
		8.	
		9.	

监考人		检验员		考评人	
日　期					

3）现场操作 80 分，其中现场操作规范 10 分（表 21-3），工件质量 70 分（表 21-4）。

表 21-3　现场操作规范评分表（10 分）

序号	项目	考核内容	配分	考场表现	得分
1	现场操作规范	正确使用机床	2		
2		正确使用量具	2		
3		合理使用刃具	2		
4		设备维护保养	4		
合计			10		

表 21-4　工件质量评分表（70 分）

件号	序号	考核项目		扣分标准	配分	得分
件一	1	长度/mm	10(二处)	每超差 0.05mm 扣 2 分	2	
	2		18	每超差 0.05mm 扣 2 分	2	
	3		40 ±0.02	每超差 0.02mm 扣 2 分	2	
	4		80 ±0.070	每超差 0.02mm 扣 2 分	2	
	5	外圆/mm	$\phi42_{-0.062}^{0}$	每超差 0.01mm 扣 1 分	4	
	6		$\phi30_{-0.041}^{-0.020}$	每超差 0.01mm 扣 1 分	4	
	7	槽/mm	4 ×2	超差不得分	2	
	8	螺纹/mm	M24 ×1.5	超差不得分	4	
	9	圆弧/mm	*R*20	未成形不得分	2	
	10	倒角/mm	*C*1.5(一处) *C*1(三处)	未倒角不得分	4	
	11	表面粗糙度值/μm	*Ra*1.6(一处)	降级不得分	2	

（续）

件号	序号	考核项目		扣分标准	配分	得分
件二	1	长度/mm	40 ±0.050	每超差 0.02mm 扣 2 分	2	
	2		20	每超差 0.05mm 扣 2 分	2	
	3		17	每超差 0.05mm 扣 2 分	2	
	4	外圆/mm	$\phi42_{-0.062}^{0}$	每超差 0.01mm 扣 1 分	4	
	5		$\phi30_{0}^{+0.033}$	每超差 0.01mm 扣 1 分	4	
	6		$\phi36_{-0.062}^{0}$	每超差 0.01mm 扣 1 分	4	
	7	螺纹/mm	M24 ×1.5	每超差 0.01mm 扣 1 分	4	
	8	倒角	C1（三处） C1.5（二处） 1 ×30°（一处）	未倒角不得分	4	
	9	表面粗糙度值/μm	Ra1.6（一处）	降级不得分	1	
配合	1	螺纹	螺纹配合	不能旋入不得分	5	
	2	间隙/mm	1 ±0.02	每超差 0.1mm 扣 1 分	4	
	3	总长/mm	81 ±0.175	每超差 0.1mm 扣 1 分	4	
合计					70	
评分人			年　月　日	核分人		年　月　日

3. 准备清单

（1）考场准备

1）材料准备见表 21-5。

表 21-5　材料准备

名　　称	规　　格	数　　量	要　　求
45 钢	ϕ45mm ×130mm	1 件/考生	考场准备

2）设备准备见表 21-6。

表 21-6　设备准备

名　　称	规　　格	数　　量	要　　求
数控车床	根据考点情况选择	1 台/考生	考场准备
自定心卡盘	相应车床	1 副/台	
自定心卡盘扳手	相应车床	1 副/台	
刀架扳手	相应车床	1 副/台	

（2）考生准备　考生主要准备工具、量具、刀具及其他，见表 21-7。

表 21-7 工具、量具、刀具及其他准备

序号	名　称	型　号	数量	要求
1	45°外圆车刀	45°	1	
2	93°外圆车刀	93°	1	
3	内孔刀	93°，直径不大于20mm	1	
4	内三角形螺纹车刀	1.5mm 螺距	1	
5	切断(槽)刀	刀宽4mm	1	
6	外三角形螺纹车刀	1.5mm 螺距	1	
7	游标卡尺	0.02mm/0～200mm	1	
8	外径千分尺	0.01mm/25～50mm	1	
9	内径百分表	0.01mm/18～30mm	1	
10	螺纹环规	M18×1.5mm	1套	
11	螺纹塞规	M18×1.5mm	1套	
12	中心钻及钻夹头	A3，ϕ1～13mm	各1	
13	麻花钻	ϕ20mm	1	
14	回转顶尖	相应车床	1	
15	薄铜皮	0.05～0.10mm	若干	
16	垫刀片		若干	
17	草稿纸		若干	

4. 说明

1）出现危及考生或他人安全的状况应终止考试，如果是由于考生操作失误所致，考生该题成绩记零分。

2）因考生操作失误所致，导致设备故障且当场无法排除应终止考试，考生该题成绩记零分。

3）考生在操作过程中出现严重违反工艺原则或情节严重的野蛮操作等，取消其考试资格，成绩记零分。

4）因刀具、工具损坏而无法继续应终止考试。

三、考核实施

本题主要针对螺纹配合件的加工进行考核，要求学生通过零件图样分析，合理制订出加工方案，确定合理的加工路线和加工工序，正确选择刀具，选择合理的切削用量，编制加工程序，熟练掌握刀具与工件的安装，程序的输入与校验，零件的加工、检测等各项操作方法。

1. 图样分析

如图21-1所示，该套零件为包含螺纹配合的较复杂的一组零件，其中件一包含了外部轮廓（含凹圆弧）、外沟槽和外螺纹；件二包含了外轮廓、内轮廓和内螺纹。两零件有配合精度要求，有螺纹配合、圆柱面配合，还有配合的间隙要求。

2. 难点分析

由图 21-1 分析可知，该零件轮廓不是太多，计算量也较少，程序编制较容易，难点在于如何确保螺纹和圆柱面的顺利配合，对配合后的间隙 1mm ± 0.02mm 及总长 81mm ± 0.175mm 的尺寸控制。

3. 工艺分析

为了解决上述加工难点，应重点保证工件的同轴度，为此制订以下加工工艺：

1）用自定心卡盘夹持毛坯面，伸出长度约 50mm。手动车削端面（约 1mm），用 ϕ20mm 的麻花钻钻孔，钻孔深度 42 ~ 45mm，如图 21-2 所示。

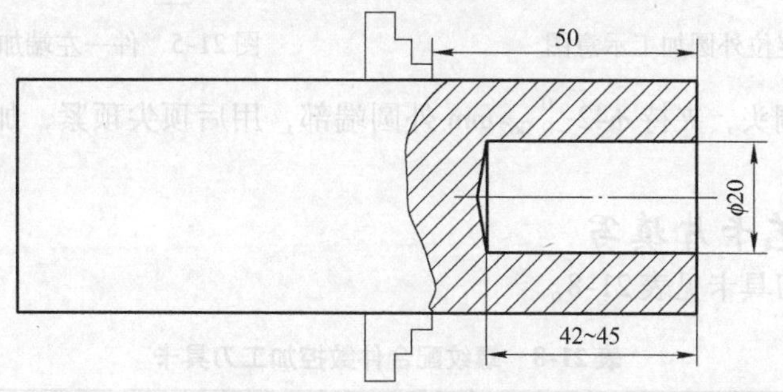

图 21-2　钻孔装夹示意图

接下来加工件二，先加工件二左端的 $\phi 42_{-0.062}^{\ 0}$ mm 外圆，长度加工至 45mm；再加工 $\phi 30_{\ 0}^{+0.033}$ mm 内孔和 M24 × 1.5mm 螺纹基孔，基孔尺寸为 ϕ22.5mm，长度加工至 42mm，如图 21-3 所示；然后加工内螺纹，有效长度至 40mm，降速退刀段为 1mm；最后手动切断，并保证件二长度为 41mm 左右。

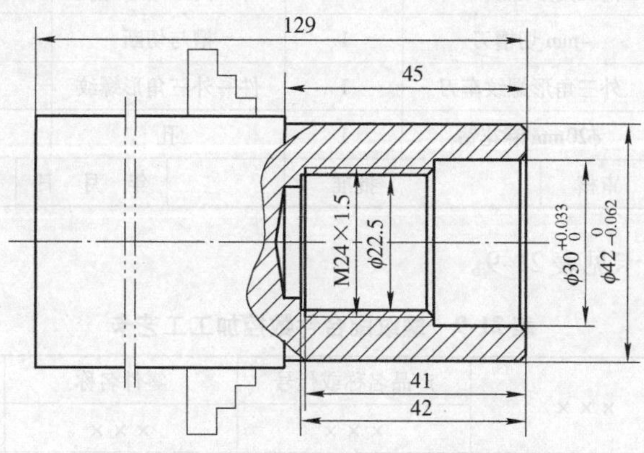

图 21-3　件二左端加工尺寸示意图

2）将件二调头装夹，手动齐端面，保证长度 40mm ± 0.050mm，倒内角，并加工 $\phi 36_{-0.062}^{\ 0}$ mm外圆。

3）装夹件一毛坯，此时毛坯总长为 84mm 左右，伸出长度为 40mm 左右，齐端面，钻中心孔，加工 ϕ40mm × 30mm 定位外圆，如图 21-4 所示。

将工件调头，夹持 ϕ40mm × 30mm 外圆，齐端面，保证长度 80mm ± 0.070mm。接下来加工 $\phi 42_{-0.062}^{\ 0}$ mm 外圆，长度至 45mm，然后加工 R20mm 圆弧，如图 21-5 所示。

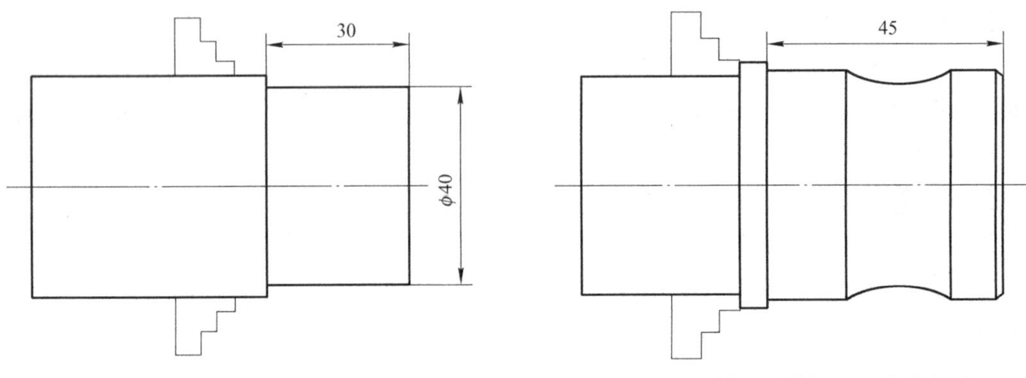

图 21-4 定位外圆加工示意图　　图 21-5 件一左端加工尺寸示意图

4）再将工件调头，夹持 $\phi42_{-0.062}^{0}$mm 外圆端部，用后顶尖顶紧，加工件一外轮廓、外沟槽和外螺纹。

4. 相关工艺卡片填写

1）数控加工刀具卡见表 21-8。

表 21-8 螺纹配合件数控加工刀具卡

产品名称或代号		×××	零件名称	螺纹配合件	零件图号	××
序号	刀具号	刀具规格名称	数量	加工表面	刀尖半径/mm	备注
1	T01	45°外圆车刀	1	车削各端面	0.4	25×25
2	T02	93°外圆车刀	1	外轮廓	0.4	25×25
3	T03	内孔刀	1	件二内孔	0.4	25×25
4	T04	内三角形螺纹车刀	1	件二内三角形螺纹	0	25×25
5	T05	4mm 切槽刀	1	槽与切断	0	25×25
6	T06	外三角形螺纹车刀	1	件一外三角形螺纹	0	25×25
7		φ20mm 麻花钻	1	孔		
编制		审核		批准		年 月 日	共 页	第 页

2）数控加工工艺卡见表 21-9。

表 21-9 螺纹配合件数控加工工艺卡

单位名称		×××		产品名称或代号	零件名称		零件图号	
				×××	×××		××	
工序号		程序编号		夹具名称	使用设备		车间	
001		×××		自定心卡盘	CK6140		数控	
工步号	工步内容		刀具号	刀具规格/mm	主轴转速/r·min⁻¹	进给速度/mm·min⁻¹	背吃刀量/mm	备注
用自定心卡盘夹持毛坯面，伸出长度约 50mm，手动车削端面，用麻花钻钻孔。先加工工件二左端 $\phi42_{-0.062}^{0}$mm 外圆，再加工 $\phi30_{0}^{+0.033}$mm 内孔和 M24×1.5mm 螺纹基孔，然后加工内螺纹，最后手动切断								
1	车削端面		T01	25×25	600			手动
2	钻孔		麻花钻	25×25	600			手动

（续）

3	车削件二左端外圆	T02	25×25	600	150	2	自动
4	车削件二左端内孔	T03	25×25	600	100	1	自动
5	车削件二内螺纹	T04	25×25	600			自动
6	将件二从毛坯切断	T05	25×25	600			手动
将件二调头装夹，手动齐端面，倒内角，并加工 $\phi36_{-0.062}^{0}$ mm 外圆							
7	车削端面	T01	25×25	600			手动
8	倒内角	T03	25×25	600			手动
9	车削件二右端外圆	T02	25×25	600	150	2	自动
装夹件一毛坯，此时毛坯总长为 84mm 左右，伸出长度为 40mm 左右，齐端面，钻中心孔，加工 ϕ40mm×30mm 定位外圆							
10	车削端面	T01	25×25	600			手动
11	钻中心孔	中心钻	25×25	1000			手动
12	车定位外圆	T02	25×25	600	150	2	自动
调头，夹持 ϕ40mm×30mm 定位外圆，齐端面，保证长度 80mm±0.070mm。接下来加工 $\phi42_{-0.062}^{0}$ mm 外圆，长度至 45mm，然后加工 R20mm 圆弧							
13	车削端面	T01	25×25	600			手动
14	车削件一左端外圆	T02	25×25	600	150	2	自动
调头夹持 $\phi42_{-0.062}^{0}$ mm 外圆端部，用后顶尖顶紧，加工件一外轮廓、外沟槽和外螺纹							
15	车削件一右端轮廓	T02	25×25	600	150	2	自动
16	车削件一外沟槽	T05	25×25	600	15	4	自动
17	车削件一外螺纹	T06	25×25	600			自动
编制		审核		批准	年　月　日	共　页	第　页

5. 程序编制

（1）编制件二左端外圆和内孔加工程序

1）建立工件坐标系。用自定心卡盘夹持毛坯面，伸出长度约 50mm，手动车削端面，用麻花钻钻孔。

以右端面和中心线交点为坐标原点，先加工件二左端 $\phi42_{-0.062}^{0}$ mm 外圆，再加工 $\phi30_{0}^{+0.033}$ mm 内孔和 M24×1.5mm 螺纹基孔，然后加工内螺纹，最后手动切断，如图 21-6 所示。

2）基点的坐标值　见表 21-10。

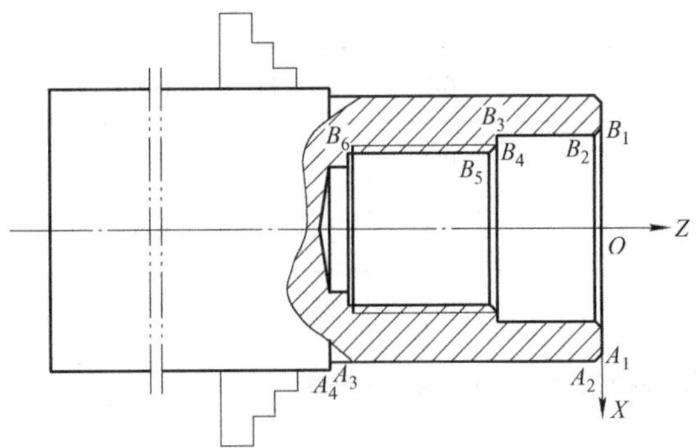

图 21-6　加工件二左端部分时的坐标系及基点

表 21-10　基点的坐标值

基　　点	坐标值(X,Z)	基　　点	坐标值(X,Z)
A_1	(39.969,0)	B_2	(30.017, -1.0)
A_2	(41.969, -1.0)	B_3	(30.017, -17.0)
A_3	(41.969, -45.0)	B_4	(25.5, -17.0)
A_4	(45.0, -45.0)	B_5	(22.5, -18.5)
B_1	(31.165,0)	B_6	(22.5, -42.0)

3）参考程序　见表 21-11。

表 21-11　FANUC 0i 系统与 SIEMENS 802D 系统参考程序

FANUC 0i 系统数控程序	SIEMENS 802D 系统数控程序	注　　释
O2101;	SKC2101. MPF;	程序名
N1 G40 G98 G21;	N1 G40 G94 G21;	设置初始化
N2 T0202 S600 M03;	N2 T02D2 S600 M03;	设置刀具及主轴转速
N3 G00 X39.969 Z2.0;	N3 G00 X39.969 Z2.0;	刀具快速靠近工件
N4 G01 Z0 F150.0;	N4 G01 Z0 F150.0;	刀具靠近工件
N5 X41.969 Z-1.0;	N5 X41.969 Z-1.0;	倒角
N6 Z-45.0;	N6 Z-45.0;	加工外圆
N7 G00 X100.0 Z50.0;	N7 G00 X100.0 Z50.0;	刀具返回
N8 T0303;	N8 T03D3;	换刀
N9 G00 X20.0 Z2.0;	N9 G00 G41X20.0 Z2.0;	刀具快速靠近工件
N10 G71 U1.0 R1.0; N11 G71 P12 Q18 U-0.5 W0 F150;	N10 CYCLE95(LZC241,2.0,0,0.5,,150,,,2,1.0);	调用毛坯外圆循环，设置加工参数
N12 G00 G41 X31.165;		FANUC0i 系统精加工程序段；SIEMENS 802D 系统子程序见表 21-12
N13 G01 Z0 F80;		
N14 X30.017 Z-1.0;		
N15 Z-17;		
N16 X25.5;		
N17 X22.5 Z-18.5;		
N18 Z-42.0;		

（续）

FANUC 0i 系统数控程序	SIEMENS 802D 系统数控程序	注　释
N19 G70 P12 Q18；	N19 LZC211；	精车
N20 G00 G40 X100.0 Z50.0；	N20 G00 G40 X100.0 Z50.0；	刀具快速返回
N21 T0404；	N21 T04D4；	换刀
N22 G00 X20. Z2.0；	N22 G00 X20. Z2.0；	进刀
N23 Z-15.0；	N23 Z-15.0；	进刀
N24 G92 X23.2 Z-41.0 F1.5； N25 X23.8； N26 X24.0；	N24 CYCLE97(1.5,1,-15,-41,24,24,2,1,0.75,0.02,0,0,3,0,2,1)；	FANUC0i 用 G92 指令车螺纹；SIEMENS 802D 系统参数赋值
N27 G00 Z2.0；	N27 G00 Z2.0；	刀具退出
N28 X100.0 Z50.0；	N28 X100.0 Z50.0；	刀具返回
N29 M30；	N29 M30；	程序结束

表 21-12　SIEMENS 802D 轮廓加工子程序

程序内容	注　释
LZC211.SPF；	子程序名
N1 G00 G41 X31.165；	X 向进刀
N2 G01 Z0 F80；	Z 向进刀
N3 X30.017 Z-1.0；	倒角
N4 Z-17；	车内孔
N5 X25.5；	退刀
N6 X22.5 Z-18.5；	倒角
N7 Z-42.0；	车内螺纹基孔
N8 M17；	子程序结束

（2）编制件二右端外圆加工程序

1）建立工件坐标系。将件二调头装夹，手动齐端面，倒内角，以右端面和中心线的交点为坐标原点建立坐标系，编程加工 $\phi36_{-0.062}^{\ 0}$ mm 外圆，如图 21-7 所示。

2）基点的坐标值见表 21-13。

表 21-13　基点的坐标值

基　点	坐标值(X,Z)	基　点	坐标值(X,Z)
C_1	(33.969,0)	C_4	(39.969,-20.0)
C_2	(35.969,-1.0)	C_5	(41.969,-21.0)
C_3	(35.969,-20.0)		

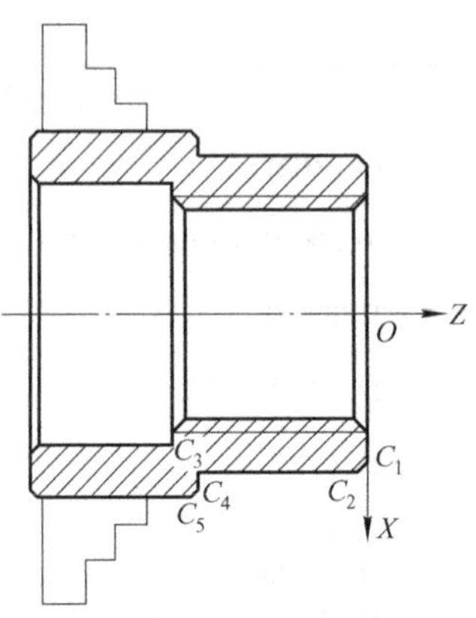

图 21-7　加工件二右端时的坐标系及基点

3）参考程序见表 21-14。

表 21-14　FANUC0i 系统与 SIEMENS 802D 系统参考程序

FANUC 0i 系统数控程序	SIEMENS 802D 系统数控程序	注释
O2102;	SKC2102. MPF;	程序名
N1 G40 G98 G21;	N1 G40 G94 G21;	设置初始化
N2 T0202 S600 M03;	N2 T02D2 S600 M03;	设置刀具及主轴转速
N3 G00 X38.0 Z2.0;	N3 G00 X38.0 Z2.0;	快速靠近工件
N4 G01 Z-20.0F150;	N4 G01 Z-20.0F150;	粗车 $\phi36_{-0.062}^{0}$ mm 外圆
N5 G00X45.0 Z2.0;	N5 G00X45.0 Z2.0;	刀具快速返回
N6 G00 X33.969;	N6 G00 X33.969;	进刀
N7 G01 X35.969 Z-1.0F150;	N7 G01 X35.969 Z-1.0F150;	倒角
N8 Z-20.0;	N8 Z-20.0;	车 $\phi36_{-0.062}^{0}$ mm 外圆
N9 X39.969;	N9 X39.969;	退刀
N10 X41.969 Z-21.0;	N10 X41.969 Z-21.0;	倒角
N11 G00 X100.0 Z50.0;	N11 G00 X100.0 Z50.0;	刀具返回
N12 M30;	N12 M30;	程序结束

（3）编制件一定位外圆加工程序

1）建立工件坐标系。夹持毛坯，伸出长度 40mm 左右，工件坐标系原点设在工件右端面与轴线的交点上，如图 21-8 所示。

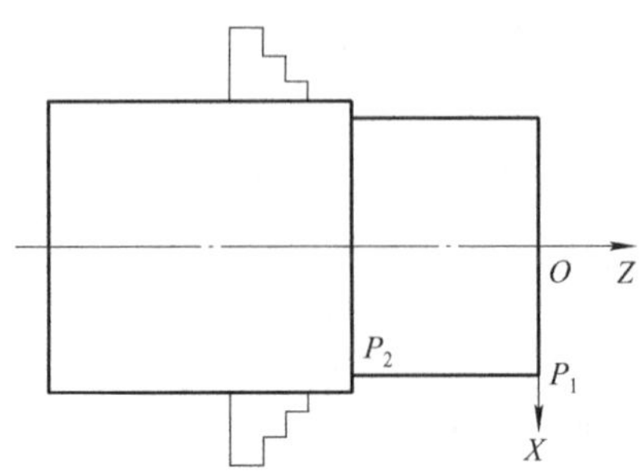

图 21-8　加工件一定位外圆时的坐标系及基点

2）基点的坐标值见表 21-15。

表 21-15　基点的坐标值

基　　点	坐标值(*X*,*Z*)
P_1	(40.0,0)
P_2	(40.0，-30.0)

3）参考程序见表 21-16。

表 21-16　FANUC0i 系统与 SIEMENS 802D 系统参考程序

FANUC 0i 系统数控程序	SIEMENS 802D 系统数控程序	注　　释
O2103;	SKC2103. MPF;	程序名
N1 G40 G98 G21;	N1 G40 G94 G21;	设置初始化
N2 T0202 S600 M03;	N2 T02D2 S600 M03;	设置刀具及主轴转速
N3 G00 X41. 0 Z2. 0;	N3 G00 X41. 0 Z2. 0;	快速靠近工件
N4 G01 Z-70. 0F150;	N4 G01 Z-70. 0F150;	车削第一刀
N5 G00 X45. 0 Z2. 0;	N5 G00 X45. 0 Z2. 0;	退刀并返回
N6 G00 X40. 0;	N6 G00 X40. 0;	进刀
N7 G01 Z-30. 0F150;	N7 G01 Z-30. 0F150;	车削第二刀
N8 G00X100. 0 Z50. 0;	N8 G00X100. 0 Z50. 0;	退刀并返回
N9 M30;	N9 M30;	程序结束

（4）编制件一左端外圆加工程序

1）建立工件坐标系。夹持 ϕ40mm×30mm 定位外圆，齐端面，保证长度 80mm±0. 070mm，以右端面和中心线的交点为坐标原点加工 $\phi 42_{-0.062}^{\ 0}$ mm 外圆，长度至 45mm，然后加工 *R*20mm 圆弧，如图 21-9 所示。

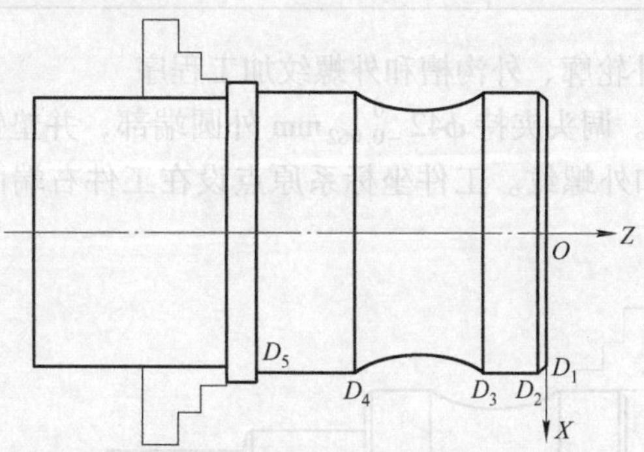

图 21-9　加工件一左端轮廓时的坐标系及基点

2）基点的坐标值见表 21-17。

表 21-17　基点的坐标值

基　　点	坐标值(*X*,*Z*)	基　　点	坐标值(*X*,*Z*)
D_1	(39.969,0)	D_4	(41.969，-30.0)
D_2	(41.969，-1.0)	D_5	(41.969，-45.0)
D_3	(41.969，-10.0)		

3）参考程序见表 21-18。

表 21-18　FANUC 0i 系统与 SIEMENS 802D 系统参考程序

FANUC 0i 系统数控程序	SIEMENS 802D 系统数控程序	注　释
O2104；	SKC2104. MPF；	程序名
N1 G40 G98 G21；	N1 G40 G94 G21；	设置初始化
N2 T0202 S600 M03；	N2 T02D2 S600 M03；	设置刀具及主轴转速
N3 G00 X42. 5 Z2. 0；	N3 G00 X42. 5 Z2. 0；	快速靠近工件
N4 G01 Z－45. 0 F150；	N4 G01 Z－45. 0 F150；	粗车
N5 G00 X45. 0 Z2. 0；	N5 G00 X45. 0 Z2. 0；	退刀并返回
N6 X39. 969；	N6 X39. 969；	进刀
N7 G01 Z. 0 F80；	N7 G01 Z. 0 F80；	靠近工件
N8 X41. 969 Z－1. 0；	N8 X41. 969 Z－1. 0；	倒角
N9 Z－45. 0；	N9 Z－45. 0；	精车
N10 G00X45. 0；	N10 G00X45. 0；	退刀
N11 G00Z－11. 0；	N11 G00Z－11. 0；	返回
N12 G01 G42 X42. 0 F100；	N12 G01 G42 X42. 0 F100；	进刀
N13 G02 X42. 0 Z－29. 0 R20. 0；	N13 G02 X42. 0 Z－29. 0 R20. 0；	圆弧第一刀
N14 G00 X45. 0；	N14 G00 X45. 0；	退刀
N15 Z－10. 0；	N15 Z－10. 0；	返刀
N16 G01 X41. 969 F100；	N16 G01 X41. 969 F100；	进刀
N17 G02 X41. 969 Z－30. 0 R20. 0；	N17 G02 X41. 969 Z－30. 0 R20. 0；	圆弧第二刀
N18 G00 X45. 0；	N18 G00 X45. 0；	退刀
N19 G00 G40 X100. 0 Z50. 0；	N19 G00 G40 X100. 0 Z50. 0；	返回
N20 M30；	N20 M30；	程序结束

（5）编制件一右端外轮廓、外沟槽和外螺纹加工程序

1）建立工件坐标系。调头夹持 $\phi42_{-0.062}^{0}$ mm 外圆端部，并垫铜皮，用后顶尖顶紧，加工件一外轮廓、外沟槽和外螺纹。工件坐标系原点设在工件右端面与中心线交点上，如图 21-10 所示。

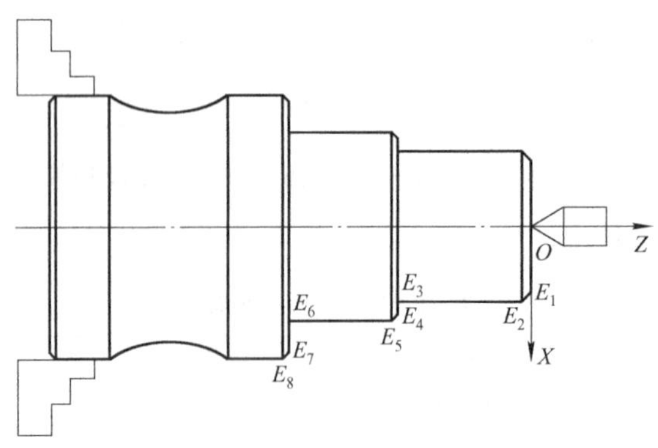

图 21-10　加工件一右端轮廓时的工件坐标系及基点

2）基点的坐标值见表 21-19。

表 21-19 基点的坐标值

基 点	坐标值(X,Z)	基 点	坐标值(X,Z)
E_1	(20.8,0)	E_5	(29.969,-23.0)
E_2	(23.8,-1.5)	E_6	(29.969,-40.0)
E_3	(23.8,-22.0)	E_7	(39.969,-40.0)
E_4	(27.969,-22.0)	E_8	(41.969,-41.0)

3）参考程序见表 21-20。

表 21-20 FANUC 0i 系统与 SIEMENS 802D 系统参考程序

FANUC 0i 系统数控程序	SIEMENS 802D 系统数控程序	注 释
O2105;	SKC2105. MPF;	程序名
N1 G40 G98 G21;	N1 G40 G94 G21;	设置初始化
N2 T0202 S600 M03;	N2 T02D2 S600 M03;	设置刀具及主轴转速
N3 G00 X45.0 Z2.0;	N3 G00 X45.0 Z2.0;	快速靠近工件
N4 G71 U2.0 R1.0;	N4 CYCLE95(LZC245,2.0,0,0.5,,150,,,2,1.0);	设置加工参数，进行粗加工
N5 G71 P6 Q14 U0.5 W0 F150;		
N6 G00 G42 X20.8;		FANUC0i 系统的精加工路线；SIEMENS 802D 系统子程序见表 21-21
N7 G01 Z 0;		
N8 X23.8 Z-1.5;		
N9 Z-22.0;		
N10 X27.969;		
N11 X29.969 Z-23.0;		
N12 Z-40.0;		
N13 X39.969;		
N14 X41.969 Z-41.0;		
N15 G70 P6 Q14;	N15 LZC215;	精加工
N16 G00 G40 X100.0Z50.0;	N16 G00 G40 X100.0 Z50.0;	刀具快速返回
N17 T0505 S200;	N17 T0505 S200;	换刀
N18 G00 X32.0 Z-22.0;	N18 G00 X32.0 Z-22.0;	进刀
N19 G01 X20.0 F15;	N19 G01 X20.0 F15;	切槽
N20 G00 X32.0;	N20 G00 X32.0;	退刀
N21 G00 X100.0 Z50.0;	N21 G00 X100.0 Z50.0;	返回
N22 T0606 S600;	N22 T06D6 S600;	换刀
N23 G00 X26.0 Z2.0;	N23 G00 X26.0 Z2.0;	快速进刀
N24 G92 X23.2 Z-19.0 F1.5;	N24 CYCLE97(1.5,1,0,-18,24,24,2,1,0.81,0.02,0,0,4,0,1,1);	FANUC 0i 用 G92 指令车螺纹；SIEMENS 802D 系统参数赋值
N25 X22.8;		
N26 X22.5;		
N27 X22.38;		
N28 G00 X100.0 Z50.0;	N27 G00 X100.0 Z50.0;	刀具返回
N29 M30;	N28 M30;	程序结束

表 21-21　SIEMENS 802D 轮廓加工子程序

程序内容	注释
LZC215. SPF;	子程序名
N1 G00 G42 X20. 8;	X 向进刀
N2 G01 Z 0;	Z 向进刀
N3 X23. 8 Z-1. 5;	倒角
N4 Z-22. 0;	车 M24 螺纹基圆
N5 X27. 969;	退刀
N6 X29. 969 Z-23. 0;	倒角
N7 Z-40. 0;	车 $\phi30_{-0.041}^{-0.020}$mm 外圆
N8 X39. 969;	退刀
N9 X41. 969 Z-41. 0;	倒角
N10 M17;	子程序结束

6. 工件加工

（1）加工准备

1）检查毛坯尺寸。

2）开机，回参考点。

3）输入程序并校验。把编制好的加工程序输入到数控系统中，并应用空运行或图形模拟校验所编制的加工程序，验证程序合格后方能进行以下步骤。

4）装夹工件。加工件二左端时，用自定心卡盘夹持毛坯面，伸出长度约 50mm，手动车削端面（约 1mm），用 ϕ20mm 麻花钻钻孔，钻孔深度 42～45mm。将件二调头装夹，手动齐端面，保证长度 40mm±0. 050mm，倒内角，然后加工件二右端 $\phi36_{-0.062}^{0}$mm 的外圆。加工件一时，先加工 ϕ40mm×30mm 的定位外圆，调头，夹持 ϕ40mm×30mm 外圆，齐端面，保证长度为 80mm±0. 070mm，接下来加工 $\phi42_{-0.062}^{0}$mm 外圆及 R20mm 圆弧。调头夹持 $\phi42_{-0.062}^{0}$mm 外圆端部，用后顶尖顶紧，加工件一外轮廓、外沟槽和外螺纹。

5）装夹刀具。把 45°外圆车刀、93°外圆车刀、内孔刀、内三角形螺纹车刀、切断刀和外三角形螺纹车刀按要求依次装入 T01、T02、T03、T04、T05 及 T06 号刀位。

6）对刀。将上述六把刀具依次对好，并将有关数值输入到刀具参数中，如刀尖圆弧半径、刀尖方位等。

（2）零件的自动加工　将数控车床置于自动加工模式，首先将加工程序调入数控系统，调好进给倍率进行自动加工。在加工过程中，配合精度的控制最为困难，特制订以下加工步骤，以满足配合精度。

1）螺纹和圆柱面的配合。螺纹和圆柱面有同轴度要求，否则难以旋入。为此，件一的螺纹和 $\phi30_{-0.041}^{-0.020}$mm 的外圆应同时加工；件二的螺纹和 $\phi30_{0}^{+0.033}$mm 的内孔也应同时加工。

2）尺寸 1mm±0. 02mm 的控制。件一的长度尺寸为 18mm，初始加工时应加工至

17.8mm 左右，以便调整该尺寸。

3）尺寸 81mm ± 0.175mm 的控制。在加工工件二时，40mm ± 0.050mm 的长度尺寸应留 0.2mm 的余量，以便控制配合总长尺寸时使用。

（3）加工结束　加工结束后应清理机床。

7. 操作注意事项

1）调头后，所用刀具都应重新对刀。

2）加工螺纹时，除了应用参考程序中 FANUC0i 系统采用 G92 指令编制、SIEMENS 802D 系统采用 CYCLE97 指令编制外，还可以采用 G32、G76、G33 等指令。

3）在加工过程中，应尽量采用试切、测量、补偿及试测方法控制尺寸精度。

试题二十二　内外锥配合件的加工

一、考核目标

1）掌握内外锥配合件零件图的识读方法。

2）掌握内外锥配合件零件加工工艺的制订方法。

3）掌握内外锥配合件零件加工程序的编制方法。

4）掌握内外锥配合件零件加工刀具的选择方法及确定合理的切削用量方法。

5）熟练掌握数控车床的操作方法。

二、考核要求

1. 总体要求

1）试题名称：内外锥配合件（图22-1）。

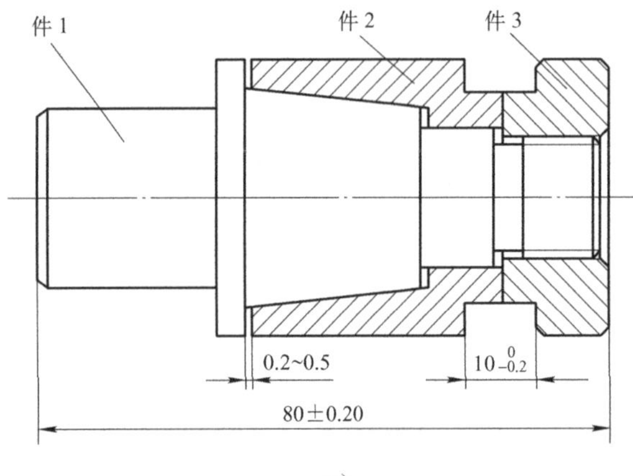

a）

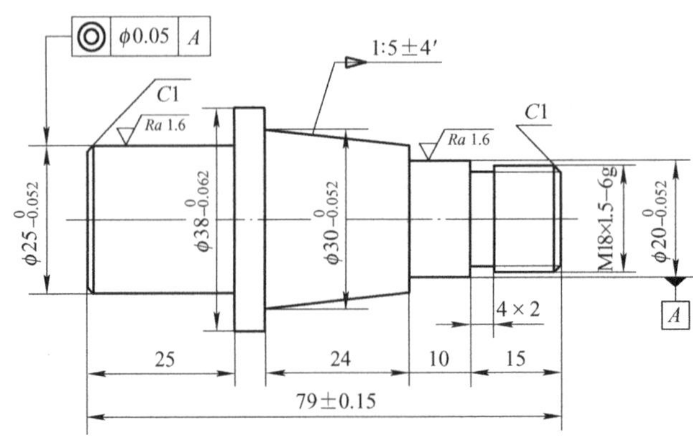

b）

图22-1　内外锥配合件

a）配合件　b）件一

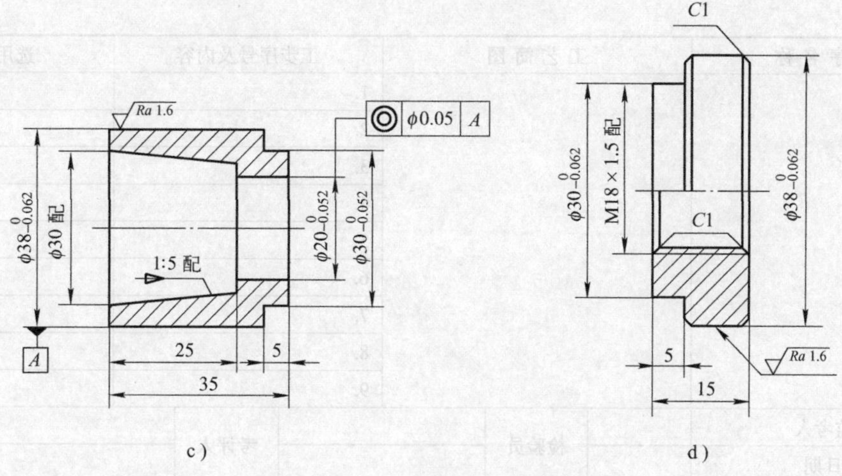

图 22-1　内外锥配合件（续）

c）件二　d）件三

2）本题分值：100 分。

3）考核时间：300min。

4）考核形式：①现场笔试；②现场操作。

2. 配分及评分标准

1）考核总成绩见表 22-1。

表 22-1　考核总成绩表

序号	项目名称	配分	得分	备　注
1	现场笔试	20		
2	现场操作	80		
合　计		100		

2）现场笔试，其中制订工艺 10 分（表 22-2），编程 10 分。

表 22-2　制订工艺（10 分）

职业	数控车工	考核等级	中级	姓名		得分	
数控车床工艺简卡				准考证号			
				机床编号			

工序名称	工艺简图	工步序号及内容	选用刀具
		1.	
		2.	
		3.	
		4.	
		5.	
		6.	
		7.	
		8.	
		9.	

（续）

工序名称	工艺简图	工步序号及内容	选用刀具
		1.	
		2.	
		3.	
		4.	
		5.	
		6.	
		7.	
		8.	
		9.	

监考人		检验员		考评人	
日期					

3）现场操作规范评分见表22-3。

表22-3 现场操作规范评分表（10分）

序号	项目	考核内容	配分	考场表现	得分
1	现场操作规范	正确使用机床	2		
2		正确使用量具	2		
3		合理使用刃具	2		
4		设备维护保养	4		
合计			10		

4）工件质量评分见表22-4。

表22-4 工件质量评分表（70分）

件号	序号	考核项目		扣分标准	配分	得分
件一	1	长度/mm	79±0.15	每超差0.05mm扣2分	2	
	2		25	每超差0.1mm扣2分	2	
	3		24	每超差0.1mm扣2分	2	
	4		10	每超差0.1mm扣2分	2	
	5		15	每超差0.1mm扣2分	2	
	6	外圆/mm	$\phi25_{-0.052}^{0}$	每超差0.01mm扣1分	4	
	7		$\phi38_{-0.062}^{0}$	每超差0.01mm扣1分	2	
	8		$\phi30_{-0.052}^{0}$	每超差0.01mm扣1分	2	
	9		$\phi20_{-0.052}^{0}$	每超差0.01mm扣1分	2	
	10	槽/mm	4×2	超差不得分	2	
	11	螺纹/mm	M18×1.5-6g	超差不得分	4	
	12	形位公差/mm	◎ ϕ0.05 A	每超差0.01mm扣1分	2	
	13	倒角/mm	C1(二处)	未倒角不得分	2	
	14	锥度	1:5	不合格不得分	2	
	15	表面粗糙度值/μm	Ra1.6(二处)	降级不得分	2	

（续）

件号	序号	考核项目		扣分标准	配分	得分
件二	1	长度/mm	25	每超差 0.05mm 扣 2 分	2	
	2		5	每超差 0.05mm 扣 2 分	2	
	3		35	每超差 0.05mm 扣 2 分	2	
	4	外圆/mm	$\phi38_{-0.062}^{0}$	每超差 0.01mm 扣 1 分	2	
	5		$\phi20_{-0.052}^{0}$	每超差 0.01mm 扣 1 分	2	
	6		$\phi30_{-0.052}^{0}$	每超差 0.01mm 扣 1 分	2	
	7	形位公差/mm	◎ | $\phi0.05$ | A	每超差 0.01mm 扣 1 分	2	
	8	表面粗糙度值/μm	$Ra1.6$	降级不得分	1	
件三	1	长度/mm	5	每超差 0.05mm 扣 2 分	2	
	2		15	每超差 0.05mm 扣 2 分	2	
	3	外圆/mm	$\phi30_{-0.062}^{0}$	每超差 0.01mm 扣 1 分	2	
	4		$\phi38_{-0.062}^{0}$	每超差 0.01mm 扣 1 分	2	
	5	表面粗糙度值/μm	$Ra1.6$	降级不得分	1	
	6	倒角	C1（四处）	未倒角不得分	2	
配合	1	螺纹	螺纹配合	不合格不得分	2	
	2	锥	锥配合	不合格不得分	2	
	3	间隙/mm	0.2～0.5	每超差 0.1mm 扣 1 分	2	
	4	间隙/mm	$10_{-0.2}^{0}$	每超差 0.1mm 扣 1 分	2	
	5	总长/mm	80±0.20	每超差 0.1mm 扣 1 分	2	
合计					70	
评分人		年 月 日		核分人	年 月 日	

3. 准备清单

（1）考场准备

1）材料准备见表 22-5。

表 22-5 材料准备

名　称	规　格	数　量	要　求
45 钢	ϕ40mm×145mm	1 件/考生	考场准备

2）设备准备见表 22-6。

表 22-6 设备准备

名　称	规　格	数　量	要　求
数控车床	根据考点情况选择	1 台/考生	考场准备
自定心卡盘	相应车床	1 副/台	
自定心卡盘扳手	相应车床	1 副/台	
刀架扳手	相应车床	1 副/台	

（2）考生准备　考生主要准备工具、量具、刀具及其他，见表 22-7。

表 22-7　工具、量具、刀具及其他准备

序号	名　称	型　号	数量	要求
1	45°外圆车刀	45°	1	
2	93°外圆车刀	93°	1	
3	内孔刀	93°,直径不大于15mm	1	
4	内三角形螺纹车刀	1.5mm 螺距	1	
5	切断刀	刀宽 4mm	1	
6	外三角形螺纹车刀	1.5mm 螺距	1	
7	游标卡尺	0.02mm/0 ~ 200mm	1	
8	外径千分尺	0.01mm/25 ~ 50mm	1	
9	内径百分表	0.01mm/18 ~ 30mm	1	
10	螺纹环规	M18 × 1.5	1 套	
11	螺纹塞规	M18 × 1.5	1 套	
12	游标万能角度尺	2′/0° ~ 320°	1	
13	中心钻及钻夹头	A3,ϕ1 ~ 13mm	各 1	
14	麻花钻	ϕ15mm	1	
15	回转顶尖	相应车床	1	
16	薄铜皮	0.05 ~ 0.10mm	若干	
17	垫刀片		若干	
18	草稿纸		若干	

4. 说明

1）出现危及考生或他人安全的状况应终止考试，如果是由于考生操作失误所致，考生该题成绩记零分。

2）因考生操作失误所致，导致设备故障且当场无法排除应终止考试，考生该题成绩记零分。

3）考生在操作过程中出现严重违反工艺原则或情节严重的野蛮操作等，取消其考试资格，成绩记零分。

4）因刀具、工具损坏而无法继续应终止考试。

三、考核实施

本题主要针对内外锥配合件的加工进行考核，要求学生通过零件图样分析，合理制订出加工方案，确定合理的加工路线和加工工序，正确选择刀具，选择合理的切削用量，编制加工程序，熟练掌握刀具与工件的安装，程序的输入与校验，零件的加工、检测等各项操作方法。

1. 图样分析

如图 22-1 所示，该套零件为包含锥面配合的较复杂的一组零件，其中件一包括外部轮廓、外沟槽及外螺纹，件二包括外轮廓和内轮廓，件三包括外轮廓和内螺纹；件一和件二有锥面配合要求，件一和件三有螺纹配合要求。

2. 难点分析

由图 22-1 分析可知，该零件轮廓不是太多，计算量也较少，程序编制较容易，难点在于如何确保锥面配合的精度，配合后的间隙为 0.2 ~ 0.5mm，螺纹配合的精度及配合后的间隙 $10\ _{-0.2}^{\ \ 0}$mm，以及配合后的总长 80mm ±0.20mm。

3. 工艺分析

为了解决上述加工难点，应重点保证工件的同轴度，为此制订以下加工步骤：

1）用自定心卡盘夹持毛坯面，伸出长度 65mm，夹持长度 80mm。手动车削端面（约 1mm），用 ϕ15mm 的麻花钻手动钻孔，孔深 55 ~ 60mm。加工件二，从左端开始加工，先加工内孔，再加工 $\phi 38\ _{-0.062}^{\ \ 0}$mm 的外圆，长度为 40mm，手动切断，保证件二长度约为 36mm，加工完成后将件二放置一边，待后续加工。车削端面（约 1mm），再加工件三，从左端加工，先加工内孔和内螺纹，再加工外圆，$\phi 38\ _{-0.062}^{\ \ 0}$mm 的外圆长度加工至 20mm，手动切断，保证件三长度为 16mm 左右，完成后将件三放置一边待用。

2）夹持毛坯，此时毛坯总长为 83mm 左右，伸出长度 35mm 左右。车削端面，然后加工件一的左端部分，外圆加工至要求的尺寸，长度加工至 32mm 左右。

3）将工件调头，夹持 ϕ25mm，以 $\phi 38\ _{-0.062}^{\ \ 0}$mm 外圆轴肩定位，并垫以铜皮，防止夹伤工件。接下来加工件一的右端部分，包括车削端面，控制总长，加工外轮廓、外沟槽和外螺纹。

4）将件一从卡盘上取下，齐件二右端面，保证总长 35mm，并加工右端外圆。齐件三右端面，保证总长 15mm，并倒角。

4. 相关工艺卡片的填写

1）数控加工刀具卡见表 22-8。

表 22-8　内外锥配合件数控加工刀具卡

产品名称或代号		×××	零件名称	内外锥配合件	零件图号	××
序号	刀具号	刀具规格名称	数量	加工表面	刀尖半径/mm	备注
1	T01	45°外圆车刀	1	车削各端面	0.4	25×25
2	T02	93°外圆车刀	1	外轮廓	0.4	25×25
3	T03	内孔刀	1	件二、件三的内孔	0.4	25×25
4	T04	内三角形螺纹车刀	1	内三角形螺纹	0	25×25
5	T05	4mm 切槽刀	1	槽与切断	0	25×25
6	T06	外三角形螺纹车刀	1	外三角形螺纹	0	25×25
7		ϕ15mm 麻花钻	1	孔		
编制		审核		批准	年　月　日	共　页　第　页

2）数控加工工艺卡见表 22-9。

5. 程序编制

（1）编制件二左端内孔和外圆加工程序

1）建立工件坐标系。用自定心卡盘夹持毛坯面，伸出长度 65mm，夹持长度 80mm，工件坐标系原点设在工件左端面与轴线交点上，如图 22-2 所示。

表 22-9 内外锥配合件数控加工工艺卡

单位名称	××	产品名称或代号		零件名称		零件图号	
		×××		×××		×××	
工序号	程序编号	夹具名称		使用设备		车间	
001	×××	自定心卡盘		CK6140		数控	
工步号	工步内容	刀具号	刀具规格 /mm	主轴转速 /r · min^{-1}	进给速度 /mm · min^{-1}	背吃刀量 /mm	备注
用自定心卡盘夹持毛坯面，伸出长度 65mm，夹持长度 80mm，加工件二和件三							
1	车削端面	T01	25×25	600			手动
2	钻孔	麻花钻	25×25	600			手动
3	从左端车削件二内孔	T03	25×25	600	100	1	自动
4	车削件二左端外圆	T02	25×25	600	150	2	自动
5	将件二从毛坯上切断	T05	25×25	600			手动
6	车削端面	T01	25×25	600			手动
7	车削件三内孔	T03	25×25	600	100	1	自动
8	车削件三内螺纹	T04	25×25	600			自动
9	车削件三左端外圆	T02	25×25	600	150	2	自动
10	将件三从毛坯上切断	T05	25×25	600			手动
夹持毛坯，此时毛坯总长为 83mm 左右，伸出长度 35mm 左右							
11	车削端面	T01	25×25	600			手动
12	车削件一左端外圆	T01	25×25	600	150	2	自动
调头，夹持 ϕ25mm 外圆，以 ϕ38mm 外圆轴肩定位，并垫以铜皮，防止夹伤工件。接下来加工件一的右端部分，包括外轮廓、外沟槽和外螺纹							
13	车削端面	T01	25×25	600			手动
14	车削件一右端外圆	T02	25×25	600	150	2	自动
15	车削件一外沟槽	T05	25×25	600	50	0.5	自动
16	车削件一外螺纹	T06	25×25	600			自动
将件一从卡盘上取下，齐件二右端面，保证总长 35mm，并加工右端外圆。齐件三右端面，保证总长 15mm，并倒角							
17	车削件二右端面	T01	25×25	600			手动
18	车削件二右端外圆	T02	25×25	600	150	2	自动
19	车削件三右端面	T01	25×25	600			手动
20	件三右端面倒角	T01	25×25	600			手动
编制		审核		批准	年 月 日	共 页	第 页

2）基点的坐标值见表 22-10。

表 22-10　基点的坐标值

基　　点	坐标值(*X*,*Z*)	基　　点	坐标值(*X*,*Z*)
A_1	(37.969,0)	B_3	(19.974,－25.0)
A_2	(37.969,－40.0)	B_4	(19.974,－35.0)
B_1	(30.0,0)	B_5	(15.0,－35.0)
B_2	(25.0,－25.0)		

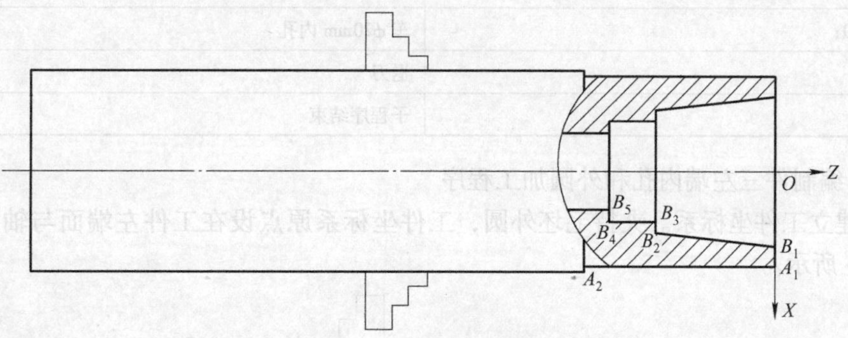

图 22-2　加工件二左端部分时的坐标系及基点

3）参考程序见表 22-11。

表 22-11　FANUC 0i 系统与 SIEMENS 802D 系统参考程序

FANUC 0i 系统数控程序	SIEMENS 802D 系统数控程序	注　　释
O2201;	SKC2201. MPF;	程序名
N1 G40 G98 G21;	N1 G40 G98 G21;	设置初始化
N2 T0202 S600 M03;	N2 T02D2 S600 M03;	设置刀具及主轴转速
N3 G00 X37.969 Z2.0;	N3 G00 X37.969 Z2.0;	快速靠近工件
N4 G01 Z－40.0 F150.0;	N4 G01 Z－40.0 F150.0;	加工外圆
N5 G00 X100.0 Z50.0;	N5 G00 X100.0 Z50.0;	刀具快速返回
N6 T0303;	N6 T03D3;	换刀
N7 G00 X15.0 Z2.0;	N7 G00 G41 X15.0 Z2.0;	刀具快速靠近工件
N8 G71 U1.0 R1.0;	N8 CYCLE95(LZC221,2.0,0,0.5,,150,,,2,1.0);	调用毛坯外圆循环,设置加工参数
N9 G71 P10 Q15 U－0.5 W0 F150;		
N10 G00 G41 X30.0;		FANUC 0i 系统精加工程序段;SIEMENS 802D 系统子程序见表 22-12
N11 G01 Z0;		
N12 X25.0 Z－25.0;		
N13 X19.974 ;		
N14 Z－35.0;		
N15 X15.0;		
N16 G70 P10 Q15;	N9 LZ221;	精车
N17 G00 G40 X100.0 Z50.0;	N10 G00 G40 X100.0 Z50.0;	刀具快速返回
N18 M30;	N11 M30;	主轴停程序结束

表 22-12　SIEMENS 802D 轮廓加工子程序

程序内容	注　释
LZC221. SPF;	子程序名
N1 G00 G41 X30. 0;	X 向进刀
N2 G01 Z0;	Z 向进刀
N3 X25. 0 Z-25. 0;	车内锥
N4 X19. 974;	退刀
N5 Z-35. 0;	车 ϕ20mm 内孔
N6 X15. 0;	退刀
N7 M17;	子程序结束

（2）编制件三左端内孔和外圆加工程序

1）建立工件坐标系。夹持毛坯外圆，工件坐标系原点设在工件左端面与轴线交点上，如图 22-3 所示。

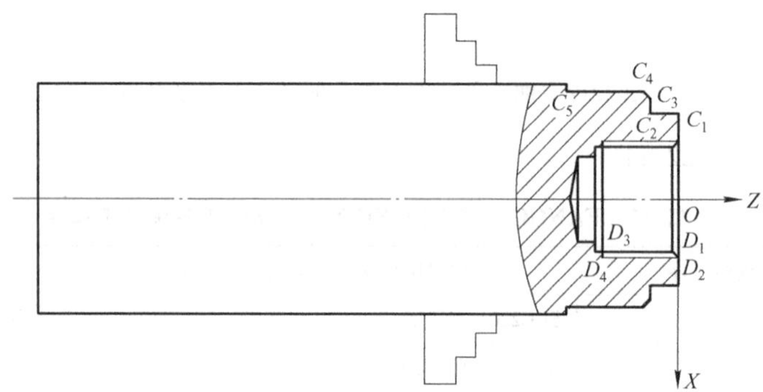

图 22-3　加工件三左端部分时的坐标系及基点

2）基点的坐标值见表 22-13。

表 22-13　基点的坐标值

基　点	坐标值(X,Z)	基　点	坐标值(X,Z)
C_1	(29. 969,0)	D_1	(16. 5,0)
C_2	(29. 969, -5. 0)	D_2	(18. 0,0)
C_3	(35. 969, -5. 0)	D_3	(16. 5, -15. 0)
C_4	(37. 969, -6. 0)	D_4	(18. 0, -15. 0)
C_5	(37. 969, -20. 0)		

3）参考程序见表 22-14。

表 22-14　FANUC 0i 系统与 SIEMENS 802D 系统参考程序

FANUC 0i 系统数控程序	SIEMENS 802D 系统数控程序	注　释
O2202;	SKC2202. MPF;	程序名
N1 G40 G98 G21;	N1 G40 G94 G21;	设置初始化
N2 T0202 S600 M03;	N2 T02D2 S600 M03;	设置刀具及主轴转速

（续）

FANUC 0i 系统数控程序	SIEMENS 802D 系统数控程序	注　释
N3 G00 X36.0 Z2.0；	N3 G00 X36.0 Z2.0；	快速靠近工件
N4 G01 Z-5.0 F150.0；	N4 G01 Z-5.0 F150.0；	粗加工
N5 G00 X40.0 Z2.0；	N5 G00 X40.0 Z2.0；	刀具快速返回
N6 G00 X32.0；	N6 G00 X32.0；	进刀
N7 G01 Z-5.0 F150；	N7 G01 Z-5.0 F150；	粗加工
N8 G00 X40.0 Z2.0；	N8 G00 X40.0 Z2.0；	刀具快速返回
N9 G00 X29.969；	N9 G00 X29.969；	进刀
N10 G01 Z-5.0；	N10 G01 Z-5.0；	精车轮廓
N11 X35.969；	N11 X35.969；	
N12 X37.969 Z-6.0；	N12 X37.969 Z-6.0；	
N13 Z-20.0；	N13 Z-20.0；	
N14 G00 X100.0 Z50.0；	N14 G00 X100.0 Z50.0；	退刀
N15 T0303；	N15 T03D3；	换刀
N16 G00 X18.5 Z2.0；	N16 G00 X18.5 Z2.0；	刀具快速靠近工件
N17 G01 Z0；	N17 G01 Z0；	车内孔
N18 X16.5 Z-1.0；	N18 X16.5 Z-1.0；	
N19 Z-15.0；	N19 Z-15.0；	
N20 G00 X15.0	N20 G00 X15.0	
N21 Z2.0；	N21 Z2.0；	退刀
N22 G00 X100.0 Z50.0；	N22 G00 X100.0 Z50.0；	返回
N23 T0404；	N23 T04D4；	换刀
N24 G00 X15.0 Z2.0；	N24 G00 X15.0 Z2.0；	快速进刀
N25 G92 X17.2 Z-15.0 F1.5；	N25 CYCLE97(1.5,1,0,-15,18,18,2,1,0.75,0.02,0,0,3,0,2,1)；	车螺纹
N26 X17.6；		
N27 X18.0；		
N28 G00 X100.0 Z50.0；	N26 G00 X100.0 Z50.0；	刀具返回
N29 M30；	N27 M30；	程序结束

（3）编制件一左端外圆加工程序

1）建立工件坐标系。夹持毛坯，此时毛坯总长为 83mm 左右，伸出长度 35mm 左右，工件坐标系原点设在工件左端面与轴线的交点上，如图 22-4 所示。

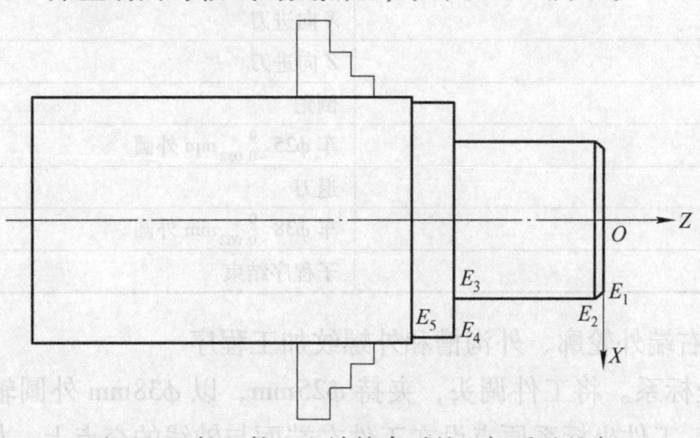

图 22-4　加工件一左端轮廓时的坐标系及基点

2）基点的坐标值见表22-15。

表22-15　基点的坐标值

基　　点	坐标值(X,Z)	基　　点	坐标值(X,Z)
E_1	(22.974,0)	E_4	(37.969,－25.0)
E_2	(24.974,－1.0)	E_5	(37.969,－32.0)
E_3	(24.974,－25.0)		

3）参考程序见表22-16。

表22-16　FANUC 0i系统与SIEMENS 802D系统参考程序

FANUC 0i系统数控程序	SIEMENS 802D系统数控程序	注　　释
O2203;	SKC2203.MPF;	程序名
N1 G40 G98 G21;	N1 G40 G94 G21;	设置初始化
N2 T0202 S600 M03;	N2 T02D2 S600 M03;	设置刀具及主轴转速
N3 G00 X40.0 Z2.0;	N3 G00 X40.0 Z2.0;	快速靠近工件
N4 G71 U2.0R1.0;	N4 CYCLE95(LZC223,2.0,0,0.5,,150,,,2,1.0);	加工参数的设置
N5 G71 P6 Q11 U0.5 W0 F150;		
N6 G00 X22.974;		FANUC 0i系统的精加工路线;SIEMENS 802D数控系统的子程序见表22-17
N7 G01 Z0;		
N8 X24.974 Z－1.0;		
N9 Z－25.0;		
N10 X37.969;		
N11 Z－32.0;		
N12 G70 P6 Q11;	N5 LZC223;	精车轮廓
N13 G00 X100.0 Z50.0;	N6 G00 X100.0 Z50.0;	退刀
N14 M30	N7 M30;	程序结束

表22-17　SIEMENS 802D轮廓加工子程序

程序内容	注　　释
LZC223.SPF;	子程序名
N1 G00 X22.974;	X向进刀
N2 G01 Z0 F80;	Z向进刀
N3 X24.974 Z－1.0;	倒角
N4 Z－25.0;	车$\phi25_{-0.052}^{0}$mm外圆
N5 X37.969;	退刀
N6 Z－32.0	车$\phi38_{-0.062}^{0}$mm外圆
N7 M17;	子程序结束

（4）编制件一右端外轮廓、外沟槽和外螺纹加工程序

1）建立工件坐标系。将工件调头，夹持ϕ25mm，以ϕ38mm外圆轴肩定位，并垫以铜皮，防止夹伤工件。工件坐标系原点设在工件右端面与轴线的交点上。如图22-5所示。

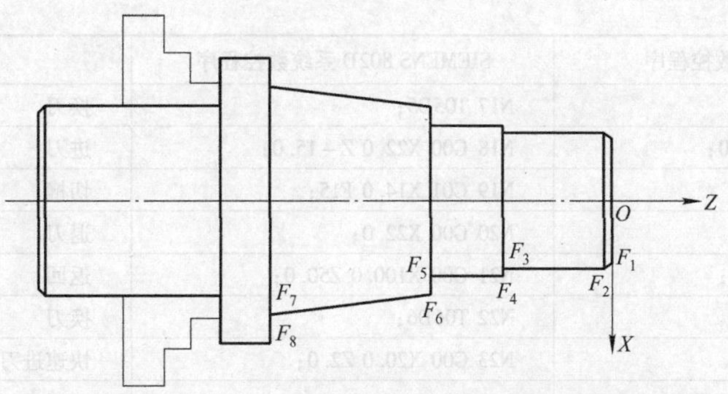

图 22-5　加工件一右端轮廓时的工件坐标系及基点

2）基点的坐标值见表 22-18。

表 22-18　基点的坐标值

基　　点	坐标值(X,Z)	基　　点	坐标值(X,Z)
F_1	(15.8,0)	F_5	(19.974，-25.0)
F_2	(17.8，-1.0)	F_6	(25.174，-25.0)
F_3	(17.8，-15.0)	F_7	(29.974，-49.0)
F_4	(19.974，-15.0)	F_8	(37.969，-49.0)

3）参考程序见表 22-19。

表 22-19　FANUC 0i 系统与 SIEMENS 802D 系统参考程序

FANUC 0i 系统数控程序	SIEMENS 802D 系统数控程序	注　　释
O2204；	SKC2204. MPF；	程序名
N1 G40 G98 G21；	N1 G40 G94 G21；	设置初始化
N2 T0202 S600 M03；	N2 T02D2 S600 M03；	设置刀具及主轴转速
N3 G00 X40.0 Z2.0；	N3 G00 X40.0 Z2.0；	快速靠近工件
N4 G71 U2.0 R1.0；	N4 CYCLE95(LZC224,2.0,0,0.5,,150,,,2,1.0)；	设置加工参数，进行粗加工
N5 G71 P6 Q14 U0.5 W0 F150；		
N6 G00 G42 X15.8；		FANUC 0i 系统的精加工路线；SIEMENS 802D 系统子程序见表 22-20
N7 G01 Z0；		
N8 X17.8 Z-1.0；		
N9 Z-15.0；		
N10 X19.974；		
N11 Z-25.0；		
N12 X25.174；		
N13 X29.974 Z-49.0；		
N14 X37.969；		
N15 G70 P6 Q14；	N15 LZC224；	精加工
N16 G00 G40 X100.0Z50.0；	N16 G00 G40 X100.0Z50.0；	刀具快速返回

（续）

FANUC 0i 系统数控程序	SIEMENS 802D 系统数控程序	注　释
N17 T0505;	N17 T05D5;	换刀
N18 G00 X22.0 Z-15.0;	N18 G00 X22.0 Z-15.0;	进刀
N19 G01 X14.0 F15;	N19 G01 X14.0 F15;	切槽
N20 G00 X22.0;	N20 G00 X22.0;	退刀
N21 G00 X100.0 Z50.0;	N21 G00 X100.0 Z50.0;	返回
N22 T0606;	N22 T06D6;	换刀
N23 G00 X20.0 Z2.0;	N23 G00 X20.0 Z2.0;	快速进刀
N24 G92 X17.2 Z-12.0 F1.5; N25 X16.8; N26 X16.5; N27 X16.38;	N24 CYCLE97(1.5,1,0,-11,18,18,2,1,0.81,0.02,0,0,4,0,1,1);	FANUC 0i 用 G92 指令车螺纹;SIEMENS 802D 系统参数赋值
N28 G00 X100.0 Z50.0;	N27 G00 X100.0 Z50.0;	刀具返回
N29 M30;	N28 M30;	程序结束

表 22-20　SIEMENS 802D 轮廓加工子程序

程序内容	注　释
LZC224.SPF;	子程序名
N1 G00 G42 X15.8;	X 向进刀
N2 G01 Z0;	Z 向进刀
N3 X17.8 Z-1.0;	倒角
N4 Z-15.0;	车 M18 螺纹基圆 $\phi25_{-0.052}^{0}$mm 外圆
N5 X19.974;	退刀
N6 Z-25.0;	车 $\phi25_{-0.052}^{0}$mm 外圆
N7 X25.174;	退刀
N8 X29.974 Z-49.0;	车锥面
N9 X37.969;	退刀
N10 M17;	子程序结束

（5）编制件二右端外圆加工程序

1）建立工件坐标系。按图 22-6 所示装夹工件，手动齐端面，保证总长 35mm，编程序

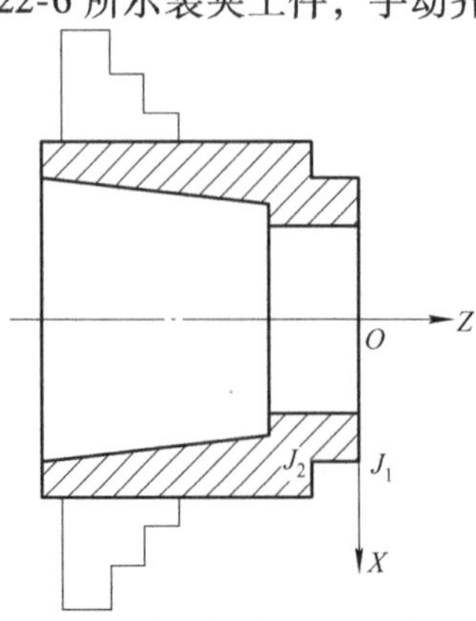

图 22-6　加工件二右端时的工件坐标系及基点

加工右端外圆。工件坐标系设在工件右端面与中心轴线的交点上。

2）基点的坐标值见表22-21。

表22-21　基点的坐标值

基　点	坐标值(X,Z)
J_1	(29.974,0)
J_2	(29.974,-5.0)

3）参考程序见表22-22。

表22-22　FANUC 0i系统与SIEMENS 802D系统参考程序

FANUC 0i系统数控程序	SIEMENS 802D系统数控程序	注　释
O2205;	SKC2205.MPF;	程序名
N1 G40 G98 G21;	N1 G40 G94 G21;	设置初始化
N2 T0202 S600 M03;	N2 T02D2 S600 M03;	设置刀具及主轴转速
N3 G00 X36.0Z2.0;	N3 G00 X36.0 Z2.0;	快速靠近工件
N4 G01 Z-5.0 F150;	N4 G01 Z-5.0 F150;	粗加工
N5 G00 X40.0 Z2.0;	N5 G00 X40.0 Z2.0;	退刀
N6 G00 X32.0;	N6 G00 X32.0;	进刀
N7 G01 Z-5.0 F150;	N7 G01 Z-5.0 F150;	粗加工
N8 G00 X40.0 Z2.0;	N8 G00 X40.0 Z2.0;	退刀
N9 G00 X29.974;	N9 G00 X29.974;	进刀
N10 G01 Z-5.0 F150 ;	N10 G01 Z-5.0 F150;	精加工
N11 G00 X100.0 Z50.0;	N11 G00 X100.0 Z50.0;	返回
N12 M30;	N12 M30;	程序结束

（6）件三右端面加工与倒角　按图22-7所示装夹工件，手动齐端面，保证总长15mm，并倒角。

6. 工件加工

（1）加工准备

1）检查毛坯尺寸。

2）开机，回参考点。

3）输入程序并校验。把编制好的加工程序输入到数控系统中，并应用空运行或图形模拟校验所编制的加工程序，验证程序合格后方能进行以下步骤。

4）装夹工件。加工件二与件三时，用自定心卡盘夹持毛坯面，伸出长度65mm，夹持长度80mm。加工件一时，毛坯总长为83mm，伸出长度为35mm；调头后，夹持ϕ25mm外圆，以ϕ38mm外圆轴肩定位，并垫以铜皮，防止夹伤工件。最后齐件二右端面，保证总长35mm，并加工右端外圆；齐件三右端面，保证总长15mm，并倒角。

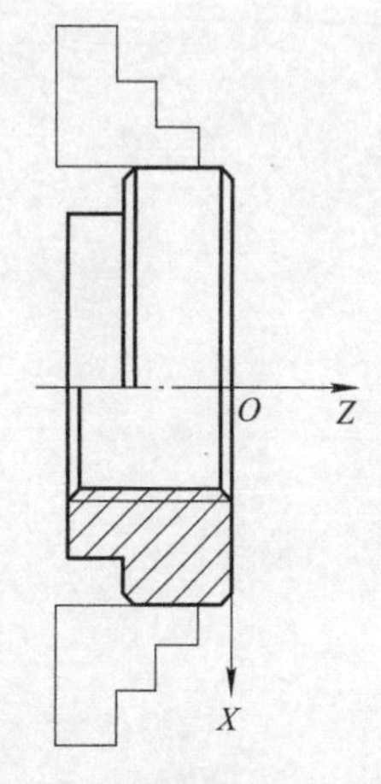

图22-7　加工件二右端时的工件坐标系及基点

5）装夹刀具。把45°外圆车刀、93°外圆车刀、内孔刀、内三角形螺纹车刀、切断刀和外三角形螺纹刀按要求依次装入 T01、T02、T03、T04、T05 及 T06 号刀位。

6）对刀。将上述六把刀具依次对好，并将有关数值输入到刀具参数中，如刀尖圆弧半径、刀尖方位等。

（2）零件的自动加工　将数控车床置于自动加工模式，首先将加工程序调入数控系统，调好进给倍率进行自动加工，在加工过程中要进行精度控制，具体方法如下：

1）轮廓及长度控制。左右两侧轮廓均通过调整 X 及 Z 向刀具磨损量，运行精加工程序。程序结束后停机测量，根据测量结果再修调刀具磨损量，执行外圆精加工程序，直到达到尺寸要求为止。

2）螺纹精度控制。加工螺纹时，在螺纹循环运行后停机测量，根据测量结果调整刀具磨损量，重新运行螺纹循环指令，直至符合尺寸要求为止。

3）配合尺寸的控制。加工时，根据配合尺寸的要求修改刀具补偿值，直至满足要求为止。

（3）加工结束　加工结束后应清理机床。

7. 操作注意事项

1）调头后，所用刀具都应重新对刀。

2）加工螺纹时，除了应用参考程序中 FANUC0i 系统采用 G92 指令编制、SIEMENS 802D 系统采用 CYCLE97 指令编制外，还可以采用 G32、G76、G33 等指令。

3）在加工过程中，应尽量采用试切、测量、补偿及试测方法控制尺寸精度。

附　　录

附录 A　FANUC 0i 数控车床常用准备功能与辅助功能

1. FANUC 0i 数控车床常用准备功能（表 A-1）

表 A-1　FANUC 0i 数控车床常用准备功能

G 指令	组别	功　能	程序格式及说明	备注
▲G00		快速点定位	G00 X(U)__Z(W)__;	模态
G01		直线插补	G01 X(U)__Z(W)__F__;	模态
G02	01	顺时针方向圆弧插补	G02 X(U)__Z(W)__R__F__; G02 X(U)__Z(W)__I__K__F__;	模态
G03		逆时针方向圆弧插补	G03 X(U)__Z(W)__R__F__; G03 X(U)__Z(W)__I__K__F__;	模态
G04	00	暂停	G04 X__;或 G04 U__;或 G04 P__;	非模态
G20	06	英制输入	G20;	模态
▲G21		米制输入	G21;	模态
G27		返回参考点检查	G27 X__Z__;	非模态
G28	00	返回参考点	G28 X__Z__;	非模态
G30		返回第 2、3、4 参考点	G30 P3 X__Z__; 或 G30 P4 X__Z__;	非模态
G32	01	螺纹切削	G32 X__Z__F__;(F 为导程)	模态
G34		变螺距螺纹切削	G34 X__Z__F__K__;	模态
▲G40		刀尖半径补偿取消	G40 G00 X(U)__Z(W)__;	模态
G41	07	刀尖半径左补偿	G41 G01 X(U)__Z(W)__F__;	模态
G42		刀尖半径右补偿	G42 G01 X(U)__Z(W)__F__;	模态
G50		坐标系设定或主轴最大速度设定	G50 X__Z__;或 G50 S__;	非模态
G52	00	局部坐标系设定	G52 X__Z__;	非模态
G53		选择机床坐标系	G53 X__Z__;	非模态
▲G54		选择工件坐标系 1	G54;	模态
G55		选择工件坐标系 2	G55;	模态
G56	14	选择工件坐标系 3	G56;	模态
G57		选择工件坐标系 4	G57;	模态
G58		选择工件坐标系 5	G58;	模态
G59		选择工件坐标系 6	G59;	模态
G65	00	宏程序调用	G65 P__L__<自变量指定>;	非模态

（续）

G 指令	组别	功　能	程序格式及说明	备注
G66	12	宏程序模态调用	G66 P__L__ <自变量指定>；	模态
▲G67		宏程序模态调用取消	G67；	模态
G70	00	精加工复合固定循环	G70 P__Q__；	非模态
G71		内外圆复合固定粗车循环	G71 U__R__； G71 P__Q__U__W__F__；	非模态
G72		端面复合固定粗车循环	G72 W__R__； G72 P__Q__U__W__F__；	非模态
G73		形状复合固定粗车循环	G73 U__W__R__； G73 P__Q__U__W__F__；	非模态
G74		镗孔与深孔钻削复合固定循环	G74 R__； G74 X(U)__Z(W)__P__Q__R__F__；	非模态
G75		内外圆切槽复合固定循环	G75 R__； G75 X(U)__Z(W)__P__Q__R__F__；	非模态
G76		螺纹复合固定切削循环	G76 P__Q__R__； G76 X(U)__Z(W)__R__P__Q__F__；	非模态
G90	01	外径/内径车削循环	G90 X(U)__Z(W)__F__； G90 X(U)__Z(W)__R__F__；	模态
G92		螺纹切削循环	G92 X(U)__Z(W)__F__； G92 X(U)__Z(W)__R__F__；	模态
G94		端面切削循环	G94 X(U)__Z(W)__F__； G94 X(U)__Z(W)__R__F__；	模态
G96	02	恒线速度控制	G96 S__；	模态
▲G97		取消恒线速度控制	G97 S__；	模态
G98	05	每分钟进给	G98 F__；	
▲G99		每转进给	G99 F__；	模态

注：1. 打▲的为开机默认指令。2. 00 组 G 代码都是非模态指令。3. 不同组的 G 代码能够在同一程序段中指定。如果同一程序段中指定了同组 G 代码，则最后指定的 G 代码有效。4. G 代码按组号显示，对于表中没有列出的功能指令，请参阅有关厂家的编程说明书。

2. FANUC 0i 数控车床常用辅助功能（表 A-2）

表 A-2　FANUC 0i 数控车床常用辅助功能

M 代码	功　能	指 令 说 明
M00	程序暂停	程序停在本段状态，不执行下段，相当于按下操作面板上的循环保持按钮。按下控制面板上的循环启动键可取消 M00 状态，使程序继续向下执行
M01	选择停止	功能和 M00 相似，不同的是 M01 只有在机床操作面板上的“选择停止”开关处于“ON”状态时才有效，常用于关键尺寸的检验和临时暂停
M02	程序结束	该指令表示加工程序全部结束，它使主轴运动、进给运动、切削液供给等停止，机床复位

（续）

M 代码	功 能	指 令 说 明
M03	主轴正转	该指令使主轴正转。主轴转速由主轴功能字 S 指定，如某程序段为 N10 S500 M03，它的意义为指定主轴以 500r/min 的转速正转
M04	主轴反转	该指令使主轴反转，与 M03 相似
M05	主轴停止	在 M03 或 M04 指令作用后，可以用 M05 指令使主轴停止
M06	自动换刀	该指令为自动换刀指令，数控车床或加工中心用于刀具的自动更换
M08	切削液开	该指令使切削液开启
M09	切削液关	该指令使切削液停止供给
M30	程序结束	程序结束并返回程序的第一条语句，准备下一个零件的加工
M98	子程序调用	该指令用于子程序调用
M99	子程序结束	该指令表示子程序运行结束，返回到主程序

附录 B　SIEMENS 802D 系统常用准备功能与辅助功能

1. SIEMENS 802D 系统常用准备功能（表 B-1 ~ 表 B-4）

表 B-1　SIEMENS 802D 系统常用 G 功能字

指令代码	功 能	说 明	编 程 格 式
G0	快速移动	1. 运动指令（插补方式），模态有效	G0 X…Z…
G1 *	直线插补		G1 X…Z…F…
G2	顺时针圆弧插补		G2 X…Z…I…K…F…；圆心或终点 G2 X…Z…CR = …F…；半径和终点 G2 AR = …I…K…F…；张角和圆心 G2 AR = …X…Z…F…；张角和终点
G3	逆时针圆弧插补		G3…；其他同 G2
CIP	中间点圆弧插补		CIP X…Z…I1 = …K1 = …F…I1，K1 是中间点
CT	带切线过渡的圆弧插补		N10…N20 CT Z…X…F…； 圆弧，与前一段轮廓为切线过渡
G33	恒螺距的螺纹切削		G33 Z…K…SF = …；柱螺纹 G33 X…I…SF = …；横向螺纹 G33 Z…X…K…SF = …；锥螺纹，在 Z 轴方向比在 X 轴方向切削更深 G33 Z…X…I…SF = …；锥角，在 X 轴方向比在 Z 轴方向切削更深
G34	螺纹切削，螺距不断增加		G33 Z…K…SF = …；柱螺纹，恒螺距 G34 Z…K…F17.123；螺距增加 17.123mm/r
G35	螺纹切削，螺距不断缩小		G33 Z…K…SF = …；柱螺纹 G35 Z … K … F7.321；螺距减小 7.321mm/r

（续）

指令代码	功　能	说　明	编程格式
G331	螺纹插补	1. 运动指令（插补方式），模态有效	N10 SPOS = 主轴处于位置调节状态 N20 G331 Z…K… S…；在 Z 轴方向不带补偿夹具攻螺纹；右旋螺纹或左旋螺纹通过螺距的符号（如 K + ）确定：+：同 M3；-：同 M4
G332	螺纹插补 - 退刀	1. 运动指令（插补方式），模态有效	G332 Z…K…；不带补偿夹具切削螺纹 - Z退刀 ；螺距符号同 G331
G4	暂停时间	2. 特殊运行，程序段方式有效，自身程序段	G4 F…；单独程序段，F：时间单位为秒 或 G4 S…；单独程序段，S：主轴转速
G74	回参考点	2. 特殊运行，程序段方式有效，自身程序段	G74 X…Z…；单独程序段
G75	回固定点	2. 特殊运行，程序段方式有效，自身程序段	G75 X…Z…；单独程序段
TRANS	可编程的偏置	3. 写存储器，程序段方式有效，自身程序段	TRANS X… Z…；
SCALE	可编程比例系数	3. 写存储器，程序段方式有效，自身程序段	SCALE X…Z…；在所给定轴方向的比例系数； 单独程序段
ROT	可编程旋转	3. 写存储器，程序段方式有效，自身程序段	ROT RPL = …；在当前的平面中旋转 G17 到 G19，单独程序段
MIRROR	可编程镜像功能	3. 写存储器，程序段方式有效，自身程序段	MIRROR X0；改变方向的坐标轴 ；单独程序段
ATRANS	附加的可编程的偏置	3. 写存储器，程序段方式有效，自身程序段	ATRANS X… Z…；
ASCALE	附加的可编程比例系数	3. 写存储器，程序段方式有效，自身程序段	ASCALE X…Z…；在所给定轴方向的比例系数； 单独程序段
AROT	附加的可编程旋转	3. 写存储器，程序段方式有效，自身程序段	AROT RPL = …；在当前的平面中附加旋转 G17 到 G19，单独程序段
AMIRROR	附加的可编程镜像功能	3. 写存储器，程序段方式有效，自身程序段	AMIRROR X0；改变方向的坐标轴 ；单独程序段
G25	主轴转速下限或工作区域下限	3. 写存储器，程序段方式有效，自身程序段	G25S…；单独程序段 G25 X …Z…；单独程序段
G26	主轴转速上限或工作区域上限	3. 写存储器，程序段方式有效，自身程序段	G26S…；自身程序段 G26 X…Y… Z…；自身程序段
G17	X/Y 平面（中心钻孔时，需要 TRANSMIT 铣削）	6. 平面选择	
G18 *	Z/X 平面	6. 平面选择	
G19	Y/Z 平面（用于 TRACYL 铣削时）	6. 平面选择	
G40 *	刀尖半径补偿方式的取消	7. 刀尖半径补偿，模态有效	
G41	调用刀尖半径补偿，刀具在轮廓左侧移动	7. 刀尖半径补偿，模态有效	
G42	调用刀尖半径补偿，刀具在轮廓右侧移动	7. 刀尖半径补偿，模态有效	

（续）

指令代码	功　能	说　明	编程格式
G500 *	取消可设定零点偏置	8. 可设定零点偏置	
G54	第一可设定零点偏置		
G55	第二可设定零点偏置		
G56	第三可设定零点偏置		
G57	第四可设定零点偏置		
G58	第五可设定零点偏置		
G59	第六可设定零点偏置		
G53	按程序段方式取消可设定零点偏置	9. 取消可设定零点偏置，段方式有效	
G153	按程序段方式取消可设定零点偏置，包括手轮方式		
G60 *	准确定位	10. 定位功能，模态有效	
G64	连续路径方式		
G9	准确定位，单程序段有效	11. 程序段方式准停，段方式有效	
G601 *	在 G60，G9 方式精下准确定位	12. 准停窗口，模态有效	
G602	在 G60，G9 方式粗下准确定位		
G70	英制尺寸	13. 英制/公制尺寸，模态有效	
G71 *	公制尺寸		
G700	英制尺寸，也用于进给率 F		
G710	公制尺寸，也用于进给率 F		
G90 *	绝对尺寸	14. 绝对/增量尺寸，模态有效	
G91	增量尺寸		
G94	进给率 *F*，mm/min	15. 进给/主轴，模态有效	
G95 *	进给率 *F*，mm/r		
G96	恒定切削速度（*F*，mm/r；*S*，m/min）		G96 S…LIMS…F…
G97	取消恒定切削速度		
G450 *	圆弧过渡	18. 刀尖半径补偿时拐角特性，模态有效	
G451	交点过渡，刀具在工件转角处不切削		
BRISK *	轨迹跳跃加速	21. 加速度特性，模态有效	
SOFT	轨迹平滑加速		

（续）

指令代码	功能	说明	编程格式
FFWOF *	关闭前馈控制	24. 前馈控制，模态有效	
FFWON	打开前馈控制		
WALIMON *	工作区域限制生效	28. 工作区域限制，模态有效	适用于所有轴，通过设定数据激活；值通过 G25，G26 设置
WALIMOF	工作区域限制取消		
DIAMOF	半径尺寸	29. 数据尺寸，模态有效	
DIAMON *	直径尺寸		
G290 *	西门子方式	47. 外部 NC 语言，模态有效	
G291	外部方式		

注：带 * 的功能在程序启动时生效（指系统处于供货状态，没有编辑新内容时）。

表 B-2　SIEMENS 802D 常用循环指令

指令代码	功能	编程	说明
CYCLE82	钻削、沉孔加工	CYCLE82（RTP，RFP，SDIS，DP，DPR，DTB）	RTP：后退平面（绝对） RFP：参考平面（绝对） SDIS：安全间隙（无符号输入） DP：最后钻孔深度（绝对） DPR：相当于参考平面的最后钻孔深度（无符号输入） DTB：最后钻孔深度时的停顿时间（断屑）
CYCLE83	深孔钻削	CYCLE 83（RTP，RFP，SDIS，DP，DPR，FDEP，FDPR，DAM，DTB，DTS，FRF，VARI）	RTP：返回平面（绝对值） RFP：参考平面（绝对值） SDIS：安全间隙（无符号输入） DP：最后钻孔深度（绝对值） DPR：相对于参考平面的最后钻孔深度（无符号输入） FDEP：起始钻孔深度（绝对值） FDPR：相当于参考平面的起始钻孔深度（无符号输入） DAM：递减量（无符号输入） DTB：最后钻孔深度时的停顿时间（断屑） DTS：起始点处和用于排屑的停顿时间 FRF：起始钻孔深度的进给率系数（无符号输入）值范围：0.001 ~ 1 VARI：加工类型：断屑 = 0，排屑 = 1
CYCLE84	刚性攻螺纹	CYCLE84（RTP，RFP，SDIS，DP，DPR，DTB，SDAC，MPIT，PIT，POSS，SST，SST1）	RTP：返回平面（绝对值） RFP：参考平面（绝对值） SDIS：安全间隙（无符号输入） DP：最后钻孔深度（绝对值） DPR：相对于参考平面的最后钻孔深度（无符号输入） DTB：螺纹深度时的停顿时间（断屑） SDAC：循环结束后的旋转方向值：3，4 或 5（用于 M3，M4 或 M5） MPIT：螺距由螺纹尺寸决定（有符号），数值范围 3（M3）~ 48（M48）；符号决定了在螺纹中的旋转方向 PIT：螺距由数值决定（有符号），数值范围：0.001 ~ 2000.000mm；符号决定了在螺纹中的旋转方向 POSS：循环中定位主轴的位置（以度为单位） SST：攻螺纹速度 SST1：退回速度

（续）

指令代码	功能	编 程	说 明
CYCLE840	带补偿夹具攻螺纹	CYCLE840（RTP, RFP, SDIS, DP, DPR, DTB, SDR, SDAC, ENC, MPIT, PIT）	RTP：返回平面（绝对值） RFP：参考平面（绝对值） SDIS：安全间隙（无符号输入） DP：最后钻孔深度（绝对值） DPR：相对于参考平面的最后钻孔深度（无符号输入） DTB：螺纹深度时的停顿时间（断屑） SDR：退回时的旋转方向值：0（旋转方向自动颠倒）3 或 4（M3 或 M4） SDAC：循环结束后的旋转方向值：3，4 或 5（M3，M4 或 M5） ENC：带/不带编码器攻螺纹值：0＝带编码器，1＝不带编码器 MPIT：螺纹尺寸（有符号），数值范围 3（M3）～48（M48） PIT：螺距（有符号），数值范围：0.001～2000.000mm
CYCLE85	绞孔 1（镗孔 1）	CYCLE85（RTP, RFP, SDIS, DP, DPR, DTB, FFR, RFF）	RTP：退回平面（绝对值） RFP：参考平面（绝对值） SDIS：安全间隙（无符号输入） DP：最后钻孔深度（绝对值） DPR：相当于参考平面的最后钻孔深度（无符号输入） DTB：最后钻孔深度时的停顿时间（断屑） FFR：进给率 RFF：退回进给率
CYCLE86	镗孔（镗孔 2）	CYCLE86（RTP, RFP, SDIS, DP, DPR, DTB, SDIR, RPA, RPO, RPAP, POSS）	RTP：返回平面（绝对值） RFP：参考平面（绝对值） SDIS：安全间隙（无符号输入） DP：最后钻孔深度（绝对值） DPR：相对于参考平面的最后钻孔深度（无符号输入） DTB：到达最后钻孔深度处的停顿时间（断屑） SDIR：旋转方向。值：3（M3），4（M4） RPA：平面中第一轴上的返回路径（增量，带符号输入） RPO：平面中第二轴上的返回路径（增量，带符号输入） RPAP：镗孔轴上的返回路径（增量，带符号输入） POSS：循环中定位主轴停止的位置（以度为单位）
CYCLE87	绞孔 2（镗孔 3）	CYCLE87（RTP, RFP, SDIS, DP, DPR, DTB, SDIR）	RTP：返回平面（绝对值） RFP：参考平面（绝对值） SDIS：安全间隙（无符号输入） DP：最后钻孔深度（绝对值） DPR：相对于参考平面的最后钻孔深度（无符号输入） DTB：到达最后钻孔深度处的停顿时间（断屑） SDIR：旋转方向。值：3（M3），4（M4）
CYCLE88	停止 1 钻孔（镗孔 4）	CYCLE88（RTP, RFP, SDIS, DP, DPR, DTB, SDIR）	RTP：退回平面（绝对值） RFP：参考平面（绝对值） SDIS：安全间隙（无符号输入） DP：最后钻孔深度（绝对值） DPR：相当于参考平面的最后钻孔深度（无符号输入） DTB：最后钻孔深度时的停顿时间（断屑） SDIR：旋转方向。值：3（M3），4（M4）

（续）

指令代码	功能	编　程	说　明
CYCLE93	切槽（凹槽循环）	CYCLE93（SPD，DPL，WIDG，DIAG，STA1，ANG1，ANG2，RCO1，RCO2，RCI1，RCI2，FAL1，FAL2，IDEP，DTB，VARI）	SPD:横向坐标轴起始点 DPL:纵向坐标轴起始点 WIDG:切槽宽度(无符号输入) DIAG:切槽深度(无符号输入) STA1:轮廓和纵向轴之间的角度,范围值:0≤STA1≤180° ANG1:侧面角1,在切槽一边,由起始点决定,范围值:0≤ANG1<89.999° ANG2:侧面角2,在另一边;范围值:0≤ANG2<89.999° RCO1:半径/倒角1,外部:位于由起始点决定的一边 RCO2:半径/倒角2,外部 RCI1:半径/倒角1,内部:位于起始点侧 RCI2:半径/倒角2,内部 FAL1:槽底的精加工余量 FAL2:侧面的精加工余量 IDEP:进给深度(无符号输入) DTB:槽底停顿时间 VARI:加工类型,范围值:1~8和11~18
CYCLE94	退刀槽切削（E型和F型）	CYCLE94（SPD，SPL，FORM）	SPD:横向轴的起始点(无符号输入) SPL:纵向轴的刀具补偿的起始点(无符号输入) FORM:形状的定义。值：E(用于形状E),F(用于形状F)
CYCLE95	毛坯切削循环	CYCLE95（NPP，MID，FALZ，FALX，FAL，FF1，FF2，FF3，VARI，DT，DAM，_VRT）	NPP:轮廓子程序名称 MID:进给深度(无符号输入) FALZ:在纵向轴的精加工余量(无符号输入) FALX:在横向轴的精加工余量(无符号输入) FAL:根据轮廓的精加工余量(无符号输入) FF1:非退刀槽加工的进给率 FF2:进入凹凸切削时的进给率 FF3:精加工的进给率 VARI:加工类型。范围值:1~12,见表B-3 DT:粗加工时用于断屑的停顿时间 DAM:粗加工因断屑而中断时所经过的路径长度 _VRT:粗加工时从轮廓的退回行程,增量(无符号输入)
CYCLE97	车螺纹（螺纹切削循环）	CYCLE97（PIT，MPIT，SPL，FPL，DM1，DM2，APP，ROP，TDEP，FAL，IANG，NSP，NRC，NID，VARI，NUMT）	PIT:螺距(无符号输入) MPIT:螺纹尺寸,范围值:3(用于M3)~60(用于M60) SPL:螺纹位于纵向轴上起始点 FPL:螺纹位于纵向轴上终点 DM1:起始点的螺纹直径 DM2:终点的螺纹直径 APP:空刀导入量(无符号输入) ROP:空刀退出量(无符号输入) TDEP:螺纹深度(无符号输入) FAL:精加工余量(无符号输入) IANG:切入进给角。范围值:“+”用于在侧面的侧面进给,“-”用于交互的侧面进给 NSP:首圈螺纹的起始点偏移(无符号输入) NRC:粗加工切削数量(无符号输入) NID:停顿数量(无符号输入) VARI:定义螺纹的加工类型。范围值:1~4,见表B-4 NUMT:螺纹头数(无符号输入)

表 B-3 毛坯切削循环加工类型

序 号	纵向/横向	内部/外部	粗/精加工/综合加工
1	纵向	外部	粗加工
2	横向	外部	粗加工
3	纵向	内部	粗加工
4	横向	内部	粗加工
5	纵向	外部	精加工
6	横向	外部	精加工
7	纵向	内部	精加工
8	横向	内部	精加工
9	纵向	外部	综合加工
10	横向	外部	综合加工
11	纵向	内部	综合加工
12	横向	内部	综合加工

表 B-4 螺纹加工类型

加工类型	外部/内部	进给方式
1	外部	恒定背吃刀量进给
2	内部	恒定背吃刀量进给
3	外部	恒定切削截面积进给
4	内部	恒定切削截面积进给

2. SIEMENS 802D 系统常用辅助功能（表 B-5）

表 B-5 SIEMENS 802D 系统常用辅助指令

代码	功 能	说 明
M0	程序停止	用 M0 停止程序的执行，按“启动”键加工继续执行
M1	程序有条件停止	与 M0 一样，但仅在“条件停止 M1 有效”功能被软键或接口信号触发后才生效
M2	程序结束	在程序的最后一段被写入
M30	主程序结束	在主程序最后一段被写入
M17	子程序结束	在子程序最后一段被写入
M3	主轴顺时针旋转	
M4	主轴逆时针旋转	
M5	主轴停	
M6	更换刀具	在机床数据有效时用 M6 更换刀具，其他情况下直接用 T 指令进行
M40	自动更换齿轮级	
M41～M45	齿轮级 1 到齿轮级 5	
M70，M19		预定，没用
M…	其他的 M 功能	这些 M 功能没有定义，可由机床生产厂家自由定义

附录C　HNC-21T数控系统的准备功能与辅助功能

1. HNC-21T数控系统的准备功能（表C-1）

表C-1　HNC-21T数控系统的G功能指令表

指　令	功　能	组别	编程格式
G00	快速定位	01	G00 X Z
* G01	直线插补		G01 X Z F
G02	顺圆插补		G02 X Z R(I、K)F
G03	逆圆插补		G03 X Z R(I、K)F
G04	暂停	00	G04 P
G20	英寸输入	08	G20
* G21	毫米输入		G21
G28	返回到参考点	00	G28 X Z
G29	由参考点返回		G29 X Z
G32	螺纹切削	01	G32 X Z R E P F
* G40	刀尖半径补偿取消	09	G40
G41	刀尖半径左刀补		G41
G42	刀尖半径右刀补		G42
G52	局部坐标系设定	00	G52 X Z
* G54	零点偏置	11	G54
G55			G55
G56			G56
G57			G57
G58			G58
G59			G59
G65	宏指令简单调用	00	G65 P L
G71	外/内径车削复合循环	06	G71 U R P Q X Z F S T
G72	端面车削复合循环		G72 W R P Q X Z F S T
G73	闭环车削复合循环		G73 U W R P Q X Z F S T
G76	螺纹切削复合循环		G76 C R E A X Z I K U V Q P F
* G80	内/外径车削固定循环	01	G80 X Z F
G81	端面车削固定循环		G81 X Z F
G82	螺纹车削固定循环		G82 X Z R E C P F
* G90	绝对值编程	13	G90
G91	增量值编程		G91
* G94	每分钟进给	14	G94 F
G95	每转进给		G95 F
* G36	直径编程	16	G36
G37	半径编程		G37
G92	工件坐标设定	00	G92 X Z

注：1. 00组中的G代码是非模态的，其他组的G代码是模态的。

2. 标记*者为系统开机默认值。

2. HNC-21T 数控系统的辅助功能（表 C-2）

表 C-2　HNC-21T 数控系统常用辅助功能代码

M 代码	模　态	功能说明
M00	非模态	程序停止
M02	非模态	程序结束
M30	非模态	程序结束，返回第一段循环加工
M03	模态	主轴顺时针转动
M04	模态	主轴逆时针转动
M05	模态	关主轴
M06	非模态	换刀
M07	模态	开切削液
M08	模态	关切削液
M98	非模态	子程序调用 P 指定入口程序段号，调用 L 指定次数
M99	非模态	子程序返回

参考文献

[1] 周晓宏. 数控车床操作技能考核培训教程（中级）[M]. 北京：中国劳动社会保障出版社，2005.

[2] 孙得茂. 数控机床车削加工直接编程技术 [M]. 北京：机械工业出版社，2005.

[3] 杨琳. 数控车床加工工艺与编程 [M]. 2 版. 北京：中国劳动社会保障出版社，2009.

[4] 韩鸿鸾. 数控加工工艺学 [M]. 3 版. 北京：中国劳动社会保障出版社，2011.

[5] 顾力平. 数控机床编程与操作（车床分册）[M]. 2 版. 北京：中国劳动社会保障出版社，2005.

[6] 晏初宏. 数控加工工艺与编程 [M]. 北京：化学工业出版社，2004.

[7] 崔兆华. 数控加工基础 [M]. 北京：中国劳动社会保障出版社，2011.

国家职业资格培训教材

丛书介绍：深受读者喜爱的经典培训教材，依据最新国家职业标准，按初级、中级、高级、技师（含高级技师）分册编写，以技能培训为主线，理论与技能有机结合，书末有配套的试题库和答案。所有教材均免费提供PPT电子教案，部分教材配有VCD实景操作光盘（注：标注★的图书配有VCD实景操作光盘）。

读者对象：本套教材是各级职业技能鉴定培训机构、企业培训部门、再就业和农民工培训机构的理想教材，也可作为技工学校、职业高中、各种短训班的专业课教材。

◆机械识图
◆机械制图
◆金属材料及热处理知识
◆公差配合与测量
◆机械基础（初级、中级、高级）
◆液气压传动
◆数控技术与AutoCAD应用
◆机床夹具设计与制造
◆测量与机械零件测绘
◆管理与论文写作
◆钳工常识
◆电工常识
◆电工识图
◆电工基础
◆电子技术基础
◆建筑识图
◆建筑装饰材料
◆车工（初级★、中级、高级、技师和高级技师）
◆铣工（初级★、中级、高级、技师和高级技师）
◆磨工（初级、中级、高级、技师和高级技师）
◆钳工（初级★、中级、高级、技师和高级技师）
◆机修钳工（初级、中级、高级、技师和高级技师）
◆锻造工（初级、中级、高级、技师和高级技师）
◆模具工（中级、高级、技师和高级技师）
◆数控车工（中级★、高级★、技师和高级技师）
◆数控铣工/加工中心操作工（中级★、高级★、技师和高级技师）
◆铸造工（初级、中级、高级、技师和高级技师）
◆冷作钣金工（初级、中级、高级、技师和高级技师）
◆焊工（初级★、中级★、高级★、技师和高级技师★）
◆热处理工（初级、中级、高级、技师和高级技师）
◆涂装工（初级、中级、高级、技师和高级技师）
◆电镀工（初级、中级、高级、技师和高级技师）
◆锅炉操作工（初级、中级、高级、技师和高级技师）
◆数控机床维修工（中级、高级和技师）
◆汽车驾驶员（初级、中级、高级、技师）
◆汽车修理工（初级★、中级、高级、技师和高级技师）
◆摩托车维修工（初级、中级、高级）
◆制冷设备维修工（初级、中级、高级、技师和高级技师）
◆电气设备安装工（初级、中级、高级、技师和高级技师）
◆值班电工（初级、中级、高级、技师和高级技师）
◆维修电工（初级★、中级★、高级、技师和高级技师）
◆家用电器产品维修工（初级、中级、

高级）
◆家用电子产品维修工（初级、中级、高级、技师和高级技师）
◆可编程序控制系统设计师（一级、二级、三级、四级）
◆无损检测员（基础知识、超声波探伤、射线探伤、磁粉探伤）
◆化学检验工（初级、中级、高级、技师和高级技师）
◆食品检验工（初级、中级、高级、技师和高级技师）
◆制图员（土建）
◆起重工（初级、中级、高级、技师）
◆测量放线工（初级、中级、高级、技师和高级技师）
◆架子工（初级、中级、高级）
◆混凝土工（初级、中级、高级）
◆钢筋工（初级、中级、高级、技师）
◆管工（初级、中级、高级、技师和高级技师）
◆木工（初级、中级、高级、技师）
◆砌筑工（初级、中级、高级、技师）
◆中央空调系统操作员（初级、中级、高级、技师）
◆物业管理员（物业管理基础、物业管理员、助理物业管理师、物业管理师）
◆物流师（助理物流师、物流师、高级物流师）
◆室内装饰设计员（室内装饰设计员、室内装饰设计师、高级室内装饰设计师）
◆电切削工（初级、中级、高级、技师和高级技师）
◆汽车装配工
◆电梯安装工
◆电梯维修工

变压器行业特有工种国家职业资格培训教程

丛书介绍：由相关国家职业标准的制定者——机械工业职业技能鉴定指导中心组织编写，是配套用于国家职业技能鉴定的指定教材，覆盖变压器行业5个特有工种，共10种。

读者对象：可作为相关企业培训部门、各级职业技能鉴定培训机构的鉴定培训教材，也可作为变压器行业从业人员学习、考证用书，还可作为技工学校、职业高中、各种短训班的教材。

◆变压器基础知识
◆绕组制造工（基础知识）
◆绕组制造工（初级中级高级技能）
◆绕组制造工（技师高级技师技能）
◆干式变压器装配工（初级、中级、高级技能）
◆变压器装配工（初级、中级、高级、技师、高级技师技能）
◆变压器试验工（初级、中级、高级、技师、高级技师技能）
◆互感器装配工（初级、中级、高级、技师、高级技师技能）
◆绝缘制品件装配工（初级、中级、高级、技师、高级技师技能）
◆铁心叠装工（初级、中级、高级、技师、高级技师技能）

国家职业资格培训教材——理论鉴定培训系列

丛书介绍：以国家职业技能标准为依据，按机电行业主要职业（工种）的中级、高级理论鉴定考核要求编写，着眼于理论知识的培训。

读者对象：可作为各级职业技能鉴定培训机构、企业培训部门的培训教材，也可作为职业技术院校、技工院校、各种短训班的专业课教材，还可作为个人的学习用书。

◆车工（中级）鉴定培训教材
◆车工（高级）鉴定培训教材
◆铣工（中级）鉴定培训教材
◆铣工（高级）鉴定培训教材
◆磨工（中级）鉴定培训教材
◆磨工（高级）鉴定培训教材
◆钳工（中级）鉴定培训教材
◆钳工（高级）鉴定培训教材
◆机修钳工（中级）鉴定培训教材
◆机修钳工（高级）鉴定培训教材
◆焊工（中级）鉴定培训教材
◆焊工（高级）鉴定培训教材
◆热处理工（中级）鉴定培训教材
◆热处理工（高级）鉴定培训教材
◆铸造工（中级）鉴定培训教材
◆铸造工（高级）鉴定培训教材
◆电镀工（中级）鉴定培训教材
◆电镀工（高级）鉴定培训教材
◆维修电工（中级）鉴定培训教材
◆维修电工（高级）鉴定培训教材
◆汽车修理工（中级）鉴定培训教材
◆汽车修理工（高级）鉴定培训教材
◆涂装工（中级）鉴定培训教材
◆涂装工（高级）鉴定培训教材
◆制冷设备维修工（中级）鉴定培训教材
◆制冷设备维修工（高级）鉴定培训教材

国家职业资格培训教材——操作技能鉴定实战详解系列

丛书介绍：用于国家职业技能鉴定操作技能考试前的强化训练。特色：

●重点突出，具有针对性——依据技能考核鉴定点设计，目的明确。
●内容全面，具有典型性——图样、评分表、准备清单，完整齐全。
●解析详细，具有实用性——工艺分析、操作步骤和重点解析详细。
●练考结合，具有实战性——单项训练题、综合训练题，步步提升。

读者对象：可作为各级职业技能鉴定培训机构、企业培训部门的考前培训教材，也可供职业技能鉴定部门在鉴定命题时参考，也可作为读者考前复习和自测使用的复习用书，还可作为职业技术院校、技工院校、各种短训班的专业课教材。

◆车工（中级）操作技能鉴定实战详解
◆车工（高级）操作技能鉴定实战详解
◆车工（技师、高级技师）操作技能鉴定实战详解
◆铣工（中级）操作技能鉴定实战详解
◆铣工（高级）操作技能鉴定实战详解
◆钳工（中级）操作技能鉴定实战详解
◆钳工（高级）操作技能鉴定实战详解
◆钳工（技师、高级技师）操作技能鉴定实战详解
◆数控车工（中级）操作技能鉴定实战详解
◆数控车工（高级）操作技能鉴定实战详解
◆数控车工（技师、高级技师）操作技能鉴定实战详解
◆数控铣工/加工中心操作工（中级）操作技能鉴定实战详解
◆数控铣工/加工中心操作工（高级）操作技能鉴定实战详解
◆数控铣工/加工中心操作工（技师、高级技师）操作技能鉴定实战详解

◆焊工（中级）操作技能鉴定实战详解
◆焊工（高级）操作技能鉴定实战详解
◆焊工（技师、高级技师）操作技能鉴定实战详解
◆维修电工（中级）操作技能鉴定实战详解
◆维修电工（高级）操作技能鉴定实战详解
◆维修电工（技师、高级技师）操作技能鉴定实战详解
◆汽车修理工（中级）操作技能鉴定实战详解
◆汽车修理工（高级）操作技能鉴定实战详解

技能鉴定考核试题库

丛书介绍： 根据各职业（工种）鉴定考核要求分级编写，试题针对性、通用性、实用性强。

读者对象： 可作为企业培训部门、各级职业技能鉴定机构、再就业培训机构培训考核用书，也可供技工学校、职业高中、各种短训班培训考核使用，还可作为个人读者学习自测用书。

◆机械识图与制图鉴定考核试题库
◆机械基础技能鉴定考核试题库
◆电工基础技能鉴定考核试题库
◆车工职业技能鉴定考核试题库
◆铣工职业技能鉴定考核试题库
◆磨工职业技能鉴定考核试题库
◆数控车工职业技能鉴定考核试题库
◆数控铣工/加工中心操作工职业技能鉴定考核试题库
◆模具工职业技能鉴定考核试题库
◆钳工职业技能鉴定考核试题库
◆机修钳工职业技能鉴定考核试题库
◆汽车修理工职业技能鉴定考核试题库
◆制冷设备维修工职业技能鉴定考核试题库
◆维修电工职业技能鉴定考核试题库
◆铸造工职业技能鉴定考核试题库
◆焊工职业技能鉴定考核试题库
◆冷作钣金工职业技能鉴定考核试题库
◆热处理工职业技能鉴定考核试题库
◆涂装工职业技能鉴定考核试题库

机电类技师培训教材

丛书介绍： 以国家职业标准中对各工种技师的要求为依据，以便于培训为前提，紧扣职业技能鉴定培训要求编写。加强了高难度生产加工，复杂设备的安装、调试和维修，技术质量难题的分析和解决，复杂工艺的编制，故障诊断与排除以及论文写作和答辩的内容。书中均配有培训目标、复习思考题、培训内容、试题库、答案、技能鉴定模拟试卷样例。

读者对象： 可作为职业技能鉴定培训机构、企业培训部门、技师学院培训鉴定教材，也可供读者自学及考前复习和自测使用。

◆公共基础知识
◆电工与电子技术
◆机械制图与零件测绘
◆金属材料与加工工艺
◆机械基础与现代制造技术
◆技师论文写作、点评、答辩指导
◆车工技师鉴定培训教材
◆铣工技师鉴定培训教材
◆钳工技师鉴定培训教材
◆焊工技师鉴定培训教材

◆电工技师鉴定培训教材
◆铸造工技师鉴定培训教材
◆涂装工技师鉴定培训教材
◆模具工技师鉴定培训教材
◆机修钳工技师鉴定培训教材
◆热处理工技师鉴定培训教材
◆维修电工技师鉴定培训教材
◆数控车工技师鉴定培训教材
◆数控铣工技师鉴定培训教材
◆冷作钣金工技师鉴定培训教材
◆汽车修理工技师鉴定培训教材
◆制冷设备维修工技师鉴定培训教材

特种作业人员安全技术培训考核教材

丛书介绍：依据《特种作业人员安全技术培训大纲及考核标准》编写，内容包含法律法规、安全培训、案例分析、考核复习题及答案。

读者对象：可用作各级各类安全生产培训部门、企业培训部门、培训机构安全生产培训和考核的教材，也可作为各类企事业单位安全管理和相关技术人员的参考书。

◆起重机司索指挥作业
◆企业内机动车辆驾驶员
◆起重机司机
◆金属焊接与切割作业
◆电工作业
◆压力容器操作
◆锅炉司炉作业
◆电梯作业
◆制冷与空调作业
◆登高作业

读者信息反馈表

感谢您购买《数控车工（中级）操作技能鉴定实战详解》一书。为了更好地为您服务，有针对性地为您提供图书信息，方便您选购合适图书，我们希望了解您的需求和对我们教材的意见和建议，愿这小小的表格为我们架起一座沟通的桥梁。

<table>
<tr><td>姓　名</td><td></td><td>所在单位名称</td><td colspan="3"></td></tr>
<tr><td>性　别</td><td></td><td>所从事工作（或专业）</td><td colspan="3"></td></tr>
<tr><td>通信地址</td><td colspan="3"></td><td>邮　编</td><td></td></tr>
<tr><td>办公电话</td><td colspan="2"></td><td>移动电话</td><td colspan="2"></td></tr>
<tr><td>E-mail</td><td colspan="5"></td></tr>
<tr><td colspan="6">1. 您选择图书时主要考虑的因素：（在相应项前面画√）
（　）出版社　（　）内容　（　）价格　（　）封面设计　（　）其他
2. 您选择我们图书的途径：（在相应项前面画√）
（　）书目　（　）书店　（　）网站　（　）朋友推介　（　）其他</td></tr>
<tr><td colspan="6">希望我们与您经常保持联系的方式：
□电子邮件信息　□定期邮寄书目
□通过编辑联络　□定期电话咨询</td></tr>
<tr><td colspan="6">您关注（或需要）哪些类图书和教材：</td></tr>
<tr><td colspan="6">您对我社图书出版有哪些意见和建议（可从内容、质量、设计、需求等方面谈）：</td></tr>
<tr><td colspan="6">您今后是否准备出版相应的教材、图书或专著（请写出出版的专业方向、准备出版的时间、出版社的选择等）：</td></tr>
</table>

非常感谢您能抽出宝贵的时间完成这张调查表的填写并回寄给我们，我们愿以真诚的服务回报您对机械工业出版社技能教育分社的关心和支持。

请联系我们——

地　址　北京市西城区百万庄大街22号　机械工业出版社技能教育分社

邮　编　100037

社长电话　（010）88379083　88379080　68329397（带传真）

E-mail　jinfs@mail.machineinfo.gov.cn